单片机原理及应用分层教程

陈仁文 编著

DANPIANJI YUANLI JI YINGYONG
FENCENG JIAOCHENG

 南京大学出版社

内容提要

本书是作者在多年单片机方面教学科研实践中积累的知识和经验的结晶。在介绍单片机发展和数制与编码等计算机基础知识的基础上，重点讲解了 MCS-51 系列单片机的基本结构、指令系统、汇编语言程序设计、中断系统与定时/计数器、系统的扩展、串行通信和接口技术等。最后，还介绍了单片机的高级编程语言 C51 以及单片机应用系统的开发平台、集成开发环境、程序调试步骤及软硬件设计技巧等，并给出了调试实例。

本书中的知识分为基础级、提高级和扩展级 3 个层级，并用符号标记出来。在整体知识体系的框架下划分这三个层次，而不是用独立的章节或整块的篇幅来划分。基础级的内容是单片机学习中必须掌握的基础知识；提高级的内容仍然属于单片机中的内容，是在基础级上的提高；而扩展级的内容大部分不属于单片机的专门知识，是为了理解单片机中的名词术语或者为了更好地开发单片机应用所要的内容。读者可根据不同专业需要或不同应用需求，选择阅读这三个层次的知识。此外，全书中还会在正文的某些位置设置特别的扩展及关键问题并回答，以澄清一些容易混淆的知识点或者帮助理解。全书每一章节都配有精选的习题。

图书在版编目(CIP)数据

单片机原理及应用分层教程 / 陈仁文编著. — 南京：
南京大学出版社,2015.12
ISBN 978-7-305-15727-1

Ⅰ.①单… Ⅱ.①陈… Ⅲ.①单片微型计算机－高等
学校－教材 Ⅳ.①TP368.1

中国版本图书馆 CIP 数据核字(2015)第 188455 号

出版发行　南京大学出版社
社　　址　南京市汉口路 22 号　　　　邮　编　210093
出 版 人　金鑫荣
书　　名　单片机原理及应用分层教程
编　　著　陈仁文
责任编辑　王秉华　蔡文彬　　　　编辑热线　025-83596997
照　　排　南京理工大学资产经营有限公司
印　　刷　盐城市华光印刷厂
开　　本　787×1092　1/16　印张 17.5　字数 409 千
版　　次　2015 年 12 月第 1 版　　2015 年 12 月第 1 次印刷
印　　数　1～3000
ISBN　978-7-305-15727-1
定　　价　38.00 元

网　　址:http://www.njupco.com
官方微博:http://weibo.com/njupco
官方微信号:njupress
销售咨询热线:(025)83594756

前　言

　　按理,单片机原理及应用方面的教材已经非常多,似乎没有写本书的必要了,但是,读者在应用这些教材时总感觉不是那么得心应手。有的书中内容不系统,前后脱节;有的必须要准备很多相关知识才能理解;在选择教材时,教师有时候也感觉很无助。有的教材内容过于简单,有的则太过繁杂,让人莫衷一是。之所以在这么多教材后还出版本书的目的在于让教者和学者甚至开发者找到一书在手别无它求的感觉。所以本书既求详尽,又求系统,并设置三个知识层次,逐渐展开,让读者根据不同基础和需求选择合适的内容。

　　本书中的知识分为基础级、提高级和扩展级3个层次。为了保持本书的系统和完整性,并不把这三个级别知识硬生生独立开来,而是将内容统一安排在整体框架下,只是在某些章节题目后用符号标出不同层次,让读者自行选择。在学习的时候,读者就没必要围绕某一内容在基础篇、提高篇和扩展篇之间来回翻阅了。基础级的内容是单片机学习中必须掌握的基础知识,目录后没有任何符号;属于提高级的内容会在目录后面用 ＊ 号标出,这部分内容仍然属于单片机中的内容,是在基础级上的提高;而扩展级的内容会在目录后面用 ＊＊ 标出,这部分内容大部分不属于单片机的专门知识,是为了理解单片机中的名词术语或者为了更好地开发应用单片机而需要学习的内容。此外,在全书中,还会在正文的某些位置设置特别的关键问题并回答,以澄清一些容易出错或混淆的知识点或者增加对知识点的理解,进一步为读者着想的是书中还为其设置了目录备查。

　　参加本书编写和校对的还有朱霞、周秦邦、张笑笑、于杰、邹盼盼、黄斌、余小庆等,这里表示由衷感谢。

　　由于作者知识和水平有限,错误定在所难免,敬请提出宝贵意见。另外,本书在编写过程中还参考了一些书刊,这里未一一列出,均表示感谢。

编　者

2015 年 10 月

目　录

关键及扩展问题目录

第一章

绪　论

1.1　计算机概述

1.1.1　计算机基本组成及工作原理

现代计算机是一个自动化的信息处理装置,它之所以能实现自动化信息处理,是由于采用了"存储程序"工作原理。这一原理是 1946 年由匈牙利科学家冯·诺依曼(Von Neumann)和他的同事们在一篇题为《关于电子计算机逻辑设计的初步讨论》的论文中提出并论证的。冯·诺依曼大胆提出抛弃十进制,采用二进制作为数字计算机的数制基础。同时,他还提出预先编制计算程序,进行存储,然后由计算机来按照人们事前制定的计算顺序来执行数值计算工作。这一原理确立了现代计算机的基本组成和工作方式:

(1) 计算机硬件由五个基本部分组成:运算器、控制器、存储器、输入设备和输出设备。

(2) 计算机内部采用二进制来表示程序和数据。

(3) 采用"存储程序"的方式,将程序和数据放入同一个存储器中,计算机能够自动高速地从存储器中取出指令加以执行。

Q1　*什么是冯·诺依曼计算机?*

冯·诺依曼计算机(Von Neumann Machine)是按照一种被称为"冯·诺依曼结构"建造的计算机,也称为存储程序计算机(Stored Program Computer),或通用计算机。1945 年 6 月,冯·诺依曼提出了在数字计算机内部的存储器中存放程序的概念(Stored Program Concept),这是所有现代电子计算机的范式,被称为"冯·诺依曼结构"。冯·诺依曼计算机主要由运算器、控制器、存储器和输入输出设备组成,它的特点是:程序以二进制代码的形式存放在存储器中;所有的指令都是由操作码和地址码组成;指令在存储器中按照执行的顺序存放;以运算器和控制器作为计算机结构的中心等。

被认为是世界上第一台电子计算机的 ENIAC 机存在两大缺点:(1) 没有存储器;(2) 它用布线接板进行控制,甚至要搭接几天,计算速度也就被这一工作抵消了。匈牙利裔美籍科学家冯·诺依曼加入 ENIAC 团队后,通过与团队成员共同讨论,提出了这种著名的冯·诺依曼结构。半个多世纪以来,计算机制造技术发生了巨大变化,但冯·诺依曼体系结构仍然沿用至今,人们把冯·诺依曼称为"计算机鼻祖"。

可以说计算机硬件的五大部件中每一个部件都有相对独立的功能,分别完成各自不同的工作。如图 1.1 所示,五大部件实际上是在控制器的控制下协调统一地工作的。首先,把表示计算步骤的程序和计算中需要的原始数据,在控制器的控制下,通过输入设备送入计算机的存储器进行存储;其次,当计算开始时,在取指令作用下把程序指令逐条送入控制器;然后,控制器对指令进行译码,并根据指令的操作要求向存储器和运算器发出存储、取数命令和运算命令,经过运算器计算并把结果存放在存储器内;最后,在控制器的取数和输出命令作用下,通过输出设备输出计算结果。

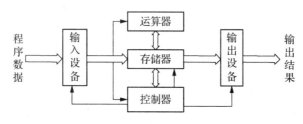

图 1.1　计算机基本组成

1. 运算器

运算器也称为算术逻辑单元(Arithmetic Logic Unit,ALU)。它的功能是完成算术运算和逻辑运算。算术运算是指加、减、乘、除及它们的复合运算。而逻辑运算是指"与"、"或"、"非"等逻辑操作。在计算机中,任何复杂运算都转化为基本的算术与逻辑运算,然后在运算器中完成。

2. 控制器

控制器(Controller Unit,CU)是计算机的指挥系统。控制器一般由指令寄存器、指令译码器、时序电路和控制电路组成。它的基本功能是从内存取指令和执行指令。指令是指示计算机如何工作的一些操作,由操作码(操作方法)及操作数(操作对象)两部分组成。控制器通过地址访问存储器,逐条取出选中单元指令,分析指令,并根据指令产生的控制信号作用于其他各部件来完成指令要求的工作。周而复始上述工作,保证计算机能自动连续地运作。

通常将运算器和控制器统称为中央处理器,即 CPU(Central Processing Unit),它是整个计算机的核心部件,是计算机的"大脑"。它控制了计算机的运算、处理、输入和输出等工作。

3. 存储器

存储器(Memory)是计算机的记忆装置,它的主要功能是存放程序和数据。程序是计算机操作的依据,数据是计算机操作的对象。

计算机存储和处理数据都是以二进制为基础的,存储器存放的最小信息单位是二进制的位(bit)。为了更好地存放程序和数据,存储器通常被分为许多等长的存储单元,每个单元可以存放一个适当单位的信息,如 1 字节(byte)或 1 个字(word)。全部存储单元按一定顺序编号,这个编号被称为存储单元的地址。存储单元与地址的关系是一一对应的。应注意,存储单元的地址和它里面存放的内容完全是两回事。对存储器的操作通常称为访问存储器。访问存储器的方法有两种,一种是选定地址后向存储单元存入数据,被称为"写";另一种是从选定的存储单元中取出数据,被称为"读"。可见,不论是读还是写,都必须先给出存储单元的地址。来自地址总线上的存储器地址信息有效后,由读/写控制电路根据相应的读/写命令来确定对存储器的访问方式,完成对指定存储单元的操作。对于读,当读信号使能后,存储器的数据总线上会出现指定单元的数据,此后由 CPU 从数据总线将该数据读入相应单元暂存;对于写,当地址信息有效同时要写入的数据出现在数据总线后,CPU 发出写入命令,即将数据写入到存储器的指定单元中。

Q2　计算机存储容量如何表示?

不管是多少位的 CPU,存储容量的大小一般都以字节为单位来度量。经常使用 B(Byte, 字节)、KB(Kbytes,千字节)、MB(MegaBytes,兆字节)、GB(GigaBytes,千兆字节)和 TB(TrillionBytes,太字节)来表示。它们之间的关系:1 KB = 1024 B = 2^{10} B,1 MB = 1024 KB = 2^{20} B,1 GB = 1024 MB = 2^{30} B,1 TB = 1024 G = 2^{40} B,在某些计算中为了计算简便经常把 2^{10}(1024)称为 1 K。其他使用单位还有:

位(bit):是计算机存储数据的最小单位。计算机中一个单独的符号"0"或"1"被称为一个二进制位,它可存放 1 位二进制数。

字(Word):计算机处理数据时,一次存取、加工和传递的数据长度称为字。1 个字通常由 2 个字节组成。

Q3　通常所说的 CPU 的位数是什么意思?

CPU 的位数就是中央处理器一条指令可以处理的最大数据的长度,也称为字长。字长决定 CPU 的寄存器和总线的数据宽度。现代计算机的字长有 8 位、16 位、32 位、64 位等。

Q4　什么是计算机的内存和外存?

根据存储器与 CPU 联系的密切程度可分为内存储器和外存储器两大类。内存在计算机主机内,它直接与运算器、控制器交换信息,容量虽小但存取速度快,一般只存放那些正在运行的程序和待处理的数据。为了扩大内存储器的容量,引入了外存储器。外存作为内存储器的延伸和后援,间接和 CPU 联系,用来存放一些系统必须使用,但又不急于使用的程序和数据。程序必须调入内存方可执行。外存存取速度慢,但存储容量大,可以长时间地保存大量信息,如计算机硬盘等。现在高档 PC 机中,采用闪存作为外存,以提高读写速度和可靠性。

Q5　什么叫易失性和非易失性存储器?

现代计算机系统中广泛应用半导体存储器。从使用功能角度看,半导体存储器可以分成两大类:断电后数据会丢失的易失性存储器(Volatile Memory)和断电后数据不会丢失的非易失性(Non-Volatile Memory)存储器。微型计算机通常说的 RAM(Random Access Memory),即随机存取存储器,属于易失性存储器,而 ROM(Read Only Memory),即只读存储器,属于非易失性存储器。RAM 和 ROM 都有很多类型,参见后面相关章节。

4. 输入设备

输入设备是从计算机外部向计算机内部传送信息的装置。其功能是将数据、程序及其他信息,从人们熟悉的形式转换为计算机能够识别和处理的形式输入到计算机内部。常用的输入设备有键盘、鼠标、光笔、扫描仪、数字化仪、条形码阅读器、麦克风等。

5. 输出设备

输出设备是将计算机的处理结果传送到计算机外部供计算机用户使用的装置。其功能是将计算机内部二进制形式的数据信息转换成人们所需要的或其他设备能接受和识别的信息形式。常用的输出设备有显示器、打印机、绘图仪、扬声器等。

通常我们将输入设备和输出设备统称为 I/O 设备,它们都属于计算机的外部设备,简称外设。

1.1.2 计算机发展历程

1. 第一代 电子管计算机(1946 年—1957 年)

通常认为,世界上第一台计算机是 1946 年诞生的 ENIAC。被称为“莫尔小组”的四位科学家和工程师埃克特(Eckert)、莫克利(Mo Keli)、戈尔斯坦(Golestan)、博克斯(Box)是研制这台计算机的元老。这台计算机由美国军方定制,专门为了计算弹道和射击特性而研制。这台计算机的主要器件是电子管,是一个庞然大物。它长 30.48 米,宽 6 米,高 2.4 米,占地面积约 170 平方米,30 个操作台,重达 30 英吨,造价 48 万美元。据说,其耗电量达到 150 千瓦,在这台计算机开机时,得让周围居民暂时停电! 它包含了17 468根真空管、7 200 根水晶二极管、1 500 个中转、70 000 个电阻器、10 000 个电容器、1 500个继电器和 6 000 多个开关。每秒执行 5 000 次加法或 400 次乘法,其速度是继电器计算机的 1 000倍、手工计算的 20 万倍。然而,这样一台计算机其功能还远不如今天的一只计算器。但不管如何,它使科学家们从复杂的计算中解脱出来,它的诞生标志着人类进入了一个崭新的信息革命时代。

谈到 ENIAC,必定不能忘掉一个关键人物,就是被称为计算机之父的美籍匈牙利人、数学家冯·诺依曼。它是带着原子弹研制过程中遇到的大量计算问题而在中期加入研制小组的。正是由于他的加入,使计算机中的许多关键性问题得以解决,并奠定了现代计算机体系结构的基础。

值得一提的是,经过考证,也有人认为世界上第一台电子计算机是由美国爱荷华州立大学的约翰·文森特·阿塔纳索夫(John Vincent Atanasoff)教授和他的研究生克利福特·贝瑞(Clifford Berry)先生在 1937 年至 1941 年间开发的“阿塔纳索夫-贝瑞计算机(Atanasoff-Berry Computer,简称 ABC)”。但可惜的是,这台计算机由于未受到应有的重视而被拆除。据说,该计算机的有些专利和理念后来被莫克利等人窃取和利用。ABC 和 ENIAC 开启了人类的信息化时代。

毫无疑问,ENIAC 是第一代计算机的代表。这一阶段计算机的主要特征是采用电子管元件作基本器件,用光屏管或汞延时电路作存储器,输入或输出主要采用穿孔卡片或纸带,而且体积大、耗电量大、速度慢、存储容量小、可靠性差、维护困难且价格昂贵。在软件上,通常使用机器语言或者汇编语言来编写应用程序,因此这一时代的计算机主要用于科学计算。

这时的计算机的基本线路是采用电子管结构,程序从人工手编的机器指令程序,过渡到符号语言。第一代电子计算机是计算工具革命性发展的开始,它所采用的二进位制与程序存贮等基本技术思想,奠定了现代电子计算机技术基础。

2. 第二代 晶体管计算机(1958 年—1964 年)

至今还在使用的晶体管使计算机技术产生了革命性改变。第二代计算机中,晶体管代替了电子管作为计算机的基础器件,用磁芯或磁鼓作存储器,在整体性能上产生了质的飞跃。可喜的是,相应的高级计算机程序语言 Fortran,Cobol,Algo160 也相应出现了。晶体管计算机被用于科学计算的同时,也开始在数据处理、过程控制方面得到应用。

3. 第三代 中小规模集成电路计算机(1965 年—1971 年)

半导体工艺的发展极大地促进了集成电路的应用。在这一时期,构成计算机的电路都由中小规模集成电路构成,主存储器也渐渐过渡到半导体存储器,使计算机的体积更小,大大降低了计算机计算时的功耗,计算机的应用领域也进一步扩大。软件方面,有了标准化的程序设计语言和人机会话式的 Basic 语言等。

4. 第四代 大规模和超大规模集成电路计算机(1971 年至今)

随着大规模和超大规模集成电路工艺的发展,计算机的体积进一步缩小,性能进一步提高。集成更高的大容量半导体存储器作为内存储器,发展了并行技术和多机系统,出现了精简指令集计算机(RISC)。软件系统工程化、理论化,程序设计自动化。微型计算机在社会上的应用范围进一步扩大。计算机已成为人们离不开的"生活伴侣"。

5. 下一代 超级量子计算机

量子计算机(Quantum Computer)的技术概念最早由理查德·费曼(Richard Feynman)提出,后经过很多年的研究这一技术已初步见成效。量子计算机是一类遵循量子力学规律进行高速数学和逻辑运算、存储及处理量子信息的物理装置。当某个装置处理和计算的是量子信息,运行的是量子算法时,它就是量子计算机。

现在的电子计算机的能耗会导致计算机中的芯片发热,极大地影响了芯片的集成度,从而限制了计算机的运行速度。能耗的来源其实是计算过程中的不可逆操作。如果每种经典计算机中可以找到一种对应的可逆计算机,而且不影响运算能力,那么计算机的集成度和运算速度将会大大提高。这就是量子计算机可以解决的问题。

普通的数字计算机在 0 和 1 的二进制系统上运行,称为"比特"(bit),但量子计算机却可以计算 0 和 1 之间的数值。从数学抽象上看,普通计算机只能执行以元素为基本运算单元的计算,而量子计算机可执行以集合为基本运算单元的计算。也就是说,在普通计算机完成某一步运算的时候,量子计算机已完成了一系列运算。量子计算机能同时处理用单个原子和光子等微观物理系统的量子状态存储的很多信息,但对于经典计算机这是不可能的。

2007 年年初,加拿大公司 D-Wave Systems 首次揭开了全球第一台商用实用型量子计算机猎户座(Orion)的神秘面纱。随着量子计算技术研究的不断深入,量子计算机必将走下神坛,进入千家万户。

1.1.3　计算机分类

计算机种类很多,可以从不同角度进行分类。

1. 按信息的表示方式分类

（1）模拟计算机

模拟式电子计算机是用连续变化的模拟量即电压来表示信息的,其基本运算部件由运算放大器构成的微分器、积分器、通用函数运算器等运算电路组成。模拟式电子计算机解题速度极快,但是精度不高、信息不易存储、通用性差。它一般用于解微分方程或自动控制系统设计中的参数模拟。广义来说,控制系统中的模拟比例积分微分 PID（Proportion Integration Differentiation）控制器也属于一种模拟计算机。

（2）数字计算机

数字式电子计算机是用不连续的数字量“0”和“1”来表示信息的,其基本运算部件是数字逻辑电路。数字式电子计算机的精度高、存储量大、通用性强,能胜任科学计算、信息处理、实时控制、智能模拟等方面的工作。人们通常所说的计算机就是指数字式电子计算机。

（3）数模混合计算机

数字模拟混合式电子计算机是综合了数字和模拟两种计算机的长处设计出来的。既能处理数字量,又能处理模拟量,但是这种计算机结构复杂,设计困难。

2. 按应用范围分类

（1）专用计算机

专用计算机是为了解决一个或一类特定问题而设计的计算机。它的硬件和软件的配置依据解决特定问题的需要而定,并不求全。专用机功能单一,配有解决特定问题的固定程序,能高速、可靠地解决特定问题。一般在过程控制中使用。

（2）通用计算机

通用计算机是为能解决各种问题,具有较强的通用性而设计的计算机。它具有一定的运算速度,有一定的存储容量,带有通用的外部设备,配备各种系统软件、应用软件。一般的数字式电子计算机多属此类。

3. 按规模和处理能力分类

（1）巨型机

巨型机也叫超级计算机,通常是指最大、最快、最贵的计算机,一般用在国防和尖端科学领域。它对国家安全、经济和社会发展具有举足轻重的意义,是国家科技发展水平和综合国力的重要标志。目前,巨型机主要用于战略武器的设计、空间设计、石油勘探、长期天气预报及社会模拟等领域。超级计算机可以用来模拟核爆炸、排查核弹隐患,甚至可以模拟宇宙大爆炸,揭示宇宙的起源和演变过程。

著名巨型机有美国的克雷系列（Cray - 1,Cray - 2,Cray - 3,Cray - 4 等）以及我国自行研制的银河- I,银河- II 和银河- III 等。

2013 年 11 月发布的超算名单上,中国国防科技大学研制的天河二号超级计算机,以每秒 33.86 千万亿次的浮点运算速度夺得头筹,继续成为全球最快的超级计算机,比第二名

Titan 快近一倍。在德国法兰克福召开的"2015 国际超级计算大会"上，天河二号超级计算机系统在国际超级计算机 TOP500 组织发布的第 45 届世界超级计算机 500 强排行榜上再次位居第一。这是天河二号自 2013 年 6 月份问世以来，连续 5 次位居世界超算 500 强榜首。天河二号有 16 000 个节点，每个节点部署了两个英特尔 Xeon IvyBridge 及三个 Xeon Phi 处理器，计算核心总数达 3 120 000 个。

（2）大型机

它包括我们通常所说的大、中型计算机。这是在微型机出现之前最主要的计算模式。如当年流行的 IBM-4341 等。大型主机经历了批处理阶段、分时处理阶段，进入了分散处理与集中管理的阶段。IBM 公司一直在大型主机市场处于霸主地位，DEC、富士通、日立、NEC 也生产大型主机。不过随着微机与网络的迅速发展，大型主机正在走下坡路。我们许多计算中心的大机器正在被高档微机取代。

（3）小型机

由于大型主机价格昂贵，操作复杂，只有大企业单位才能买得起。在集成电路推动下，60 年代底 DEC 推出了一系列小型机，如 PDP-11 系列、VAX-11 系列。此外，HP 公司有 1000、3000 系列、IBM 公司有 AS/400 机等。我国生产的太极系列机也属于小型计算机。如今，很少看到当年小型机的身影了。

（4）微型机

微型机就是人们普遍使用的个人计算机（PC，Personal Computer），这是目前发展最快的领域。根据使用的微处理器芯片的不同而分为若干类型。PC 机的特点是轻、小、价廉、宜用。在过去的 30 年中，PC 机使用的 CPU 芯片平均每年集成度增加一半，处理器速度提高一倍，价格降低一半。随着芯片性能的提高，PC 机的功能越来越大。目前，PC 机占整个计算机装机量的 95％以上。笔记本电脑也可归于此类型。

Q6 什么是计算机中的摩尔定理？

计算机第一定律——摩尔定律是由英特尔（Intel）创始人之一戈登·摩尔（Gordon Moore）提出来的。其内容为：当价格不变时，集成电路上可容纳的元器件的数目，约每隔 18—24 个月便会增加一倍，性能也将提升一倍。换言之，每一美元所能买到的电脑性能，将每隔 18—24 个月翻一倍以上。这一定律揭示了信息技术进步的速度。

Q7 什么叫工作站？

工作站（Work Station）是介于个人计算机和小型计算机之间的一种高档微型机。是用于处理某类特殊事务的一种独立计算机系统。工作站通常配有高档 CPU、高分辨率的大屏幕显示器和大容量的内外存储器，具有较强的数据处理能力和高性能的图形功能。它主要用于图像处理、计算机辅助设计等领域。

Q8 什么是服务器？

随着计算机网络的日益推广，一种可供网络用户共享的计算机应运而生，这就是服务器（Server）。服务器一般具有大容量的存储设备和丰富的外部设备，其上运行网络操作系统，要求较高的运行速度。对此，很多服务器都配置了多 CPU。服务器上的资源可供网络用户共享,如计算机网络中的 Web 服务器、邮件服务器等。与服务器对应的是客户机(Client),是与服务器连接共享其资源的计算机。

Q9　什么是云计算机?

云计算(Cloud Computing)是一种分布式计算技术。其最基本的概念,是透过网络将庞大的计算处理程序自动分拆成无数个较小的子程序,再交由多部服务器所组成的庞大系统经搜寻、计算分析之后将处理结果回传给用户。透过这项技术,网络服务提供者可以在数秒之内处理数以千万计甚至亿计的信息,达到和"超级计算机"同样强大效能的网络服务。有人由此提出了云计算机的概念。

1.2　单片机概述

1.2.1　单片机的产生及发展历程

单片机在国外通常叫做微控制器(Microcontroller)、微控制单元(Microcontroller Unit,MCU)或单片微型计算机(Single Chip Microcomputer),国内最喜欢简称为单片机。单片机也是一种计算机,实际就是把一台普通计算机经过简化,浓缩在一小片芯片内,形成了芯片级的计算机。普通的计算机通常由一块或多块电路板相互连接而成。如果简化一点,将一台计算机上的所有电子元器件都集成在一块电路板上,则称之为单板机,如 1976 年美国 Zilog 公司推出的 Z80(它是当时流行的单板机)。再简化一点,如果在一个芯片内集成了计算机所需的必要部件,由它加上晶振等很少外围器件就可以组成计算机,则称之为单片机。

单片机的发展,得益于微电子技术的高速发展和人们对计算机小型化、微型化的强烈需求。微电子技术的发展,使芯片的集成度大大增加,从而使把计算机所需必要部件集成在一个芯片内成为可能;而各种自动化设备中的测控设备,迫切需要对计算机进行小型化和微型化。

单片机体积虽小,但"五脏俱全",其内部结构与普通计算机结构类似,也是由中央处理器(CPU)、存储器和输入/输出(I/O)三大基本部分构成。

单片机是一种典型的嵌入式微控制器。它不是完成某一个逻辑功能的芯片,而是把一个计算机系统集成到一个芯片上。虽然功能没有普通计算机那么强大,可是它的体积很小,在很多场合下普通计算机不能完成的工作,单片机却能出色地完成。单片机在外观上与常见的集成电路块一样,体积很小,如图 1.2 所示。有的单片机甚至只有 8 个管脚。

图 1.2　几种封装的单片机

Q10 什么是嵌入式系统?

嵌入式系统(Embedded System),是一种"完全嵌入受控器件内部,为特定应用而设计的专用计算机系统"。由一个或几个预先编程好以用来执行少数几项任务的微处理器或者单片机组成,用来控制或者监视机器、装置、工厂等大规模设备。通常,嵌入式系统是一个控制程序存储在 ROM 中的嵌入式处理器控制板。与个人计算机这样的通用计算机系统不同,嵌入式系统通常执行的是带有特定要求的预先定义的任务。国内普遍认同的嵌入式系统定义为:以应用为中心,以计算机技术为基础,软硬件可裁剪,适应应用系统对功能、可靠性、成本、体积、功耗等严格要求的专用计算机系统。事实上,所有带有数字接口的设备,如手表、微波炉、录像机、汽车等,都使用嵌入式系统。单片机是嵌入式系统的主力。

1970 年微型计算机研制成功后,随后就出现了单片机。美国 Intel 公司推出了 4 位单片机 4004;1972 年推出了雏形 8 位单片机 8008,特别是在 1976 年推出 MCS-48 单片机以后的三十年中,单片机的发展和其相关的技术经历了数次的更新换代,其发展速度大约每三四年要更新一代、集成度增加一倍、功能翻一番。以 8 位单片机为起点,单片机的发展大致可分为以下四个阶段。

第一阶段(1976 年—1978 年):初级单片机阶段。以 Intel 公司的 MCS-48 为代表。这个系列的单片机内集成有 8 位 CPU、I/O 接口、8 位定时/计数器,寻址范围不大于 4 K 字节,简单的中断功能,无串行接口。在相当一段时间内,8048 充当了键盘中的控制器。

第二阶段(1978 年—1982 年):单片机完善阶段。在这一阶段推出的单片机其功能有较大的加强,能够应用于更多的场合。这个阶段的单片机普遍带有串行 I/O 口、有多级中断处理系统、16 位定时/计数器,片内集成的 RAM、ROM 容量加大,寻址范围可达 64K 字节,片内集成了 A/D 转换接口。这类单片机的典型代表有 Intel 公司的 MCS-51、Motorola 公司的 6801 和 Zilog 公司的 Z8 等。在这一阶段,三大公司 Intel、Motorola、Zilog 三足鼎立,几乎瓜分了单片机市场。

第三阶段(1982 年—1992 年):8 位单片机巩固发展及 16 位高级单片机发展阶段。在此阶段,尽管 8 位单片机的应用已广泛普及,但为了更好满足测控系统的嵌入式应用的要求,单片机集成的外围接口电路有了更大的扩充。这个阶段单片机的代表为 8051 系列。许多半导体公司以 MCS-51 的 8051 为内核,推出了满足各种嵌入式应用的多种类型和型号的单片机。其主要技术发展有:(1) 外围功能集成。如满足模拟量直接输入的模数转换器(Analog Digital Converter, ADC) 接口、满足伺服驱动输出的脉冲宽度调制(Pulse Width Modulation, PWM)、保证程序可靠运行的程序监控定时器——看门狗电路(Watch Dog Timer, WDT)。(2) 出现了为满足串行外围扩展要求的串行扩展总线和接口,如 SPI、I^2C Bus、单总线(1-Wire)等。(3) 出现了为满足分布式系统,突出控制功能的现场总线接口,如 CAN Bus 等。(4) 在程序存储器方面广泛使用了片内程序存储器技术,出现了片内集成 EPROM、EEPROM、Flash ROM 以及 Mask ROM、OTPROM 等各种类型的单片机,以满足不同产品的开发和生产的需要,也为最终取消外部程序存储器扩展奠定了良好的基础。与此同时,一些公司面向更高层次的应用发展推出了 16 位的单片机,典型代表有 Intel 公司的 MCS-96 系列的单片机。

第四阶段(1993年到现在):百花齐放阶段。现阶段单片机发展的显著特点是百花齐放、技术创新,以满足日益增长的广泛需求。其主要方面有:(1)单片嵌入式系统的应用是面对最底层的电子技术应用,从简单的玩具、小家电到复杂的工业控制系统、智能仪表、电器控制以及发展到机器人、个人通信信息终端、机顶盒等。因此,面对不同的应用对象,不断推出适合不同领域要求的、从简易性能到多功能的单片机系列。(2)大力发展专用型单片机。早期的单片机是以通用型为主的。由于单片机设计生产技术的提高、周期缩短、成本下降,以及许多特定类型电子产品,如家电类产品的巨大的市场需求,推动了专用单片机的发展。在这类产品中采用专用单片机具有成本低、资源有效利用、系统外围电路少、可靠性高的优点。因此专用单片机也是单片机发展的一个主要方向。(3)致力于提高单片机的综合品质。采用更先进的技术来提高单片机的综合品质,如提高I/O口的驱动能力、增加抗静电和抗干扰措施、宽(低)电压低功耗等。

1.2.2 单片机的主要特点

单片机的基本组成和基本工作原理与一般的微型计算机相同,但在具体结构和处理过程上又有自己的特点。

其主要特点如下:

(1)在存储器结构上,单片机的存储器采用哈佛(Harvard)结构。ROM和RAM是严格分开的,ROM称为程序存储器,只存放程序、常数和数据表格;RAM则为数据存储器,用作工作区及存放数据。两者的访问方式也不同,使用不同的寻址方式,通过不同的地址指针访问。程序存储器存储空间较大,数据存储器空间较小,这样主要是考虑单片机用于控制系统的特点。程序存储器和数据存储器又有片内和片外之分,而且访问方式也不相同。所以,单片机的存储器在操作时分为片内程序存储器、片外程序存储器、片内数据存储器和片外数据存储器。

(2)在芯片引脚上,大部分采用分时复用技术。单片机芯片内集成了较多的功能部件,需要的引脚信号较多。但由于工艺和应用场合的限制,芯片上引脚数目又不能太多。为解决实际的引脚数和需要的引脚数之间的矛盾,一根引脚往往设计了两个或多个功能。每条引脚在当前起什么作用,由指令和当前机器的状态来决定。

(3)在内部资源访问上,通过访问特殊功能寄存器(SFR)的形式进行。在单片机中,微处理器、存储器、I/O接口、定时/计数器、串行接口、中断系统等资源是用特殊功能寄存器(SFR)的形式提供给用户的。用户对这些资源的访问是通过对对应的SFR进行访问来实现的。

(4)在指令系统上,采用面向控制的指令系统。为了满足控制系统的要求,单片机有很强的逻辑控制能力。在单片机内部一般都设置有一个独立的位处理器,又称为布尔处理器,专门用于位运算。

(5)内部一般都集成一个全双工的串行接口。通过这个串行接口,可以很方便地和其他外设进行通信,也可以与另外的单片机或微型计算机通信,组成计算机分布式控制系统。

(6)单片机有很强的外部扩展能力。在内部的各功能部件不能满足应用系统要求时,可以很方便地在外部扩展各种电路,并且与许多通用的微机接口芯片兼容。

Q11 *单片机与 DSP、CPLD 和 FPGA 有什么区别?*

数字信号处理器(DSP,Digital Signal Processor)是一种独特的微处理器,有自己的完整指令系统,是用来处理大量数字信号的器件。一个数字信号处理器在一块不大的芯片内包括有控制单元、运算单元、各种寄存器以及一定数量的存储单元等等。在其外围还可以连接若干存储器,并可以与一定数量的外部设备互相通信,有软、硬件的全面功能,本身就是一个微型计算机。它的强大数据处理能力和高运行速度是最值得称道的两大特色。由于它运算能力很强、速度很快、体积很小、而且采用软件编程具有高度的灵活性,因此为从事各种复杂的应用提供了一条有效途径。

在前面介绍过,单片机是一种集成电路芯片,是采用超大规模集成电路技术把具有数据处理能力的中央处理器 CPU、随机存储器 RAM、只读存储器 ROM、多种 I/O 口和中断系统、定时器/计时器等功能(可能还包括显示驱动电路、脉宽调制电路、模拟多路转换器、A/D转换器等电路)集成到一块硅片上构成的一个小而完善的计算机系统。

单片机的位控能力强,I/O 接口种类繁多,控制功能丰富、价格低、使用方便,但与 DSP相比,处理速度较慢。DSP 具有的高速并行结构及指令、多总线等单片机却没有。DSP 处理的算法的复杂度和大的数据处理流量更是单片机不可企及的。

总之,单片机擅长控制,DSP 专注于高速数据处理。

在有些嵌入式应用中,经常也会用到 CPLD 和 FPGA,其似乎充当了单片机、DSP 或微处理器的角色。但是,CPLD、FPGA 和单片机之间是有本质区别的。

现场可编程门阵列,即 FPGA(Field Programmable Gate Array),它是在 PAL(Programable Array Logic)、GAL(Generic Array Logic)、CPLD(Complex Programmable Logic Device)等可编程器件的基础上进一步发展的产物。起先,人们用拥有少量逻辑门电路的 PAL 和 GAL 通过编程来灵活构建简单的逻辑电路。后来随着芯片集成技术的发展,逐步出现了拥有大量门电路的复杂可编程逻辑器件 CPLD 和 FPGA。它们是作为专用集成电路(ASIC,Application Specific Integrated Circuit)领域中的一种半定制电路而出现的。既解决了定制电路的不足,又克服了原有可编程器件门电路数有限的缺点。以硬件描述语言(Verilog 或 VHDL)所完成的电路设计,可以经过简单的综合与布局,快速的烧录至 FPGA上进行测试,是现代 IC 设计验证的技术主流。这些可编辑元件可以被用来实现一些基本的逻辑门电路(比如 AND、OR、XOR、NOT)或者更复杂一些的组合功能比如解码器或数学方程式。在大多数的 FPGA 里面,这些可编辑的元件里也包含记忆元件例如触发器(Flip-flop)或者其他更加完整的记忆块。系统设计师可以根据需要通过可编辑的连接把 FPGA内部的逻辑块连接起来,就好像一个电路试验板被放在了一个芯片里。一个出厂后的成品FPGA 的逻辑块和连接可以按照设计者而改变,所以 FPGA 可以完成所需要的逻辑功能。更夸张的说,利用 FPGA 甚至可以形成一个 CPU。因此,在许多实际应用中也可采用FPGA 而不是单片机或 DSP。如今,FPGA 被广泛地使用在通信基站、大型路由器等高端网络设备,以及显示器(电视)、投影仪等日常家用电器里,与单片机和 DSP 一起,分享嵌入式应用领域。

CPLD 和 FPGA 是同类型的集成电路芯片。FPGA 其实就是将 CPLD 的电路规模、功能、性能等方面强化之后的产物。其最大的优势特点就是能够缩短开发所需时间。换句话说，通过使用 FPGA，设计人员可以有效地利用每一分钟进行开发。

　　总而言之，CPLD 和 FPGA 是可以通过改变逻辑门之间的连线来构建复杂逻辑关系的半定制芯片，其上不运行程序（软件），用硬件实现所需功能。DSP 和单片机是具有固定逻辑关系的芯片，通过运行不同的程序来完成所需的功能。

Q12　*单片机与 CPU 有什么区别？*

　　中央处理器（Central Processing Unit）也叫微处理器。微处理器的基本组成部分有：寄存器堆、运算器、时序控制电路以及数据和地址总线。单片机是指一个集成在一块芯片上的完整计算机系统。尽管它的大部分功能集成在一块小芯片上，但是它具有一个完整计算机所需要的大部分部件：CPU、内存、内部和外部总线系统，目前大部分还会具有外存。同时集成诸如通讯接口、定时器、实时时钟等外围设备。而现在最强大的单片机系统甚至可以将声音、图像、网络、复杂的输入输出系统集成在一块芯片上。

　　由此可见，虽然从外观来看，CPU 和单片机都是一块集成电路芯片，但从组成层次来看，单片机包含 CPU，只是单片机中的 CPU 的性能远没有单独的 CPU 芯片的性能强大。但单片机只需要晶振等少数元器件就可以工作了，而 CPU 还需要加入大量存储器等外围芯片等才能有效工作。

　　单片机其实是由芯片内仅有 CPU 的专用处理器发展而来的。其设计理念是通过将大量外围设备和 CPU 集成在一个芯片中，使计算机系统更小，更容易集成进复杂的而对体积要求严格的控制设备当中。Z80 就是最早按照这种思想设计出的处理器，从此以后，单片机和 CPU 的发展便分道扬镳了。现在，个人计算机中大量使用的就是 CPU 芯片。

1.2.3　单片机的应用领域

　　目前单片机渗透到我们生活的各个领域，几乎很难找到哪个领域没有单片机的踪迹。导弹的导航装置、飞机上各种仪表的控制、计算机的网络通信与数据传输、工业自动化过程的实时控制和数据处理、广泛使用的各种智能 IC 卡、民用豪华轿车的安全保障系统、录像机、摄像机、全自动洗衣机的控制，以及程控玩具、电子宠物等，这些都离不开单片机。更不用说自动控制领域的机器人、智能仪表、医疗器械了。因此，单片机的学习、开发与应用将造就一批计算机应用与智能化控制的科学家、工程师。

　　单片机广泛应用大致可分为如下几个范畴：

　　（1）在智能仪器仪表上的应用

　　单片机具有体积小、功耗低、控制功能强、扩展灵活、微型化和使用方便等优点，广泛应用于仪器仪表中，结合不同类型的传感器，可实现诸如电压、功率、频率、湿度、温度、流量、速度、厚度、角度、长度、硬度、元素、压力等物理量的测量。采用单片机控制使得仪器仪表数字化、智能化、微型化，且功能比起采用电子或数字电路的仪器仪表更加强大。例如精密的测量设备（功率计、示波器、各种分析仪）等。

（2）在工业控制中的应用

用单片机可以构成形式多样的控制系统、数据采集系统。例如,工厂流水线的智能化管理、电梯智能化控制、各种报警系统、与计算机联网构成二级控制系统等。

（3）在家用电器中的应用

可以这样说,现在的家用电器基本上都采用了单片机控制,从电饭煲、洗衣机、电冰箱、空调机、彩电、音响视频器材,再到电子称量设备,五花八门,无所不在。

（4）在计算机网络和通信领域中的应用

现代的单片机普遍具备通信接口,可以很方便地与计算机进行数据通信,为在计算机网络和通信设备间的应用提供了极好的物质条件。现在的通信设备基本上都实现了单片机智能控制,从电话机、小型程控交换机、楼宇自动通信呼叫系统、列车无线通信,到日常工作中随处可见的移动电话、集群移动通信、无线电对讲机等。

（5）单片机在医用设备领域中的应用

单片机在医用设备中的用途亦相当广泛,例如医用呼吸机、各种分析仪、监护仪、超声诊断设备及病床呼叫系统等。

（6）在各种大型电器中的模块化应用

某些专用单片机设计用于实现特定功能,从而在各种电路中进行模块化应用,而不要求使用人员了解其内部结构。如音乐集成单片机,可将音乐信号以数字的形式存于存储器中(类似于 ROM),由微控制器读出,转化为模拟音乐电信号。在大型电路中,这种模块化应用极大地缩小了体积,简化了电路,降低了错误率,也方便于更换。

（7）单片机在汽车设备领域中的应用

单片机在汽车电子中的应用非常广泛,例如基于 CAN 总线的汽车发动机智能电子控制器、GPS 导航系统、ABS 防抱死系统、制动系统等。

此外,单片机在工商、金融、科研、教育、航空航天等领域都有着十分广泛的用途。

1.2.4 单片机的分类

单片机可以按用途、位数、系列进行分类。

1. 按用途分类

单片机按用途分为两大类:专用型单片机和通用型单片机。

专用型单片机用途比较专一,出厂时程序已经一次性固化好,不能再修改。电子表里的单片机就是其中一种,其特点是生产成本低,适合大批量生产。

通用型单片机的用途很广泛,使用不同的接口电路,编写不同的应用程序就可实现不同的功能。例如,小到家用电器、仪器仪表,大到工控设备和生产流水线都可用通用型单片机来实现自动化控制。新产品开发、教学实验所使用的单片机也多是通用型单片机。

2. 按位数分类

单片机按位数分可分为有低档的 4 位机、8 位机,高档的 8 位机、16 位机、32 位机。

（1）4 位单片机

自 1975 年美国德克萨斯仪器公司首次推出 4 位单片机 TMS－1000 后,各个计算机生产公司相继推出 4 位单片机。4 位单片机主要生产国是日本，如 SHARP 公司的 SM 系列、东芝公司的 TLCS 系列、NEC 公司的 Ucom75xx 系列等，还有国内生产的 COP400 系列。4 位单片机的特点是价格便宜，主要用于控制洗衣机、微波炉等家用电器及高档电子玩具。

（2）8 位单片机

1976 年 9 月，美国 Intel 公司首先推出的 MCS - 48 系列 8 位单片机，单片机发展进入了一个新的阶段。1978 年之前生产的 8 位单片机由于集成度的限制，一般没有串口，只提供小范围的寻址空间，性能相对较低，称为低档 8 位单片机。1978 年之后，随着集成电路水平的提高，出现了高性能的 8 位单片机，寻址能力达到了 64KB，片内除了带有并行 I/O 接口外，还有串口，甚至集成了 A/D 转换器。这类单片机为高档 8 位单片机。8 位单片机由于功能强、价格低廉、品种齐全，被广泛用于工业控制、智能接口、仪器仪表等各个领域。特别是高档 8 位单片机，是现在使用的主要机型。MCS - 51 系列单片机就是 8 位单片机的典型代表。

（3）16 位单片机

1983 年以后，集成电路的集成度可达到十几万只晶体管，从而产生了 16 位单片机。它内部集成了多个 CPU、8KB 以上的存储器、多个并行接口、多个串口等，有的还集成了高速输入/输出接口、脉冲宽度调制输出、特殊用途的监视定时器等电路。16 位单片机往往用于高速复杂的控制系统。Intel 公司生产的 MCS - 96 系列、中国台湾凌阳公司生产的 SPCE061A 系列等都是典型的 16 位机。随着性能的提高、价格的降低，16 位单片机也开始得到广泛应用。目前，典型产品有 Intel 公司的 MCS - 96/98 系列、Motorola 公司的 M68HC16 系列、NS 公司的 783×× 系列、TI 公司的 MSP430 系列等等。其中，MSP430 系列以其超低功耗和超强性能成为佼佼者。

（4）32 位单片机

32 位机具有极强的数据处理、逻辑运算和信息存储能力，如 Motorola 公司生产的 MC68HC376 等。单片机的位数越高其性能也越强，但在测控领域 32 位的单片机应用很少，因而，32 位单片机使用并不多。当前十分流行的 ARM，其有些系列的单片机也是 32 位的。

3. 按系列分类

不同单片机厂商在研发和生产过程中大都形成具有各自特色的单片机系列。单片机的系列非常多，有的由单一的生产厂家自我完善形成，如 PIC 系列、AVR 系列、MSP430 系列等，而有的则是通过内核技术的转让，让其他厂商也拥有兼容的单片机系列，如 MCS - 51 系列、ARM 系列等。下面简单介绍市场上流行的几种单片机系列。

（1）MCS - 51 系列单片机

这是流行时间最长、使用非常广泛的单片机系列。最早由 Intel 公司推出，主要有 8051 系列和 8052 系列。51 系列单片机是基本型，包括 8031、8051、8751、8951。这四个机种区别仅在于片内程序储存器。其中 8031/8051/8751 是 Intel 公司早期的产品。8031 片内不带程序存储器 ROM，使用时用户需外接程序存储器。8051 片内有 4 K ROM，当程序代码较少时，无需外接外程序存储器，更能体现"单片"的简练。但是用户编的程序自己无法烧写到其 ROM 中，只有将程序交芯片厂代为烧写，并且是一次性的，之后芯片都不能改写其内容。8751 与 8051 基本一样，但 8751 片内有 4 K 的 EPROM，用户可以将自己编写的程序写入单片机的 EPROM 中进行现场实验与应用。EPROM 的改写需要用紫外线灯照射一定时间擦除后再烧写。8951 片内具有电可擦除程序存储器(flash),可直接反复将代码烧写到存储器中。

目前,很多厂商通过 Intel 公司的 MCS-51 系列单片机内核技术的转让,获得拥有 51 内核的单片机生产许可,形成具有各自特色的 MCS-51 兼容系列。这些系列主要有:

Atmel 公司的 AT89 系列(80C51 内核)。Atmel 公司以 8051 的内核为基础推出了 AT89 系列单片机,其中 AT89C51、AT89C52、AT89S51、AT89S52、AT89S8252 等单片机完全兼容 8051 系列单片机,所有的指令功能也是一样的,就是功能上做了一系列的扩展。比如说 AT89S 系列都支持 ISP 功能,AT89S52、AT89S8252 增加了内部看门狗功能,增加了一个定时器等功能。为了学习简单,Atmel 也推出了与 8051 指令完全一样的 AT89C2051,AT89C4051 等单片机,这些单片机可以看成精简型的 8051 单片机,比较适合初学者的需要。

Dallas 单片机。Dallas 公司在不改变 80C51 的体系结构和指令系统的情况下,把外部存储器接口、SRAM 控制单元和 SRAM 做入片内,而作为程序存储器和数据存储器,形成 Soft Microcontroller,便于用户根据需要进行系统中存储器的分配,且这种片上 SRAM 具有非易失性,断电后数据可保存十年,如 DS5000FP,DS5001FP。

SST(Silicon Storage Technology)公司的 SST89 系列。该系列单片机是可靠性高、小扇区结构的 Flash 单片机。特别是所有产品均带有 IAP(在应用可编程)和 ISP(在系统可编程)功能,不占用用户资源,通过串行口即可在系统仿真和编程,无须专用仿真开发设备,3 V—5 V 工作电压,低价格,在市场竞争中站有较强的优势。

宏晶公司 STC 系列单片机。STC 是基于 8051 内核的新一代增强型单片机,指令代码完全兼容传统 8051,速度快 8～12 倍,带 ADC、4 路 PWM、双串口,有全球唯一 ID 号。其宣称加密性好,抗干扰能力强。

Siemens C500 系列单片机。Siemens(西门子)公司沿用 C51 的内核,相继推出了单片机,在保持了与 C51 指令兼容的前提下,时钟速率提高到 40 MHz,片内程序存储器高达 64 K 字节,片内 RAM 高达 2 K 字节,具有各种常用的外围接口部件。其产品的性能得到了进一步的提升,特别是在抗干扰、电磁兼容和通信控制总线功能上独树一帜,其产品常用于工作环境恶劣的场合,亦适用于通信和家用电器控制领域。

英飞凌(Infineon)系列。该公司也生产 XC800 A 系列面向汽车应用以及 XC800 I 系列面向通用控制和自动化的基于 8051 内核的单片机,还有带射频功能的 SmartLEWIS·MCU 系列以及嵌入 8051 内核的功率 IC 和压力传感器(SP37 系列,用于胎压监测)等。另外,它也生产 ARM 内核单片机。英飞凌公司前身是西门子公司的半导体部门。

飞利浦(Philips)P89C51 系列单片机。也是在 51 内核经过改进后推出的系列增强型单片机。51、52、54、58 分别代表片内 flash 容量为 4 K、8 K、16 K 和 32 K。还用 X2 和 Rx2 等不同子系列,Rx2 系列还有增加 A、B、C、D 后缀的型号,如 P89C51RD2 等。这些系列有双倍速时钟模式、双数据指针和可关闭 ALE 输出以降低电磁辐射等特色。后来这些单片机都由新独立出来的 NXP(恩智浦半导体)公司生产。NXP 也生产 ARM 系列微处理器和单片机。

(2) AVR 系列单片机

AVR 单片机是 1997 年由 ATMEL 公司研发出的增强型内置 Flash 的精简指令集高速

8位单片机,可以广泛应用于计算机外部设备、工业实时控制、仪器仪表、通讯设备、家用电器等各个领域。最早的是 AT90 系列单片机。AVR 单片机最大的特点是指令精简和执行速度快。如今,ATMEL 也生产 8051 内核及 ARM 内核的单片机。

（3）PIC 系列单片机

PIC 单片机是 Microchip 公司的产品,它也是一种精简指令型的单片机,指令数量比较少,中档的 PIC 系列仅仅有 35 条指令而已,低档的仅有 33 条指令。但是如果使用汇编语言编写 PIC 单片机的程序有一个致命的弱点就是 PIC 中低档单片机里有一个翻页的概念,编写程序比较麻烦。

（4）Motorola 公司的 68HCXX 系列单片机

Motorola 是世界上最大的单片机厂商。从 M6800 开始,开发了广泛的品种,4 位、8 位、16 位、32 位的单片机都能生产,其中典型的代表有：8 位机 M6805、M68HC05 系列,8 位增强型 M68HC11、M68HC12,16 位机 M68HC16,32 位机 M683XX。Motorola 单片机的特点之一是在同样的速度下所用的时钟频率较 Intel 类单片机低得多,因而使得高频噪声低、抗干扰能力强,更适合于工控领域及恶劣的环境。后来,摩托罗拉的半导体部门被剥离出来,成立了独立的飞思卡尔半导体公司(Freescale),单片机的生产就由飞思卡尔来完成。

（5）TI 公司的 MSP430 系列

MSP 是混合信号处理器(Mixed Signal Processor)的缩写。MSP430 系列单片机是美国德州仪器(TI)1996 年开始推向市场的一种 16 位超低功耗、具有精简指令集(RISC)的单片机,被称为混合信号处理器。

MSP430 单片机针对实际应用需求,将多个不同功能的模拟电路、数字电路模块(如 A/D 和 D/A 等)和微处理器集成在一个芯片上,以提供"单片机"解决方案。该系列单片机多应用于需要电池供电的便携式仪器仪表中。MSP430 系列的部分产品具有 Flash 存储器,在系统设计、开发调试及实际应用上都表现出较明显的优点。TI 公司推出具有 Flash 型存储器及 JTAG 边界扫描技术的廉价开发工具 MSP-FET430X110,将国际上先进的 JTAG 技术和 Flash 在线编程技术引入 MSP430。这种以 Flash 技术与 FET 开发工具组合的开发方式,具有方便、廉价、实用等优点,给用户提供了一个较为理想的样机开发方式。

（6）飞思卡尔各系列单片机

飞思卡尔公司由摩托罗拉公司剥离出来,目前生产 8/16/32 位各系列单片机。这种单片机在汽车行业应用广泛。8 位单片机主要有 HC08 和 S08 两个系列,前者有丰富的外设,适用于各种特定应用,后者注重高性能,强调低功耗和可靠性。16 位主要有 DSC 系列、S12 及 S12Magniv,分别是通用型、集成式混合信号型和高存储器可扩展性型。32 位单片机主要有 ColdFire 和 ColdFire＋系列等,具有高性能的特点。ColdFire＋在 ColdFire 基础上增加了高精度、高性能的混合信号功能、超低功耗功能以及适用于特定市场应用的关键外围设备等。另外,该公司还生产 ARM 构架的单片机,本书将其统一归类到 ARM 系列单片机中。

（7）ARM 系列单片机

ARM 系列单片机目前在便携式通信产品、手持运算、多媒体和嵌入式解决方案等领域应用非常广泛。设计 ARM 系列单片机的公司原名叫 Acorn 公司,ARM 就是 Acorn RISC Machines 的缩写。该公司后来通过改组更名为 ARM 计算机公司。20 世纪 90 年代,ARM

公司声名鹊起,其 ARM32 位嵌入式 RISC 处理器扩展到世界范围,占据了低功耗、低成本和高性能嵌入式系统应用领域的领先地位。

ARM 公司既不生产芯片也不销售芯片,它只出售芯片技术授权。设计的产品原来用数字进行标记,如 ARM7、ARM9、ARM10、ARM11 等,ARM11 以后的产品改用 Cortex 命名,并分成 A、R 和 M 三类,旨在为各种不同的市场提供服务。从某种意义上来说,ARM 系列属于微处理器范畴,但其主要面向嵌入式应用领域,这与单片机相同。更有趣的是,其中的 ARM Cortex－M 系列就是专为微控制器(单片机)应用而设计的。拥有 ARM Cortex－M 内核的芯片更应该称为单片机,因为这种芯片内部集成了 RC 振荡器、A/D、D/A 和诸多通信接口(如 CAN、SPI、IIC、USART、USB 甚至以太网 MAC 模块等),同时大部分也将存储器集成在芯片中。意法半导体公司(STMicroelectronics)生产的 STM32 系列是 ARM Cortex－M 内核单片机的典型代表。

另外,飞思卡尔(Freescale)公司也生产类似的单片机,如 Kinetis ARM Cortex－M、基于 ARM Cortex－M0＋/M4/A5 内核的 MAC57Dxxx 汽车多核微控制器(特别适合采用一个或两个高分辨率显示屏的驾驶员信息系统和人机接口)、基于 ARM Cortex－A5/M4 内核的 VFxxx 控制器以及具有 4 个 ARM Cortex－A53 和 Cortex－M4 内核的 S32 处理器和微控制器等。另一家公司 NXP 也生产多型号的基于 ARM 内核的 LPC 系列单片机。2015 年 2 月,两大著名公司:飞思卡尔与 NXP 达成合并协议,其发展前景被十分看好。

现在,生产 ARM 处理器和微控制器的厂家除了 Freescale、ST 和 NXP 外,主要还有三星(Samsung)、TI、ATMEL、英飞凌(Infineon)等。在低端 ARM 市场,国内也有相应的生产厂商,如全志(Allwinner)、瑞芯微(Rockchip)等公司。

(7) 其他系列

OKI 单片机。OKI 公司的 ML610Q478 是一款高性能 CMOS 8 位单片机,配备有看门狗、定时器、UART、RC 振荡器、ADC 转换器、模拟比较器、液晶驱动等外部资源。

Fujitsu 单片机。Fujitsu 的 32 位单片机系列是专业化的微控制器,是具有高性能的 32 位精简指令集(RISC)的微控制器,包含许多芯片外围功能,如 A/D 转换器、DMA、DRAM 控制器、通用异步接收/发送装置(UART)、外部中断、输入/输出,是许多高速低功率设备的理想控制器。FR 系列被广泛应用于高端产品中,比如数码摄像机、数码录像机、数码静态照相机、数字式光盘播放器、机顶盒、高速打印机、网络产品等等。

Zilog 公司生产的 Z86 系列单片机。

NEC 公司生产的 78 系列单片机。

1.3　单片机的发展趋势＊

单片机从产生到现在,取得了巨大的发展。如今无论是从单片机种类、生产厂商还是应用领域都得都超常的发展。单片机已渗透到人们生产生活中的各个领域中。但是,单片机的发展还方兴未艾,其发展趋势为

(1) 专用化和多样化

过去生产的单片机大多是通用的单片机,用户进行应用系统开发时仍需要增加很多外

围电路,给体积、电磁兼容性、可靠性、开发难度等带来困难。但一个通用单片机中要把所有可能用到的外部电路都集成在芯片中是不可能的。因此,需要针对不同应用需求,将部分外围电路集成在芯片中,形成专用化的芯片,如集成 PWM 用于无刷直流电机控制、集成 ASK/FSK 用于无线通讯和遥控、集成 LCD 驱动用于 LCD 显示、集成 CAN 控制器进行 CAN 网络通讯等,构成多样化的单片机系列,方便开发者选择。

（2）低功耗化

随着应用领域的扩展,人们对单片机的低功耗要求越来越强烈。大量无线传感器和无线网络节点以及自治型电子设备都需要依靠低功耗来延长电池的使用寿命。现在的单片机大都采用 CMOS 工艺取代原来的 HMOS 工艺以降低功耗,同时利用 CMOS 可以设置灵活的电源管理方案,可进一步降低功耗。

（3）高度集成化

随着半导体芯片的集成度的提高,单片机的集成度也会得到大幅提高。高度的集成化有助于将更多的外设集成到单片机中,使拥有超强功能的单片机应用更加"单片化"。

（4）强抗干扰能力

单片机应用系统大多处于恶劣的电磁环境以及对可靠性要求非常高的应用场合,如电梯的控制、发动机的电控单元（ECU）等。所以,好的电磁兼容性是单片机始终如一坚持的理念和不断追求的目标。采用看门狗电路和不影响 CPU 速度的情况下降低外部晶振的频率等措施是目前较普遍采用的改善单片机电磁兼容性的方式。将来,将有更好的技术以提高单片机的抗干扰能力。

（5）多层次化

单片机品种的多层次化是单片机发展的现状和必然趋势。不同的应用场合对单片机的功能和性能要求差别很大。这就要求所提供的单片机有不同的层次。

未来单片机将是以 8 位为主流,16 位、32 位甚至 64 位并存的多层次局面。对于一般的应用需求,采用 8 位的单片机已经足够。但是,对于高端应用市场,如通信、图像处理、多通道自动控制等,则需要采用 16 位甚至更高的单片机。在单片机市场,未来的高端单片机的数据处理能力可与微处理器和 DSP 相媲美。当然,层次化还表现在价格、体积、速度、应用温度等诸多方面。

（6）混合信号电路化

人们对单片机的印象往往只停留在单片机是由数字电路构成的这么一个概念上。但是,随着芯片工艺的改进和提高,芯片集成度的大幅提高,单片机将不再是单独集成有数字电路的一个芯片了。未来单片机将根据不同的需要,将模拟信号电路（如放大、传感器电路和功率电路）也集成在单芯片中,组成混合信号电路的超强功能单片机。

（7）管脚的多功能化和外设串行化

过去的单片机大都采用并口与外部设备相连,这样增加了管脚的数量,降低了连线的可靠性,增加了复杂度和体积。可行的解决方案一是将大部分外部电路集成在芯片中,一是采用串行通讯方式。好在现在厂家提供的外围芯片大都有 SPI、IIC 或 RS - 232 等串行通信接口,这给单片机应用系统的设计带来前所未有的便利。单片机管脚功能的可重定义,也是未来的发展趋势。如每个管脚拥有多个功能,并可重新定义,这就给用户构建不同的接口方式提供了灵活多变的选择。

（8）开发和调试的简单化

目前,有些单片机拥有诸如232和JTAG等接口,只需要简单硬件就可进行开发和调试工作。开发者可以直接将程序代码下载到单片机的存储器中执行。另外,有的单片机也提供了在系统可编程(ISP)和在应用可编程(IAP)功能,给软件的升级换代带来极大方便。

 习题一

1-1　计算机硬件主要包含哪些组成部分？

1-2　何谓单片机？

1-3　单片机有哪些特点？主要应用在哪些领域？

1-4　单片机主要有哪些系列产品？

1-5　单片机的发展趋势是什么？

第二章

计算机中的数制与编码 *

我们现在使用的计算机中,任何信息,不管是数字还是字符,其内部都是以二进制编码形式表示和处理的。因此,在学习计算机内部信息的处理、表示之前,先讨论计算机中信息的表示和转换,很有必要。

2.1 计算机中的数制及相互转换

2.1.1 进位计数制及各种进制

按进位原则进行计数的方法,称为进位计数制。

1. 十进制数

十进制数有两个主要特点:

(1) 有 10 个不同的数字符号:0、1、2、…、9;

(2) 低位向高位进位的规律是"逢十进一"。

因此,同一个数字符号在不同的数位所代表的数值是不同的。如 555.5 中 4 个 5 分别代表 500、50、5 和 0.5,这个数可以写成

$$555.5 = 5 \times 10^2 + 5 \times 10^1 + 5 \times 10^0 + 5 \times 10^{-1}$$

式中的"10"称为十进制的基数,$10^2, 10^1, 10^0, 10^{-1}$ 称为各数位的权。

任意一个十进制数 N 都可以表示成按权展开的多项式:

$$N = d_{n-1} \times 10^{n-1} + d_{n-2} \times 10^{n-2} + \cdots + d_0 \times 10^0 + d_{-1} \times 10^{-1} + \cdots + d_{-m} \times 10^{-m}$$
$$= \sum_{i=-m}^{n-1} d_i \times 10^i$$

其中,d_i 是 0~9 共 10 个数字中的任意一个,m 是小数点右边的位数,n 是小数点左边的位数,i 是数位的序数。例如,543.21 可表示为

$$543.21 = 5 \times 10^2 + 4 \times 10^1 + 3 \times 10^0 + 2 \times 10^{-1} + 1 \times 10^{-2}$$

一般而言,对于用 R 进制表示的数 N,可以按权展开为

$$N = a_{n-1} \times R^{n-1} + a_{n-2} \times R^{n-2} + \cdots + a_0 \times R^0 + a_{-1} \times R^{-1} + \cdots a_{-m} \times R^{-m} = \sum_{i=-m}^{n-1} a_i \times R^i$$

式中,a_i 是 $0、1、\cdots、(R-1)$ 中的任一个,$m、n$ 是正整数,R 是基数。在 R 进制中,每个数字所表示的值是该数字与它相应的权 R^i 的乘积,计数原则是"逢 R 进一"。

2. 二进制数

当 R＝2 时称为二进位计数制，简称二进制。在二进制数中，只有两个不同数码：0 和 1，进位规律为"逢二进一"。任何一个数 N，可用二进制表示为

$$N = a_{n-1} \times 2^{n-1} + a_{n-2} \times 2^{n-2} + \cdots + a_0 \times 2^0 + a_{-1} \times 2^{-1} + \cdots a_{-m} \times 2^{-m} = \sum_{i=-m}^{n-1} a_i \times 2^i$$

例如，二进制数 1011.01 可表示为

$$(1011.01)_2 = 1 \times 2^3 + 0 \times 2^2 + 1 \times 2^1 + 1 \times 2^0 + 0 \times 2^{-1} + 1 \times 2^{-2}$$

在通常的表达中，二进制用括号加下标 2 表示，如上面的 $(1011.01)_2$，而八进制、十进制、十六进制分别用括号加下标 8、10 和 16 表示，如 $(766)_8$、$(139)_{10}$、$(F4)_{16}$ 等。但十进制通常可以省略括符和下标。

3. 八进制数

当 R＝8 时，称为八进制。在八进制中，有 0、1、2、…、7 共 8 个不同的数码，采用"逢八进一"的原则进行计数。如 $(503)_8$ 可表示为

$$(503)_8 = 5 \times 8^2 + 3 \times 8^0$$

4. 十六进制

当 R＝16 时，称为十六进制。在十六进制中，有 0、1、2、…、9、A、B、C、D、E、F 共 16 个不同的数码，进位方法是"逢十六进一"。如 $(3A8.0D)_{16}$ 可表示为

$$(3A8.0D)_{16} = 3 \times 16^2 + 10 \times 16^1 + 8 \times 16^0 + 0 \times 16^{-1} + 13 \times 16^{-2}$$

表 2.1　各种进位制的对应关系

十进制	二进制	八进制	十六进制	十进制	二进制	八进制	十六进制
0	0000	0	0	8	1000	10	8
1	0001	1	1	9	1001	11	9
2	0010	2	2	10	1010	12	A
3	0011	3	3	11	1011	13	B
4	0100	4	4	12	1100	14	C
5	0101	5	5	13	1101	15	D
6	0110	6	6	14	1110	16	E
7	0111	7	7	15	1111	17	F

2.1.2　不同进制间的相互转换

1. 二、八、十六进制转换成十进制：按权展开法

例 1　将数 $(10.101)_2$、$(46.12)_8$、$(2D.A4)_{16}$ 转换为十进制。

$$(10.101)_2 = 1 \times 2^1 + 0 \times 2^0 + 1 \times 2^{-1} + 0 \times 2^{-2} + 1 \times 2^{-3} = 2.625$$

$$(46.12)_8 = 4 \times 8^1 + 6 \times 8^0 + 1 \times 8^{-1} + 2 \times 8^{-2} = 38.15625$$

$$(2D.A4)_{16} = 2 \times 16^1 + 13 \times 16^0 + 10 \times 16^{-1} + 4 \times 16^{-2} = 45.64062$$

2. 十进制数转换成二、八、十六进制数

任意十进制数 N 转换成 R 进制数,需将整数部分和小数部分分开,采用不同方法分别进行转换,然后用小数点将这两部分连接起来。

(1) 整数部分:除基取余法。

分别用基数 R 不断地去除 N 的整数,直到商为零为止,每次所得的余数依次排列即为相应进制的数码。最初得到的为最低位,最后得到的为最高位。

例 2 将 $(168)_{10}$ 转换成二、八、十六进制数。

```
2|168        余数
2|84   …… 0↑ 最低位
2|42   …… 0
2|21   …… 0
2|10   …… 1
2|5    …… 0          8|168        余数
2|2    …… 1          8|21   …… 0      16|168        余数
2|1    …… 0          8|2    …… 5      16|10   …… 8
  0    …… 1 最高位      0    …… 2        0    …… A

  十进制→二进制        十进制→八进制        十进制→十六进制
```

结果为　　　　　　$(168)_{10} = (10101000)_2 = (250)_8 = (A8)_{16}$

(2) 小数部分:乘基取整法。

分别用基数 R(R=2、8 或 16)不断地去乘 N 的小数,直到积的小数部分为零(或直到所要求的位数)为止,每次乘得的整数依次排列即为相应进制的数码。最初得到的为最高位,最后得到的为最低位。

例 3 将小数 0.645 分别转换为成二、八、十六进制数。

演算过程:

```
整数    0.645        整数    0.645        整数     0.645
     ×    2                ×    8                ×     16
1 … 1.290            5 … 5.16            A … 10.320
      0.29                 0.16                  0.32
     ×    2                ×    8                ×     16
0 … 0.58            1 … 1.28            5 …  5.12
      0.58                 0.28                  0.12
     ×    2                ×    8                ×     16
1 … 1.16            2 … 2.24            1 …  1.92
      0.16                 0.24                  0.92
     ×    2                ×    8                ×     16
0 … 0.32            1 … 1.92            E … 14.72
      0.32                 0.92                  0.72
     ×    2                ×    8                ×     16
0 … 0.64            7 … 7.36            B … 11.52
```

故：$(0.645)_{10} = (0.10100)_2 = (0.51217)_8 = (0.A51EB)_{16}$

注意，这种转换有时会得到很长的位数，这时应根据不同要求进行切断，即达到规定位数后中止转换。

例 4　将$(168.645)_{10}$转换成二、八、十六进制数。

根据例 2，例 3 可得

$$(168.645)_{10} = (10101000.10100)_2 = (250.51217)_8 = (A8.A51EB)_{16}$$

3. 二进制与八进制之间的相互转换

由于$2^3 = 8$，故可采用"合三为一"的原则，即从小数点开始分别向左、右两边各以 3 位为一组进行二一八换算；若不足 3 位的以 0 补足，便可将二进制数转换为八进制数。反之，采用"一分为三"的原则，每位八进制数用三位二进制数表示，就可将八进制数转换为二进制数。

例 5　将$(101011.011010)_2$转换为八进制数。

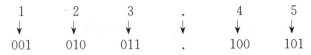

即　$(101011.011010)_2 = (53.32)_8$

例 6　将$(123.45)_8$转换成二进制数。

1	2	3	.	4	5
↓	↓	↓	↓	↓	↓
001	010	011	.	100	101

即　$(123.45)_8 = (1010011.100101)_2$

4. 二进制与十六进制之间的相互转换

与二进制和八进制之间的转换原理完全相同。

例 7　将$(110101.011)_2$转换为十六进制数。

0011	0101	.	0110
↓	↓	↓	↓
3	5	.	6

即　$(110101.011)_2 = (35.6)_{16}$

例 8　将$(4A5B.6C)_8$转换为二进制数。

4	A	5	B	.	6	C
↓	↓	↓	↓	↓	↓	↓
0100	1010	0101	1011	.	0110	1100

即　$(4A5B.6C)_{16} = (0100101001011011.01101100)_2$

值得指出的是，计算机中的数虽然是以二进制的形式存储和处理的，但是在输入和输出的时候，往往以十六进制的形式来表示。在这一点上，完全可以认为，十六进制是二进制的"缩写"形式。

2.2 二进制数的运算

2.2.1 二进制数的算术运算

二进制数只有 0 和 1 两个数字,其算术运算较为简单,加、减法遵循"逢二进一"、"借一当二"的原则。

为了更好地与单片机的汇编语言中对不同进制数表示方法相一致,下面涉及的数的表示都按汇编语言表示方式进行。其规则是,二进制在其后跟随 B(Binary)、十进制 D(Decimal)、十六进制 H(Hexadecimal)、八进制 O(Octal)等。同样,十进制可以省略 D 字符。如 1010B、3459D、346FH,567O 等。

1. 加法运算

规则:0+0=0; 0+1=1; 1+0=1; 1+1=0(有进位)

例 1 求 1001B+1011B。

$$
\begin{array}{r}
\text{被加数} \quad 1001 \\
\text{加数} \quad +1011 \\
\hline
\text{和} \quad 10100
\end{array}
$$

即 1001B+1011B=10100B

2. 减法运算

规则:0-0=0; 1-1=0; 1-0=1; 0-1=1(有借位)

例 2 求 1100B-111B。

$$
\begin{array}{r}
\text{被减数} \quad 1100 \\
\text{减数} \quad -111 \\
\hline
\text{差} \quad 0101
\end{array}
$$

即 1100B-111B=101B

3. 乘法运算

规则:0×0=0; 0×1=1×0=0; 1×1=1

例 3 求 1011B×1101B。

$$
\begin{array}{r}
\text{被乘数} \quad 1011 \\
\text{乘数} \quad \times 1101 \\
\hline
1011 \\
0000 \\
1011 \\
+ \quad 1011 \\
\hline
\text{积} \quad 10001111
\end{array}
$$

即 1011B×1101B=1000111B

由此可见,2 进制的乘法运算实际上就是移位和累加。即根据乘数在各位上的数码(1 或 0)来将被乘数移位和相加,该位为 1 则移位并相加,为 0 则只移位不相加。

4. 除法运算

规则:0/1＝0;　1/1＝1

注意,除数不能为零。

例 4　求 10100101B/1111B

```
              1 0 1 1
    1 1 1 1)1 0 1 0 0 1 0 1
            1 1 1 1
            1 0 1 1
            0 0 0 0
            1 0 1 1 0
              1 1 1 1
              1 1 1 1
              1 1 1 1
                    0
```

即　　10100101B/1111B＝1011B

同理,二进制的除法也可以分解为移位和减法来实现。

2.2.2　二进制数的布尔运算

二进制的布尔运算就是按位进行的"与"、"或"、"非"和"异或"运算。二进制的 1 和 0 在逻辑上代表"真"与"假","是"与"否"等。

1. "与"运算

"与"运算是实现"真真得真、否则为假"这种逻辑关系的一种运算。运算符为"·",其运算规则如下:

$$0 \cdot 0＝0;　0 \cdot 1＝1 \cdot 0＝0;　1 \cdot 1＝1$$

例 5　若 X＝1011B,Y＝1001B,求 X·Y。

```
  1011
  1001
  1001
```

即　X·Y＝1001B

2. "或"运算

"或"运算是实现"假假得假,否则为真"这种逻辑关系的一种运算,其运算符为"＋"。"或"运算规则如下:

$$0＋0＝0;　0＋1＝1＋0＝1;　1＋1＝1$$

例 6　若 X＝10101B,Y＝01101B,求 X＋Y。

```
   10101
 ＋ 01101
   11101
```

即　X＋Y＝11101B

3. "非"运算

"非"运算是实现"求反"这种逻辑的一种运算。其运算符是在被运算的数上加一横杠，其运算规则如下：

$$\bar{1}=0；\quad \bar{0}=1$$

例7 若 A＝10101B，求 $\bar{A}$。

$$\bar{A}=\overline{10101}B=01010B$$

4. "异或"运算

"异或"运算是实现"相异得真，相同得假"这种逻辑的一种运算，运算符为"$\oplus$"。其运算规则是：

$$0\oplus0=0；\quad 0\oplus1=1；\quad 1\oplus0=1；\quad 1\oplus1=0$$

例8 若 X＝1010B，Y＝0110B，求 $X\oplus Y$。

$$
\begin{array}{r}
1010\\
\oplus\quad 0110\\
\hline
1100
\end{array}
$$

即 $X\oplus Y=1100B$

值得注意的是，与运算也可用"$\wedge$"符号表示，而或运算则可用"$\vee$"符号表示。

2.3 带符号数的表示

2.3.1 机器数及真值

计算机在数的运算中，不可避免地会遇到正数和负数，那么正负符号如何表示呢？计算机只能识别两种状态：0 和 1。幸好符号也只有正和负两种状态，因此，完全可以将一个二进制数的某一位（通常是最高位）用作符号位来表示这个数的正负。规定符号位用"0"表示正，用"1"表示负。例如，X＝－1101010B，Y＝＋1101010B，则 X 表示为 11101010B，Y 表示为 01101010B。连同一个符号位在一起的数，称为机器数，它的数值称为机器数的真值。

2.3.2 数的码制

1. 原码

正数的符号位用 0 表示、负数的符号位用 1 表示、数值部分用真值的绝对值来表示的二进制机器数称为原码，用 $[X]_原$ 表示，设 X 为整数

若 $X=+X_{n-2}X_{n-3}\cdots X_1X_0$，则 $[X]_原 = 0X_{n-2}X_{n-3}\cdots X_1X_0 = X$；

若 $X=-X_{n-2}X_{n-3}\cdots X_1X_0$，则 $[X]_原 = 1X_{n-2}X_{n-3}\cdots X_1X_0 = -X+2^{n-1}$。

其中，X 为 $n-1$ 位二进制数，X_{n-2}，X_{n-3}，$\cdots$，X_1，X_0 为二进制数码 0 或 1。例如＋115 和－115在计算机中其原码可分别表示为：（设机器数的位数是 8）

$[+115]_原 = 01110011B$；$[-115]_原 = 1110011B$

真值 X 与原码 $[X]_原$的关系为：

$$[X]_原 = \begin{cases} X, & 0 \leqslant X < 2^n \\ 2^{n-1} - X, & -2^{n-1} < X \leqslant 0 \end{cases}$$

值得注意的是，由于 $[+0]_原 = 000000000B$，而 $[-0]_原 = 100000000B$，所以数 0 的原码不唯一。8 位二进制原码能表示的范围是：$-127 \sim +127$。

2. 反码

一个正数的反码，等于该数的原码；一个负数的反码，由它的正数的原码按位取反形成。X 的反码用 $[X]_反$表示。

$$[X]_反 = \begin{cases} X, & 0 \leqslant X < 2^{n-1} \\ (2^{n-1} - 1) + X, & -2^{n-1} < X \leqslant 0 \end{cases}$$

若 $X = -X_{n-2} X_{n-3} \cdots X_1 X_0$，则 $[X]_反 = 1\ \overline{X_{n-2} X_{n-3} \cdots X_1 X_0}$。例如：$X = +103$，则 $[X]_反 = [X]_原 = 01100111B$；$X = -103$，$[X]_原 = 11100111B$，$[X]_反 = 10011000B$。

3. 补码

谈到补码，应该先明白"模"的概念。"模"是指一个计量系统的计数量程。如，时钟的模为 12。任何有模的计量器，均可化减法为加法运算。以时钟为例，设当前时钟指向 11 点，而准确时间为 7 点，调整时间的方法有两种，一种是时钟倒拨 4 小时，即 $11 - 4 = 7$；另一种是时钟正拨 8 小时，即 $11 + 8 = 12 + 7 = 7$。由此可见，在以 12 为模的系统中，加 8 和减 4 的效果是一样的，即 -4 运算可化为 $+8$ 运算。

对于 n 位计算机来说，数 X 的补码定义为

$$[X]_补 = \begin{cases} X, & 0 \leqslant X < 2^{n-1} \\ 2^n + X, & -2^{n-1} \leqslant X \leqslant 0 \end{cases}$$

即正数的补码就是它本身，负数的补码是真值与模数相加而得。
例如，n = 8 时，

$$[+75]_补 = 01001011B$$

$$[-75]_补 = 100000000B - 01001011B = 10110101B$$

$$[0]_补 = [+0]_补 = [-0]_补 = 00000000B$$

可见，数 0 的补码表示是唯一的。负数的补码也可以用原码求反码再在数值末位加 1 的方法得到。即

$$[X]_补 = [X]_反 + 1$$

例如：$[-30]_补 = [-30]_反 + 1 = 11100001B + 1 = 11100010B$。8 位二进制补码能表示的数的范围为：$-128 \sim +127$，若超过此范围，则为溢出。

Q13 *如何扩展 8 位二进制补码为 16 位二进制补码？*

可根据 8 位二进制补码的最高位(MSB)位来补充高 8 位,形成 16 位的二进制补码。如 01000100B→00000000 01000100B,11000100B→11111111 11000100B。

2.4 带小数点数的表示

解决了符号的表示后,下面就该研究如何进行带小数点数的表示了。计算中表示小数点常利用两种方法:定点法和浮点法。

1. 定点法

定点法中约定所有数据的小数点隐含在某个固定位置。对于纯小数,小数点固定在数符与数值之间;对于整数,则把小数点固定在数值部分的最后面,其格式为:

纯小数表示:

数符	.	尾数

纯整数表示:

数符	尾数	.

注意,计算机中并没有任何标记来表示小数点,其位置是用户预先约定的。所以在未告知的情况下,谁也不知道小数点的位置。

2. 浮点法

浮点法中,数据的小数点位置不是固定不变的,而是可浮动的。因此,可将任意一个二进制数 N 表示成

$$N = \pm M \times 2^{\pm E}$$

其中,M 为尾数,为纯二进制小数,E 称为阶码。可见,一个浮点数有阶码和尾数两部分,且都带有表示正负的阶符与数符,其格式为

阶符	阶码 E	数符	尾数 M

设阶码 E 的位数为 m 位,尾数 M 的位数为 n 位,则浮点数 N 的取值范围为

$$2^{-n}2^{-2^m+1} \leqslant |N| \leqslant (1-2^{-n})2^{2^m-1}$$

为了提高精度,发挥尾数有效位的最大作用,还规定尾数数字部分原码的最高位为 1,叫做规格化表示法。如 0.000101 表示为:$2^{-3} \times 0.101$。

定点数的加减运算由于小数点在同一位置,比较简单;浮点数的加减运算则较复杂,在运算前通常还要比较阶码大小并对阶,运算完后还要规格化。

2.5 计算机中信息的编码

除了数值以外,计算机还要处理其他信息,如字符等。为了转换、存储和处理方便,计算

机中将所有用到信息都要进行编码。但不管怎样编码,所有信息最后都将变成计算机能够识别的'0'和'1'的组合形式,亦即,都变成二进制编码的形式。本节介绍两种常用的编码:BCD 码和 ASCII 码。

2.5.1　BCD 码

计算机内部对信息是按二进制方式处理的,但是生活中习惯使用十进制。为了处理方便,在计算机中,对于十进制数也提供了其二进制编码形式。十进制的二进制编码又称为BCD(Binary Coded Decimal)码,意为二进制编码表示的十进制数。由于 4 位二进制的权分别为 8、4、2、1,故 BCD 码又称为 8421 码。

BCD 码又分为压缩 BCD 码和非压缩 BCD 码。压缩 BCD 码采用 4 位二进制数来表示 1位十进制数。由于 1 字节有 8 个位,所以,用一个字节二进制编码可表示 2 位的十进制数,使二进制字节中的位得到充分利用。如,十进制数 124 的 BCD 码是 000100100100。这种编码技巧最常用于会计系统,因为会计制度经常需要对很长的数字串作准确的计算。相对于一般的浮点式记数法,采用 BCD 码,既可保存数值的精确度,又可免去电脑作浮点运算所耗费的时间。以后下文中提到的 BCD 码均为压缩型 BCD 码。

非压缩 BCD 码采用一个字节来存放一位十进制数,其中高 4 位的内容不做规定(也有部分书籍要求为 0,二者均可),低 4 位二进制表示该位十进制数。如 5 的非压缩型 BCD 码是 0000 0101;56 的非压缩型 BCD 码是 00000101 00000110。

如:　写出 69.25 的 BCD 码。

根据表 2.2,可直接写出相应的 BCD 码:69.25＝(01101001.00100101)$_{BCD}$

表 2.2　BCD 编码表

十进制数	BCD 码	十进制数	BCD 码
0	0000	5	0101
1	0001	6	0110
2	0010	7	0111
3	0011	8	1000
4	0100	9	1001

2.5.2　ASCII 码

在计算机中,所有的数据在存储和运算时都要用二进制数表示,例如 a、b、c、d 等 52 个字母,0、1 等数字以及一些常用的符号(例如 ＊、♯、@ 等)在计算机中存储时也要用二进制编码的形式表示。而具体用哪些二进制编码来表示哪个符号,虽然每个人都可以约定自己的一套编码,但是如果大家要想互相通信而不造成混乱,那么大家就必须使用相同的编码规则。于是,美国国家标准学会(American National Standard Institute,ANSI)制定了一种国标信息交换码(American Standard Code for Information Interchange,ASCII),统一规定了上述常用符号用哪些二进制编码来表示。

ASCII 最初是美国国家标准,供不同计算机在相互通信时用作共同遵守的西文字符编码标准。后来,被国际标准化组织(International Organization for Standardization,ISO)定为国际标准,称为 ISO 646 标准。常见 ASCII 码见附录 A。

在计算机的存储单元中,一个 ASCII 码值占一个字节。此外,ASCII 码还规定了一些状态和控制码,用于对输入输出设备的控制,如回车(CR,码值 0DH)、换行(LF,码值 0AH)等。

Q14　常用 ASCII 码有什么意义?

ASCII 用一个字节的低 7 位二进制数表示,可以表示 128 种状态分别对应 128 个字符或控制码。

字母和数字的 ASCII 码的记忆是非常简单的。我们只要记住了一个字母或数字的 ASCII 码(例如记住 A 为 65,a 为 97,0 的 ASCII 码为 48),知道相应的大小写字母之间差 32,就可以推算出其余字母、数字的 ASCII 码。除了常用文本符号外,还有一类控制符,是用于从外设输入或控制外设的,如键盘、打字机和显示器等。常用的有:

NUL　空	ETX　本文结束	ACK　承认	BS　退一格
HT　横向列表	LF　换行	VT　垂直制表	FF　快速走纸
CR　回车	SP　空格符	NAK　否定	CAN　作废
ESC　换码	DEL　删除		

Q15　汉字的国标码和机内码是怎么回事?

英文字母的表示可以用 ASCII 码,但汉字呢? 常用字也有 3 500 个,是不可能通过 ASCII 的 8 位二进制编码方式表示的。为了与 ASCII 码对应,我国国家标准局于 1981 年 5 月颁布了《信息交换用汉字编码字符集——基本集》,代号为 GB 2312−80,共对 6 763 个汉字和 682 个图形字符进行了编码,其编码原则为:汉字用两个字节表示,每个字节采用七位码(高位为 0),这就是国标码或交换码。

但是,当系统中同时存在 ASCII 码和汉字国标码时,将会产生二义性。例如:有两个字节的内容为 30H 和 21H,它既可表示汉字"啊"的国标码,又可表示西文"0"和"1"的 ASCII 码。为了区别,由国标码加以适当处理和变换形成了汉字机内码。国标码的机内码也是二字节长的代码,它是在相应国标码的每个字节最高位上加"1",即汉字机内码=汉字国标码 +8080H。例如,上述"啊"字的国标码是 3021H,其汉字机内码则是 B0A1H。这样就避免了汉字编码与 ASCII 不能区分的问题(ASCII 最高位为 0)。

Q16　计算机显示字符为什么有全角和半角之分?

全角与半角是相对于标点符号和英文字符等符号来说的。传统上,英语或拉丁语言等使用的电脑系统,每一个字母或符号,都是使用一字节的空间,而汉语、日语及韩语文字则使用两字节来储存一个字。对于一个中文操作系统,显示时一个汉字实际占用了两个 ASCII 字符的空间,编码上也比 ASCII 多一字节。为了统一,汉字的机内码中实际也为标准的 ASCII 码字符进行了编码,当然也占用 2 个字节。显示时,其占用的宽度也与汉字一样。这样,按照原来 ASCII 码编码并显示的字符称为半角字符,而按汉字编码规则进行编码并显示的字符则称为全角字符,也就是说对于计算机来说,它就是一个汉字。由于有全角半角之分,在要进行字符匹配的场合要特别注意。如原来用半角形式输入的密码,在验证时不注意采用了全角输入方式,就始终不能匹配。

Q17　什么是格雷码?

由于人为或非人为的原因,代码在计算机或其他数字系统中形成、传送和运算过程中都有可能出现错误。于是人们在提高计算机本身的可靠性的同时,也创造了一些可靠性编码。它们令代码本身具有一种特征或能力,使得代码在形成中不容易出错,或代码在出错时容易被发现,甚至能查出出错的位置并予以纠正。格雷码就是一种可靠性编码。在一组数的编码中,若任意两个相邻的代码只有一位二进制数不同,则称这种编码为格雷码(Gray Code),另外由于最大数与最小数之间也仅一位数不同,即"首尾相连",因此又称循环码。在数字系统中,常要求代码按一定顺序变化。例如,按自然数递增计数,若采用8421码,则数0111变到1000时四位均要变化,而在实际电路中,4位的变化不可能绝对同时发生,则计数中可能出现短暂的其他代码(1100、1111等)。在特定情况下可能导致电路状态错误或输入错误。使用格雷码可以避免这种错误。

习题二

2-1　什么是进位计数制? 举例说明什么是数的基数和权。

2-2　将下列十进制数分别转换成二、八和十六进制数,带小数点的数计算结果保留到二进制数的小数点后第4位。

(1) 233

(2) 22.22

(3) 15.05

(4) 127.17

2-3　请完成以下进制之间的转换。

(1) $(1101010)_2 = ($　　　　$)_8 = ($　　　　$)_{16}$

(2) $(1101010.101)_2 = ($　　　　$)_8 = ($　　　　$)_{16}$

(3) $(745)_8 = ($　　　　$)_2 = ($　　　　$)_{16}$

(4) $(111.01)_8 = ($　　　　$)_2 = ($　　　　$)_{16}$

(5) $(E1)_{16} = ($　　　　$)_8 = ($　　　　$)_2$

(6) $(11.11)_{16} = ($　　　　$)_8 = ($　　　　$)_2$

2-4　试进行以下运算。

(1) 11010011B + 01101110B

(2) 10110101.1101B − 10111111.1001B

(3) E7H−EEH

(4) D8.87H+D.8H

(5) D896H÷34H,写出商和余数

（6）9EH×67H

2-5　试完成以下二进制数的布尔运算。

（1）11010011B·01101110B，01111001B·11101111B

（2）11010011B＋01101110B，01111001B＋00010000B

（3）11010011B⊕01101110B，01111001B⊕11111111B

2-6　单选题。

（1）二进制数真值＋1010111 的补码是_____。

A. 11000111　　　　B. 01010111　　　　C. 11010111　　　　D. 00101010

（2）二进制数真值－1010111 的补码是_____。

A. 00101001　　　　B. 11000010　　　　C. 11100101　　　　D. 10101001

（3）二进制反码 10001101 的补码是_____。

A. 00101001　　　　B. 11000010　　　　C. 11100101　　　　D. 10101001

2-7　请写出以下二进制编码表示的数的真值。

（1）$[11111111]_补$，$[10000000]_补$，$[01111111]_补$

（2）$[11111111]_反$，$[10000000]_反$，$[01111111]_反$

（3）$[11111111]_原$，$[10000000]_原$，$[01111111]_原$

2-8　请写出下列十进制数的压缩 BCD 码。

65.60,78,35.5,60.

2-9　什么是 ASCII 码？英文字母和数字的 ASCII 码有什么规律？

第三章
MCS – 51 系列单片机的结构和原理

3.1 MCS – 51 系列单片机简介

MCS – 51 系列单片机是美国 Intel 公司在 1980 年推出的高性能 8 位单片机,它包含 51 和 52 两个子系列。

对于 51 子系列,主要有 8031、8051、8751 三种机型,它们的指令系统与芯片引脚完全兼容,仅片内程序存储器有所不同,8031 芯片不带 ROM,8051 芯片带 4 KB 的 ROM,8751 芯片带 4 KB 的 EPROM。

对于 52 子系列,有 8032、8052、8752 三个机型。52 子系列与 51 子系列相比大部分相同,不同之处在于:(1) 片内数据存储器增至 256 字节;8032 芯片不带 ROM,8052 芯片带 8 KB 的 ROM,8752 芯片带 8 KB 的 EPROM;(2) 有 3 个 16 位定时/计数器(51 系列 2 个);6 个中断源(51 系列 5 个)。

3.2 MCS – 51 系列单片机的内部结构

3.2.1 MCS – 51 系列单片机的基本组成

虽然 MCS – 51 系列单片机的芯片有多种类型,但它们的基本组成相同。MCS – 51 单片机的基本组成如图 3.1 所示。

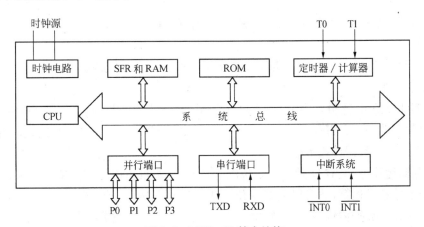

图 3.1　MCS – 51 基本结构

由图 3.1 可以看到:它集成了中央处理器(CPU)、存储器系统(RAM 和 ROM)、定时/计数器、并行接口、串行接口、中断系统及一些特殊功能寄存器(SFR)。它们通过内部总线紧密地联系在一起。它的总体结构仍是通用 CPU 加上外围芯片的总线结构,只是在功能部件的控制上与一般微机的通用寄存器加接口寄存器控制不同。CPU 与外设的控制不再分开,采用了特殊功能寄存器集中控制,使用更方便。内部还集成了时钟电路,只需外接晶振就可形成时钟。另外注意,8031 和 8032 内部没有集成 ROM。

将该图 3.1 进一步展开,得到单片机的细化结构如图 3.2 所示。

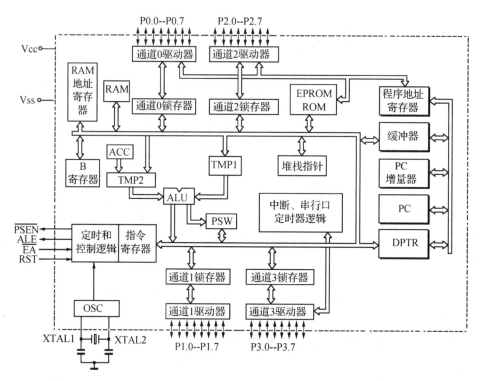

图 3.2　MCS‑51 内部细化结构图

3.2.2　MCS‑51 系列单片机的中央处理器(CPU)

MCS‑51 单片机的中央处理器包含运算部件和控制部件两部分。

1. 运算部件

运算部件以算术逻辑运算单元 ALU(Arithmetic Logical Unit)为核心,包含累加器 ACC(也可简写为 A)、B 寄存器、暂存器、标志寄存器 PSW 等许多部件,它能实现算术运算、逻辑运算、位运算、数据传输等处理。

算术逻辑运算单元 ALU 是一个 8 位的运算器,它不仅可以完成 8 位二进制数据加、减、乘、除等基本的算术运算,还可以完成 8 位二进制数据逻辑与、或、异或、循环移位、求补、清零等运算,并具有数据传输、移位等功能。ALU 还有一个一般微型计算机没有的位运算器 C(或 CY,也叫做布尔运算器),它可以对一位二进制数据进行置位、清零、求反、测试转移及位逻辑与、或处理,这对于实现单片机的控制功能很有用。

累加器ACC为一个8位的寄存器,它是CPU中使用最频繁的寄存器。ALU进行运算时,数据绝大多数都来自于累加器ACC,运算结果也通常送回累加器ACC。在MCS－51指令系统中,绝大多数指令中都要求累加器A参与处理。

寄存器B称为辅助寄存器,它是为乘法和除法指令而设置的。在乘法运算时,累加器A和寄存器B在乘法运算前存放乘数和被乘数,运算完,通过寄存器B和累加器A存放结果。除法运算前,累加器A和寄存器B存入被除数和除数,运算完用于存放商和余数。

标志寄存器PSW也称程序状态字,是一个8位的寄存器,它用于保存指令执行后的状态,以供程序查询和判别。它的各位的定义如图3.3所示。

D7	D6	D5	D4	D3	D2	D1	D0
C	AC	F0	RS1	RS0	OV	—	P

图3.3 标志寄存器PSW的格式

C(PSW.7):进位标志位。在执行算术运算和逻辑运算指令时,用于记录最高位的进位或借位。在8位加法运算时,若运算结果的最高位D7位有进位,则C置位,否则C清零。在8位减法运算时,若被减数比减数小,不够减,需借位,则C置位,否则C清零。另外,也可以通过逻辑指令使C置位或清零。

AC(PSW.6):辅助进位标志位。它用于记录低4位向高4位是否有进位或借位。当有进位或借位时,AC置位,否则AC清零。

F0(PSW.5):用户标志位。是系统预留给用户自己定义的标志位,可以用软件使它置位或清零。在编程时,也可以通过软件测试F0以控制程序的流向。

RS1、RS0(PSW.4、PSW.3):寄存器组选择位。可用软件置位或清零,用于从四组工作寄存器中选定当前的工作寄存器组,选择情况见表3.1。工作寄存器概念请参阅"存储器结构"小节。

表3.1 RS1和RS0工作寄存器组选择

RS1	RS0	工作寄存器
0	0	0组(00H－07H)
0	1	1组(08H－0FH)
1	0	2组(10H－17H)
1	1	3组(18H－1FH)

OV(PSW.2):溢出标志位。在加法或减法运算时,如运算的结果超出8位二进制数编码可表示的数的范围,则OV置1,表示溢出。OV的值为最高位进位(C7)和次高位进位(C6)的异或,即$C7 \oplus C6$。

另外,这个OV还用来表示除法结果是否产生溢出(除数为0时发生),以及乘法结果是否超出了8位二进制表示范围。

P(PSW.0):奇偶标志位。用于记录指令执行后累加器A中"1"的个数的奇偶性。若累加器A中1的个数为奇数,则P置位;若累加器A中1的个数为偶数,则P清零。

其中 PSW.1 未定义,可供用户使用。

2. 控制部件

控制部件是单片机的控制中心,它包括定时和控制电路、指令寄存器、指令译码器、程序计数器 PC、堆栈指针 SP、数据指针 DPTR 以及信息传送控制部件等。它先以主振频率为基准发出 CPU 的时序,对指令进行译码,然后发出各种控制信号,完成一系列定时控制的微操作,用来协调单片机内部各功能部件之间的数据传送、数据运算等操作,并对外发出地址锁存 ALE、外部程序存储器选通$\overline{PSEN}$,以及通过 P3.7 和 P3.6 发出数据存储器读$\overline{RD}$、写$\overline{WR}$等控制信号,并且接收处理外接的复位和外部程序存储器访问控制信号$\overline{EA}$。单片机的定时控制功能是由片内的时钟电路和定时电路来完成的,而片内的时钟产生方式有两种:内部时钟方式和外部时钟方式。

3.2.4 MCS-51 系列单片机的存储器结构

MCS-51 单片机存储器结构与一般微机的存储器结构不同,分为程序存储器和数据存储器。程序存储器存放程序、常数和数据表格。数据存储器用作工作区及存放数据。两者完全分开,程序存储器和数据存储器各自有自己的寻址方式、寻址空间和控制系统。程序存储器和数据存储器从物理结构上可以分为片内和片外。它们的寻址空间和访问方式也不相同。

Q18 *存储器哈佛结构和冯诺伊曼结构的区别?*

哈佛结构是一种将程序指令存储和数据存储分开的存储器结构。哈佛结构是一种并行体系结构,它的主要特点是将程序和数据存储在不同的存储空间中,即程序存储器和数据存储器是两个独立的存储器,每个存储器独立编址、独立访问。MCS-51 和目前大部分 DSP 就采用这种结构。

冯诺伊曼结构也称普林斯顿结构,是一种将程序指令存储器和数据存储器合并在一起的存储器结构,其程序和数据存储在同一存储空间。程序指令存储地址和数据存储地址指向同一个存储器的不同物理位置,因此程序指令和数据的宽度相同,如英特尔公司的 8086 中央处理器的程序指令和数据都是 16 位宽。除此之外,ARM 系列和 MIPS 处理器也采用了这种结构。

1. 程序存储器

程序存储器用于存放单片机工作时的程序。单片机工作时先由用户编制好程序和表格常数,把它存放到程序存储器中,然后在控制器的控制下,依次从程序存储器中取出指令送到 CPU 执行,实现相应的功能。为此,设有一个专用寄存器——程序计数器 PC(Programe Counter),用以存放要执行的指令的地址。它具有自动增量计数的功能,每取出一条指令,它的内容自动增加,以指向下一条要执行的指令,从而实现从程序存储器中依次取出指令执行。由于 MCS-51 单片机的程序计数器 PC 为 16 位,因此,程序存储器地址空间为 $2^{16} = 64$ KB。单片机一般使用 ROM 作为程序存储器。

MCS－51 单片机的程序存储器从物理结构上分为片内和片外程序存储器。而对于片内程序存储器,在 MCS－51 系列中,不同的芯片各不相同,8031 和 8032 内部没有 ROM,8051 内部有 4 KB 的 ROM,8751 内部有 4 KB 的 EPROM,8052 内部有 8 KB 的 ROM,8752内部有 8 KB 的 EPROM。

　　对于内部没有 ROM 的 8031 和 8032 芯片,工作时只能扩展外部程序存储器,最多可扩展64 KB,地址范围为 0000H～FFFFH。对于内部有 ROM 的芯片,根据情况也可以扩展外部 ROM,虽然内、外程序存储器总容量可以超过 64 KB,但其有效存储空间只有 64 KB,内、外程序存储器逻辑上将共用 64 K 存储空间。片内程序存储器地址空间和片外程序存储器的低地址空间重叠。51 子系列重叠区域为0000H～0FFFH,52 子系列重叠区域为 0000H～1FFFH。MCS－51 程序存储器编址及$\overline{EA}$不同取值时程序执行顺序如图 3.4 所示。

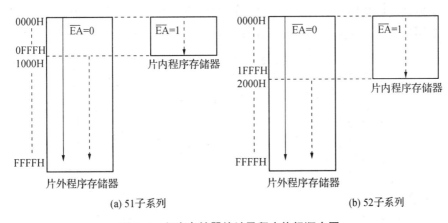

(a) 51子系列　　　　　　　　　　　　(b) 52子系列

图 3.4　程序存储器编址及程序执行顺序图

　　单片机在执行指令时,对于低地址部分,是从片内程序存储器取指令,还是从片外存储器取指令,是根据单片机芯片上的片外程序存储器选用引脚$\overline{EA}$电平的高低来决定的。单片机复位后,如$\overline{EA}$为低电平,则从片外程序存储器开始取指令并执行;$\overline{EA}$接高电平,则从片内程序存储器取指令执行。对于 8031 和 8032 芯片,$\overline{EA}$只能保持低电平,指令只能从片外程序存储器取得。

Q19　片内和片外 ROM 同时存在的情况下程序执行的规则?

　　当单片机上电复位后$\overline{EA}$为 1 时,程序从片内程序存储器0000H 单元开始执行。当程序执到最后的内部 ROM 单元后,转到下一个拥有相邻地址的外部 ROM 单元中执行,而不是从外部 ROM 单元的 0000H 处开始执行。如 8051 有 4 K 内部 ROM,地址空间 0000H 到0FFFH。如果内部程序执行到 0FFFH 后,下面将从外部 ROM 的 1000H 处取指令继续执行,尽管外部扩展的 ROM 可能地址空间是 0000H－FFFFH。要注意的是,在内部用到ROM 的情况下为了不浪费 ROM 容量,通常安排外部 ROM 的最低位地址与内部 ROM 的最高位地址进行无缝连接而不是重合。当单片机上电复位后$\overline{EA}$为 1 时,则程序将从片外程序存储器 0000H 处开始执行,在任何时刻都不会执行到内部程序存储器中。图 3.4 中所示实线箭头为$\overline{EA}=0$ 时的程序执行顺序,虚线箭头所示为$\overline{EA}=0$ 时的情况。

除存储程序外,程序存储器也可存放表格数据,在使用时可通过专门的查表指令 MOVC A,@A+DPTR 或 MOVC A,@A+PC(见第四章)取出。

在 64 KB 程序存储器中,有 7 个单元有特殊用途。第一个是 0000H 单元,因 MCS-51 系列单片机复位后 PC 的内容为 0000H,故单片机复位后将从 0000H 单元开始执行程序。因此,程序存储器的 0000H 单元地址是系统程序的启动地址,这里用户一般放一条绝对转移指令,转到用户设计的主程序的起始地址。另外 6 个单元对应于 6 个中断源(51 子系列为 5 个),分别对应中断服务程序的入口地址,具体情况见表 3.2。

这 6 个地址之间仅隔 8 个单元,存放中断服务程序往往不够用。这里通常也放一条绝对转移指令(LJMP,见第四章),转到真正的中断服务程序,而真正的中断服务程序可安排在存储器的其他位置。

这 6 个地址之后是用户程序区,用户可以把用户程序存放在用户程序区的任意位置。人们喜欢把用户程序放在从 0100H 开始的区域。

表 3.2 中断的入口地址

中断源	入口地址
外部中断 0	0003H
定时/计数器 0	000BH
外部中断 1	0013H
定时/计数器 1	001BH
串行口	0023H
定时/计数器 2(仅 52 子系列有)	002BH

2. 数据存储器

数据存储器在单片机中用于存放程序执行时所需要的数据,它从物理结构上分为片内数据存储器和片外数据存储器,其逻辑上也属于不同的存储空间。这两个部分在编址和访问方式上各不相同(这与程序存储器完全不一样,片外和片内程序存储器处于同一个逻辑空间),其中片内数据存储器又可分成多个部分,采用多种方式访问。

(1) 片内数据存储器

MCS-51 系列单片机的片内数据存储器采用 8 位地址,属于 RAM,故也称为内部 RAM。与单片机内部 RAM 处于相同地址空间的还有一类叫做特殊功能寄存器(SFR)的可读写单元。虽然属于同一地址空间,但是 SFR 并不认为属于内部数据存储器。对于 51 子系列,内部数据 RAM 有 128 字节,编址为 00H~7FH,SFR 也占 128 个字节,编址为 80H~FFH,二者连续且不重叠。对于 52 子系列,前者有 256 字节,编址为 00H~FFH,后者也占 128 个字节,编址为 80H~FFH,后者与前者的高 128 字节编址重叠。访问时通过不同的指令相区分。

片内数据存储器按功能分成以下几个部分:工作寄存器区、位寻址区、一般 RAM 区及堆栈区。具体分配情况如图 3.5。

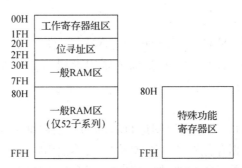

图 3.5 片内数据存储器及 SFR 分配情况

① 工作寄存区

内部数据存储器的 00H～1FH 单元为工作寄存区,共 32 个字节。工作寄存器也称为通用寄存器,用于临时寄存 8 位信息。工作寄存器共有 4 组,称为 0 组、1 组、2 组和 3 组。每组 8 个寄存器,其名字依次为 R0～R7。当前默认使用哪一组工作寄存器由程序状态字 PSW 中的 RS0 和 RS1 两位来选择。对应关系见前面的表 3.1。程序当前使用的寄存器组就是这一默认的工作寄存器组。由此可知,R0 可能表示 0 组的第一个寄存器(地址为 00H),也可能表示 1 组的第一个寄存器(地址为 08H),还可能表示 2 组、3 组的第一个寄存器(地址分别为 10H 和 18H)。

② 位寻址区

20H～2FH 为可位寻址区,共 16 字节,128 位。这 128 位每位都可以按位方式使用,每一位都有一个位地址,位地址范围为 00H～7FH,它的具体情况见表 3.3。如字节 27H 的第 2 位的位地址为 3AH。

表 3.3 位寻址区地址表(十六进制表示)

字节地址 \ 位序 位地址	D7	D6	D5	D4	D3	D2	D1	D0
20H	07	06	05	04	03	02	01	00
21H	0F	0E	0D	0C	0B	0A	09	08
22H	17	16	15	14	13	12	11	10
23H	1F	1E	1D	1C	1B	1A	19	18
24H	27	26	25	24	23	22	21	20
25H	2F	2E	2D	2C	2B	2A	29	28
26H	37	36	35	34	33	32	31	30
27H	3F	3E	3D	3C	3B	3A	39	38
28H	47	46	45	44	43	42	41	40
29H	4F	4E	4D	4C	4B	4A	49	48
2AH	57	56	55	54	53	52	51	50
2BH	5F	5E	5D	5C	5B	5A	59	58
2CH	67	66	65	64	63	62	61	60
2DH	6F	6E	6D	6C	6B	6A	69	68
2EH	77	76	75	74	73	72	71	70
2FH	7F	7E	7D	7C	7B	7A	79	78

③ 一般 RAM 区

30H～7FH 是一般 RAM 区,也称为用户 RAM 区,共 80 字节。对于 52 子系列,一般 RAM 区为 30H～FFH 单元。另外,对于前两区中未用的单元也可作为一般 RAM 单元使用。

④ 堆栈区与堆栈指针

堆栈是按先入后出、后入先出的原则进行管理的一段内部 RAM 存储区域。MCS-51 单片机中堆栈占用片内数据存储器的一段区域,在具体使用时应避开工作寄存器区、位寻址区,一般设在 2FH 以后的单元。当然,如工作寄存器和位寻址区未用,也可以开辟为堆栈。

堆栈主要是为子程序调用和中断调用而设立的,它的具体功能有两个:保护断点和保护现场。无论是子程序调用还是中断调用,调用完后都要返回调用位置。因此调用时,在转移到目的位置前,应先把当前的断点位置入栈保存,以便于以后返回时使用。对于嵌套调用,先调用的后返回,后调用的先返回。

为实现堆栈的先进后出的数据队列,单片机中专门设置了一个堆栈指针 SP。堆栈指针 SP 是一个 8 位的特殊功能寄存器,它指向当前堆栈段的栈顶位置。MCS-51 单片机的堆栈是向上生长型的,存入数据是从地址低端向高端延伸,取出数据是从地址高端向低端延伸。入栈和出栈数据以字节为单位。将数据压入堆栈用 PUSH 指令,SP 指针的内容先自动加 1,然后再把数据存入到 SP 指针指向的内部 RAM 单元;从堆栈弹出数据时用 POP 指令,微控制器先把 SP 指针指向的单元的数据取出,然后再把 SP 指针的内容自动减 1。复位时,SP 的初始值为 07H,因此堆栈实际上是从 08H 开始存放数据。用户可以通过给 SP 赋值的方式改变堆栈的初始位置。人们习惯在开机时将 SP 设为 60H。一般来说,为了保证数据安全,从栈底开始向上(地址增大方向)的所有内部 RAM 单元不可再作他用。

Q20　堆栈和 FIFO 队列的区别?

堆栈是一种数据结构,是一种后进先出的数据队列。堆栈的作用是保护现场和恢复现场。通常是在内存中开辟一个存储区域,在这个区域,数据一个一个地被顺序地存入,又被按先进后出的顺序取出来。存入数据的动作叫做"压栈"或"压入"(push),取出数据叫"出栈"或"弹出"(pop)。

FIFO 是英文 First In First Out 的缩写,是一种先进先出的数据队列。按照顺序,先存入的数据被先取出,后存入的数据被后取出。FIFO 一般用于不同时钟域之间的数据传输。

(2) 特殊功能寄存器

特殊功能寄存器(SFR)也称专用寄存器,专门用于控制、管理片内算术逻辑部件、并行 I/O 接口、串行口、定时/计数器、中断系统等功能模块的工作。用户在编程时可以给其设定值,但不能移作他用。前面提到,SFR 从严格意义说不属于内部数据存储器,但应注意,SFR 分布在 80H～FFH 地址空间,与片内数据存储器统一编址。除 PC 外,51 子系列有 18 个特殊功能寄存器,其中 3 个为双字节,共占用 21 个字节;52 子系列有 21 个特殊功寄存器,其中 5 个为双字节,共占用 26 个字节,他们的分配情况如下。

CPU 专用寄存器:累加器 A(地址为 E0H),寄存器 B(F0H),程序状态字 PSW(D0H),

堆栈指针 SP(81H),数据指针 DPTR(82H、83H)。累加器 A 也可用 ACC 表示,而 DPTR 又可分为两个 SFR 使用,分别是 DPH 和 DPL。

并行接口:P0~P3(80H、90H、A0H、B0H)。

串行接口:串口控制寄存器 SCON(98H)、串口数据缓冲器 SBUF(99H)、电源控制寄存器 PCON(87H)。

定时/计数器:方式寄存器 TMOD(89H)、控制寄存器 TCOD(88H)、T0 的计数寄存器 TH0、TL0(8CH、8AH)、T1 的计数寄存器 TH1、TL1(8DH、8BH)。

中断系统:中断允许寄存器 IE(A8H)、中断优先级寄存器 IP(B8H)。

定时/计数器 2 相关寄存器(仅 52 子系列有):定时/计数器 2 控制寄存器 T2CON(CBH),定时/计数器 2 自动重装寄存器 RLDL、RLDH(CAH、CBH),定时/计数器 2 初值寄存器 TH2、TL2(CDH、CCH)。

注意,部分 SFR 寄存器中的位也可位寻址,可进行按位操作。地址可被 8 整除的 SFR 可位寻址。位地址范围在 80H~FFH 之间,与单片机片内 RAM 的可位寻址空间的位地址 00H~7FH 一起组成完整的 256 位的位地址。

SFR 的使用将在相应的章节说明。

Q21　对于 52 子系列,如何区分高 128 字节和 SFR?

8051 具有高 128 字节内部数据存储器,其编址为 00H~7FH;SFR 也占 128 个字节,编址为 80H~FFH,二者连续不重叠。8052 具有高 256 字节内部数据存储器,编址为 00H~FFH;SFR 占 128 个字节,编址为 80H~FFH,后者与前者的后 128 字节编址重叠,访问时通过不同的指令相区分。访问 SFR 用直接寻址的方式,如 MOV A,80H;访问内部数据存储器高 128 字节可用寄存器间接寻址的方式,如 MOV A,@R0,其中 R0 内容大于 80H;访问低 128 字节内部 RAM 时,以上两种寻址方式都可使用。(详见指令系统一章)

(3) 片外数据存储器

MCS-51 单片机片内有 128 字节(51 子系列)或 256 字节(52 子系列)的数据存储器。当数据存储器不够时,可在外部扩展外部数据存储器,扩展的外部数据存储器最多 64 KB,地址范围为 0000H~FFFFH,通过 DPTR 指针以间接方式访问。这 64 KB 地址空间可分为 256 个页面,每个页面为 256B,每个页面地址范围为 00H~FFH,由高 8 位地址区分不同的页面。如 0000H 为第 0 个页面第 0 个单元,0100H 为第 1 个页面第 0 个单元。单片机为这些页面的访问提供了通过 R0 和 R1 间接访问的方式,如 MOVX A,@R0(即,从外部数据存储器中取数据放到 A 中,该数数据存储单元的高 8 位地址由当前 P2 值确定,低 8 位地址由 R0 中的值确定)。

值得澄清的是,扩展的外部设备将占用片外数据存储器的空间,也通过访问片外数据存储器的方法进行控制(详见后面相关章节)。

必须说明,第一,64 KB 的程序存储器和 64 KB 的片外数据存储器地址空间都为 0000H~FFFFH,地址空间是重叠的,它们如何区别呢? MCS-51 单片机是通过不同的控制信号来对片外数据存储器和程序存储器进行读写的。片外数据存储器的读、写通过读

($\overline{RD}$)和写($\overline{WR}$)信号来控制,而程序存储器的读通过$\overline{PSEN}$信号控制。在指令上两者通过用不同的访问指令来实现访问。片外数据存储器用 MOVX 指令访问,程序存储器用 MOVC 指令访问(程序存储器还通过 CPU 的控制自动进行取指)。第二,片内数据存储器和片外数据存储器的低 256 字节的地址空间是重叠的,但它们物理上和逻辑上都是不同的寻址空间,通过不同的指令进行访问。如,片内数据存储器用 MOV 指令访问,片外数据存储器用 MOVX 指令访问。因此访问时不会产生混乱。(见后面章节)

Q22　*为什么有的 51 单片机宣称有超过 256B 的内部 RAM?*

按照传统的单片机对内部数据 RAM 的定义,MCS-51 系列最大只有 256B 内部 RAM。但现在有些新的系列单片机型号宣称有超过 256B 的数据 RAM,如 1 KB。但这些数据 RAM 无论是从物理还是逻辑上来说,都分成两部分。一部分是单片机传统意义的内部 RAM,容量为 256B,采用的是 8 位地址;另一部分(多余的部分)实际上还是外部数据 RAM,采用的是 16 位地址。其读写指令和总线连接方式与传统意义的外部数据 RAM 完全是一样的,逻辑上是属于外部数据存储器。只是为了方便,厂商将其集成在单片机内部。这样,用户在使用这类单片机时大部分情况下就不需要在单片机片外再扩展外部数据 RAM 了,使用更简单。

3.2.5　常见的存储器类型 **

1. 常见的 RAM 存储器

RAM 存储器存储单元的内容可按需随意取出或存入,且存取的速度与存储单元的位置无关。这种存储器在断电时将丢失其存储内容,故主要用于存储短时间或暂时使用的数据。

按照存储单元的工作原理,随机存储器又分为静态随机存储器(Static RAM,SRAM)和动态随机存储器(Dynamic RAM,DRAM)。

SRAM 的静态存储单元是在静态触发器的基础上附加门控管而构成的。因此,它是靠触发器的自保功能存储数据的,不需要进行定期刷新,速度较快。

DRAM 的存储矩阵由动态 MOS 存储单元组成。动态 MOS 存储单元利用 MOS 管的栅极电容来存储信息,但由于栅极电容的容量很小,而漏电流又不可能绝对等于 0,所以信息保存的时间有限。为了避免存储信息的丢失,必须定时地给电容补充漏掉的电荷,通常把这种操作称为"刷新"或"再生"。因此 DRAM 内部要有刷新控制电路,其操作也比静态 RAM 复杂。尽管如此,由于 DRAM 存储单元的结构能做得非常简单,所用元件少、功耗低,已成为大容量 RAM 的主流产品。PC 机中的主存大部分是采用 DRAM。DRAM 的发展又经历过 FPM(Fast Page Mode,快页模式)、EDO(EDO,Extended Data Out,扩展数据输出)、SDRAM(SDRAM,Synchronous Dynamic Random Access Memory,同步动态随机存储器)、DDR(DDR SDRAM,Double Data Rate Synchronous Dynamic Random Access Memory,双数据率同步动态随机存储器)等发展阶段。DDR 是目前 PC 机上最主流的 RAM 类型。

2. 常见的 ROM 存储器

ROM 是只读存储器的统称,是非易失性的,掉电后其存储的信息不会丢失。一般用作存放程序代码或常数。从其字面上的意义来说是不能写入数据的。但是,为了更改程序方便,能够多次写入程序代码,其往往在一定条件下是可以写入数据的。ROM 有以下几种

(1) 传统的 ROM。是一种掩模 ROM。在制造过程中,芯片制造厂家将用户提供的资料(通常是代码)以一特制光罩(mask)烧录于线路中,其资料内容在写入后就不能更改,所以有时又称为"光罩式只读内存"(mask ROM)。这种 ROM 制造成本较低,常用于电脑中的开机启动。

(2) PROM。可编程程序只读存储器(Programmable ROM,PROM)之内部有行列式的镕丝,视需要利用电流将其烧断,写入所需的资料。但仅能写录一次。PROM 在出厂时,存储的内容全为 1,用户使用时可以根据需要将其中的某些单元写入数据 0,以实现对其"编程"的目的。其与掩模 ROM 的区别是,这种 ROM 可由用户一次性编程,而掩模 ROM 是由用户把代码交给制造厂商,厂商将代码在制造时一次性写入的,用户无法对其进行编程。这种存储器也称为一次编程只读存储器(One Time Programmable Read Only Memory, OPTROM)。

(3) EPROM。可擦除可编程只读存储器(Erasable Programmable Read Only Memory, EPROM)可利用高电压将资料编程写入,擦除时将线路曝光于紫外线下,则资料可被清空,并且可重复使用。通常在封装外壳上会预留一个石英透明窗以方便紫外光照射将资料擦除,存储单元内容变为全"1",以便再次写入程序代码。

(4) EEPROM。电可擦除可编程只读存储器(Electrically Erasable Programmable Read Only Memory,EEPROM)之运作原理类似 EPROM,但是擦除的方式不是通过紫外线而是通过高电压来完成的,因此不需要透明窗。

(5) 快闪存储器。快闪存储器(Flash Memory)简称闪存。其每一个记忆胞都具有一个"控制闸"与"浮动闸",利用高电场改变浮动闸的临限电压即可进行编程动作。

EEPROM 和 FLASH 都是基于一种浮栅管单元(Floating Gate Transistor)结构,但内部结构的不同使得其区别还是比较明显的。EEPROM 可以按字节擦除,而 FLASH 只能一大片一大片的擦除;EEPROM 一般容量都不大而 FLASH 可以做得非常大;EERPOM 一般用于低端产品,读写速度一般不如 FLASH 快。智能手机中的 ROM 就是 FLASH 类型的。

(6) 铁电存储器。铁电存储器(FRAM,Ferroelectric RAM)用铁电晶体的铁电效应实现数据存储,属于非易失性存储器。FRAM 保存数据不是通过电容上的电荷,而是由存储单元电容中铁电晶体的中心原子位置进行记录。FRAM 的特点是读写速度快,能够像 RAM 一样操作,读写功耗极低,不存在如 EEPROM 的最大写入次数的问题。FRAM 虽然可和 RAM 一样操作,但是它又能够在掉电后信息不丢失。

铁电存储技术早在 1921 年提出,直到 1993 年美国 Ramtron 国际公司成功开发出第一个 4 K 位的铁电存储器 FRAM 产品,目前所有的 FRAM 产品均由 Ramtron 公司制造或授权。

过去,当应用系统突然掉电时,需要单片机将 RAM 中的重要数据存贮于非易失性存储器中,采用 FRAM 作为 RAM 后,可免除该操作。

3.2.6 MCS-51系列单片机的输入/输出接口

MCS-51系列单片机有4个8位的并行I/O接口:P0、P1、P2、P3口。它们对应的4个特殊功能寄存器名称也叫P0、P1、P2、P3,通过对这些特殊功能寄存器的读写来完成输入输出。这4个接口,既可以作输入,也可以作输出,既可按8位处理,也可按位方式使用。输出时具有锁存能力,输入时具有缓冲功能。每个接口的具体功能有所不同,下面分别介绍。

1. P0口

P0口是一个三态双向口,可作为地址/数据分时复用接口,也可以作为通用的I/O接口。它由一个输出锁存器、两个三态缓冲器、输出驱动电路和输出控制电路组成。它的一位结构,如P1.0,如图3.6所示。

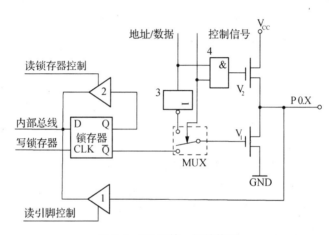

图3.6　P0口的一位结构图

当控制信号为高电平"1"时,P0口作为地址/数据分时复用总线。这时可分为两种情况:一种是从P0口输出地址或数据,另一种是从P0口输入数据。控制信号为高电平"1",使转换开关MUX把反相器3的输出端与V_1接通,同时把与门4打开。如果从P0口输出地址或数据信号,当地址或数据为"1"时,经反相器3使V_1截止,而经过与门4使V_2导通,P0.X引脚上就会出现相应的高电平"1";当地址或数据为"0"时,经反相器3使V_1导通而V_2截止,引脚上出现相应的低电平"0"。这样就将地址/数据的信号输出了。如果从P0口通过复用方式输入数据,输入数据从引脚下方的三态输入缓冲器进入内部总线。

当控制信号为低电平"0"时,P0口作为通用I/O接口使用。控制信号为"0",转换开关MUX把输出级与锁存器$\overline{Q}$端接通。在CPU向端口输出数据时,因与门4输出为"0",使V_2截止,此时,输出级是漏极开路电路。当写入脉冲加在锁存器时钟端CLK上时,与内部总线相连的D端数据取反之后出现在$\overline{Q}$端,又经输出V1再反相,在P0引脚上出现的数据正好是内部总线的数据。当要从P0口输入数据时,引脚信号经输入缓冲器进入内部总线。

当P0口作通用I/O接口时,应注意以下三点。

(1)在输出数据时,由于V_2截止,输出级是漏极开路电路,要使"1"信号正常输出,必须外接上拉电阻。

(2) P0 口作通用 I/O 接口输入使用时,在某一引脚输入数据前,应先向 P0 口的该引脚写"1",此时锁存器 $\overline{Q}$ 端为"0",使输出级的场效应管 V_1 截止(此前 V_2 为截止状态),引脚处于悬浮状态,才可将该引脚作为输入。这是因为,从 P0 口引脚输入数据时,V_2 一直处于截止状态,引脚上的外部信号既加在三态缓冲器 1 的输入端,又加在 V_1 的漏极。假定在此之前曾经输出数据"0",则 V_1 是导通的,这样引脚上的电位就始终被钳位在低电平,使输入高电平误读为低电平。因此,在输入数据前,应在软件中人为地先向 P0 口写"1",使 V_1 截止,方可有效输入。

由于 P0 口在作为输入前必须向该端口写"1",不是随心所欲的输入输出,因此 P0 口不是标准双向口,而叫做"准双向口"。

(3)作为普通 I/O 口进行输入操作时,除了前面讲到的从引脚读入数据外,还可从锁存器处读入锁存器的输出端 Q 的状态。这时,称为"读锁存器"。前者则称为"读引脚"。分别有不同的指令对应不同输入方式。

Q23 什么是 D 锁存器和三态缓冲器?

D 锁存器:在 CLK 端为低电平时输出端 Q、$\overline{Q}$ 的状态不会随输入端 1 的状态变化而变化。CLK 为高电平时 Q,随 D 而变化,并在 CLK 下跳沿将当时的输入 D 锁存到 Q,直到下一个 CLK 为高电平时才改变。锁存逻辑电路是一种 D 触发电路。$\overline{Q}$ 为 Q 反相。

三态缓冲器(Three-state buffer),又称为三态门、三态驱动器,其三态输出受到使能输入端的控制。当使能输入有效时(即输入为 1 时),器件实现正常逻辑状态输出(逻辑 0、逻辑 1),当使能输入无效时(即输入为 0 时),输出处于高阻状态,即等效于与所连的电路断开。所说的三态即低电平(逻辑 0)、高电平(逻辑 1)和高阻(相当于输出被断开)。

Q24 什么叫开漏输出或集电极开路输出?

集电极开路输出的门电路又名"开集级电路"或"OC 门电路",是一种集成电路的输出装置。实际上是其中负责电压输出的 NPN 型三极管的集电极没有接任何电子器件,而直接引出作为输出端的一种输出结构。如果该三极管替换为场效应晶体管(MOSFET),连接到输出端的是其漏极,则称之为漏极开路(俗称"OD 门"),工作原理相仿。通过 OC 门这一装置,能够让逻辑门输出端直接并联使用,当连接在一起的两个 OC 门输出的逻辑不一致时,不致因电平冲突而烧毁器件。两个 OC 门的并联,可以实现逻辑与的关系,称为"线与"。在使用 OC 门时,在输出的 OC 端口应有直接或间接的一个上拉电阻与电源相连,以实现确定的电平输出。OC 门也可用于电平的转换。

Q25 什么叫上拉和下拉电阻?

上拉就是通过一个电阻将芯片的一个引脚或线路中的一点接电源正极(Vcc),将该处电平拉向高电平。下拉就是通过一个电阻将芯片的引脚或线路中的一点接地,将该处电平拉向低电平。其主要目的是在电路驱动器关闭时给引脚或线路节点一个固定的默认的电平。上拉电阻有时还用来增加输出引脚的驱动能力。当所接电阻值比较大时称为弱上拉或弱下拉,否则就是强上拉或强下拉。上拉电阻应用比较普遍,大部分 OC 或 OD 输出都需要接上拉电阻。单片机的大部分 I/O 引脚也配备了弱上拉电阻。

Q26 什么叫准双向口？

如图 3.6 所示，在读入端口数据时，由于输出驱动 FET 并接在输入引脚上，如果此前 V_1 导通，就会将输入的高电平拉成低电平，产生误读。所以在端口进行输入操作前，应先向端口锁存器写"1"，使 V_1 截止，引脚处于悬浮状态，变为高阻抗输入，以使读入的状态正确。这种端口虽然能够实现数据的双向功能，但在作为输入前，必须向这个端口写"1"，故称为准双向口。

Q27 为什么要设置读端口和读锁存器？其相应指令是什么？

从图 3.6 的端口引脚结构可以看出，单片机从端口读入数据的通道有两个，一个是从锁存器引入，一个是从输出引脚处引入，分别叫做"读锁存器"和"读引脚"。

单片机在进行端口输出时，经常要参考其上一次的输出状态，例如，需要将连接到端口的 LED 闪烁。编程序时往往需要从输出引脚读前一次的输出状态，将其求反后输出。但如果上次是输出"1"使 LED 点亮，这时候虽然端口上输出逻辑是"1"，但是由于 LED 的二极管作用将输出高电平拉至"0"电平（0.7 V 左右），通过引脚读进来就是"0"而非"1"了。这样，将"0"求反后输出还是"1"，就起不到使灯闪烁的目的了。但是，如果这时读的不是端口而是锁存器的输出端口 Q，则实现闪烁的功能就正常。上述例子很好地说明了为什么单片机在设置读端口功能后还要设置读锁存器这一功能。

读引脚由传送指令 MOV 实现，读锁存器用到的是所谓的"读-改-写"指令，如 ANL P0，A 等。

2. P1 口

P1 口是准双向口，它只能作通用 I/O 接口使用。P1 口的结构与 P0 口不同，它的输出只由一个场效应管 V_1 与内部上拉电阻组成，如图 3.7 所示。其输入输出原理特性与 P0 口作为通用 I/O 接口使用时一样。当其输出时，可以提供电流负载，不必像 P0 口那样需要外接上拉电阻。P1 口具有驱动 4 个 LSTTL 负载的能力。

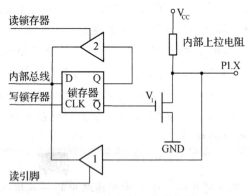

图 3.7 P1 口的一位结构图

3. P2 口

P2 口也是准双向口，它有两种用途：通用 I/O 接口和高 8 位地址线。它的一位结构如图 3.8 所示。与 P1 口相比，它只在输出驱动器电路上比 P1 口多了一个模拟转换开关 MUX 和反相器 3。

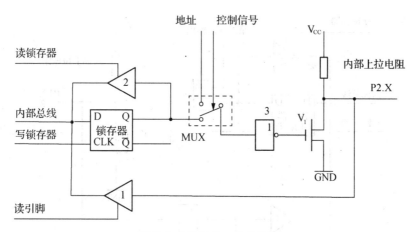

图 3.8　P2 口的一位结构图

当控制信号为高电平"1",转换开关与"地址"线接通,P2 口用作高 8 位地址总线使用,访问片外存储器的高 8 位地址 A8～A15 由 P2 口输出。如系统扩展了 ROM,由于单片机工作时一直不断地取指令,因而 P2 口将不断地送出高 8 位地址,P2 口将不能作通用 I/O 接口用。如系统仅仅扩展 RAM,这时分几种情况:当片外 RAM 容量不超过 256 字节,在访问 RAM 时,只需 P0 口送出低 8 位地址即可,P2 口仍可作为通用 I/O 接口使用;当片外 RAM 容量大于 256 字节,需要 P2 口提供高 8 位地址,这时 P2 口就不能作通用 I/O 接口使用了。

当控制信号为低电平"0",多路开关 MUX 将 D 锁存器输出端 Q 与反相器输入连接,P2 口用作准双向通用 I/O 接口。其工作原理与 P1 相同,只是 P1 口输出端由锁存器 $\overline{Q}$ 端接 V_1,而 P2 口是由锁存器 Q 端经反相器 3 接 V_1。此外 P2 口也具有读引脚和读锁存器 2 种方式,负载能力也与 P1 相同。

4. P3 口

P3 口的一位结构如图 3.9 所示。它的输出驱动由与非门 3、V_1 组成,输入比 P0、P1、P2 口多了一个缓冲器 4。P3 口除了作为准双向通用 I/O 接口使用外,它的每一根线还具有第二种功能,见表 3.4。

表 3.4　P3 口的第二功能

P3 口的引脚	第二功能	
P3.0	RXD	串行口输入端
P3.1	TXD	串行口输出端
P3.2	$\overline{INT0}$	外部中断 0 请求输入端
P3.3	$\overline{INT1}$	外部中断 1 请求输入端
P3.4	T0	定时/计数器 0 外部计数脉冲输入端
P3.5	T1	定时/计数器 1 外部计数脉冲输入端
P3.6	$\overline{WR}$	外部数据存储器写信号,低电平有效
P3.7	$\overline{RD}$	外部数据存储器读信号,低电平有效

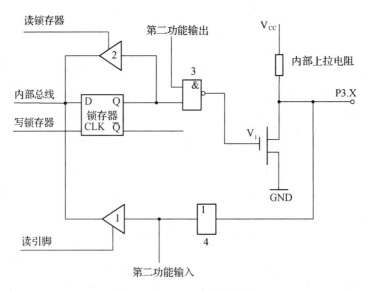

图 3.9　P3 口的一位结构图

当 P3 口作为通用 I/O 接口时,第二功能输出线始终为高电平,此时 P3. X 输出取决于锁存器的 Q 端。输入时同样可从引脚和锁存器处输入。这时,P3 也是一个准双向口,它的工作原理、负载能力与 P1、P2 口相同。

当 P3 口作为第二功能使用时,锁存器的 Q 输出端必须为高电平,否则与非门 3 的第二功能输出信号被封锁,无法实现第二功能输出;又与非门 3 的输出为"1",使 V_1 导通,P3. X 引脚被强行拉为低电平,也无法实现第二功能的输入。当锁存器 Q 端为高电平,P3 口的状态取决于第二功能输出线状态,从而实现第二功能输出。单片机复位时,锁存器的输出端 Q 为高电平。P3 口第二功能中输入信号 RXD、$\overline{INT0}$、$\overline{INT1}$、T0、T1 经缓冲器 4 从"第二功能输入"处输入,直接进入芯片内部,实现第二功能输入。

值得注意的是,当作为通用 I/O 口时,P0、P1、P2、P3 都是所谓"准双向口",此时输入数据时也存在读引脚和读锁存器 2 种方式。

3.3　MCS - 51 系列单片机的外部引脚及片外总线

MCS - 51 系列中,各种芯片的引脚是互相兼容的,它们的引脚情况基本相同。

3.3.1　外部引脚

典型的 MCS - 51 系列单片机有 40 个引脚,用 HMOS 工艺制造的芯片采用双列直插式封装,如图 3.10 所示。低功耗、采用 CHMOS 工艺制造的机型(在型号中间加一"C"作为识别,如 80C31、80C51 等)也有采用方型封装结构的甚至引脚数也不同,但是其功能大同小异。现将各引脚分别说明如下。

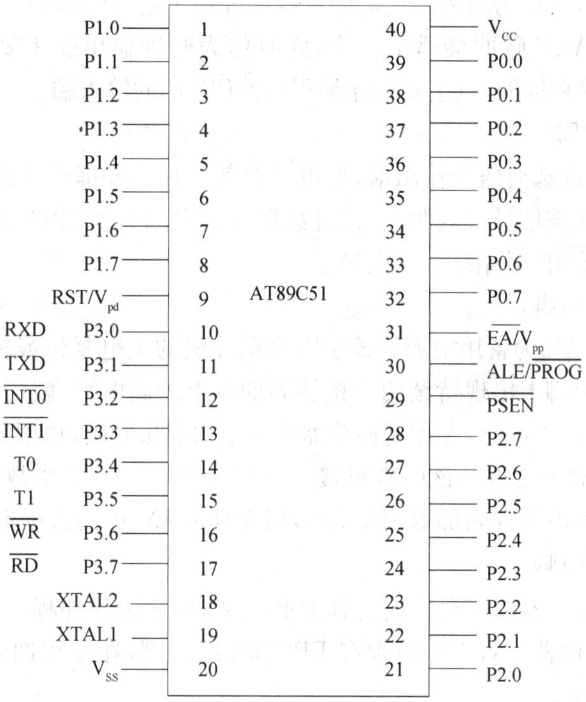

```
        P1.0 ──┤ 1          40 ├── V_cc
        P1.1 ──┤ 2          39 ├── P0.0
        P1.2 ──┤ 3          38 ├── P0.1
       •P1.3 ──┤ 4          37 ├── P0.2
        P1.4 ──┤ 5          36 ├── P0.3
        P1.5 ──┤ 6          35 ├── P0.4
        P1.6 ──┤ 7          34 ├── P0.5
        P1.7 ──┤ 8          33 ├── P0.6
     RST/V_pd ──┤ 9  AT89C51 32 ├── P0.7
   RXD  P3.0 ──┤ 10         31 ├── EA/V_pp
   TXD  P3.1 ──┤ 11         30 ├── ALE/PROG
   INT0 P3.2 ──┤ 12         29 ├── PSEN
   INT1 P3.3 ──┤ 13         28 ├── P2.7
    T0  P3.4 ──┤ 14         27 ├── P2.6
    T1  P3.5 ──┤ 15         26 ├── P2.5
    WR  P3.6 ──┤ 16         25 ├── P2.4
    RD  P3.7 ──┤ 17         24 ├── P2.3
       XTAL2 ──┤ 18         23 ├── P2.2
       XTAL1 ──┤ 19         22 ├── P2.1
        V_ss ──┤ 20         21 ├── P2.0
```

图 3.10 MCS‐51 单片机引脚

1. 输入/输出引脚

(1) P0 口(39~32 引脚)

P0.0~P0.7 统称为 P0 口。在不接片外存储器与不扩展 I/O 接口时,作为准双向输入/输出接口。在接有片外存储器或扩展 I/O 接口时,P0 口分时复用为低 8 位地址总线和双向数据总线。P0 口既可以作为 8 位 I/O 口使用,也可每位实现单独输入、输出,P1、P2、P3 亦然。

(2) P1 口(1~8 引脚)

P1.0~P1.7 统称为 P1 口,可作为准双向 I/O 接口使用。对于 52 子系列,P1.0 与 P1.1 还有第二功能:P1.0 可用作定时/计数器 2 的计数脉冲输入端 T2,P1.1 可用作定时/计数器 2 的外部控制端 T2EX。

(3) P2 口(21~28 引脚)

P2.0~P2.7 统称为 P2 口,一般可作为准双向 I/O 接口使用,在接有片外存储器或扩展 I/O 接口且寻址范围超过 256 字节时,P2 口用作高 8 位地址总线。

(4) P3 口(10~17 引脚)

P3.0~P3.7 统称为 P3 口。除作为准双向 I/O 接口使用外,每一位还具有独立的第二功能,P3 口的第二功能见表 3.4。

2. 控制线

(1) ALE/PROG(30 引脚)

地址锁存信号输出端。ALE 在每个机器周期内输出两个脉冲。在访问片外存储器(程序或数据)期间,下降沿用于控制外部锁存器,如 373 等,锁存从 P0 输出的低 8 位地址;在不访问片外存储器期间,可作为对外输出的时钟脉冲或用于定时的目的。但要注意,在访问片外数据存储器期间,ALE 脉冲会跳空一个,此时作为时钟输出就不妥了。对于片内含有 EPROM 的机型,在编程期间,该引脚用作编程脉冲$\overline{PROG}$的输入端。

(2) $\overline{PSEN}$(29 引脚)

片外程序存储器读选通信号输出端,低电平有效。在从外部程序存储器读取指令或常数期间,每个机器周期该信号有效两次,通过数据总线 P0 口读回指令或常数。在访问片外数据存储器期间,PSEN信号始终为高电平。

(3) RST/V_{pd}(9 引脚)

RST 即 RESET,V_{pd}为备用电源。该引脚为单片机的上电复位或掉电保护端。当单片机振荡器工作时,该引脚上出现持续两个机器周期以上的高电平,就可实现复位操作,使单片机回复到初始状态。上电时,考虑到振荡器有一定的起振时间,该引脚上高电平必须持续 10 ms 以上才能保证有效复位。该引脚可接上备用电源,当 V_{cc}发生故障,降低到低电平规定值或掉电时,该备用电源为内部 RAM 供电,以保证 RAM 中的数据不丢失。

(4) $\overline{EA}$/V_{pp}(31 引脚)

$\overline{EA}$为片外程序存储器选用端。该引脚为低电平时,选用片外程序存储器,高电平或悬空时选用片内数据存储器。对于片内含有 EPROM 的机型,在编程期间,此引脚用作 21 V 编程电源 V_{pp}的输入端。

3. 主电源引脚

V_{cc}(40 引脚):接电源正端。

V_{ss}(20 引脚):接电源负端。

4. 外接晶振引脚

XTAL1、XTAL2(19、18 引脚):当使用单片机内部振荡电路时,这两个引脚用来外接石英晶体和微调电容,如图 3.11(a)所示。在单片机内部,它是一个反相放大器的输入输出端,这个放大器构成了片内振荡器。当采用外部时钟时,对于 HMOS 单片机,XTAL1 引脚接地,XTAL2 接片外振荡脉冲输入(带上拉电阻);对于 CHMOS 单片机,XTAL2 引脚接地,XTAL1 接片外振荡脉冲输入(带上拉电阻),如图 3.11(b)和(c)所示。

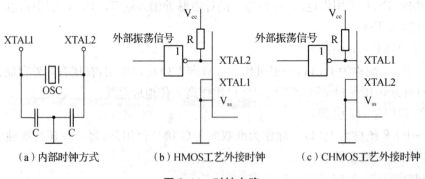

(a)内部时钟方式　　　(b)HMOS工艺外接时钟　　　(c)CHMOS工艺外接时钟

图 3.11　时钟电路

3.3.2 单片机外部扩展总线的形成

单片机中虽然已经集成了 CPU、I/O 口、定时器计数器、中断系统、存储器等计算机的基本部件(即系统资源),但是对一些较复杂应用系统来说,有时感到以上资源中的一种或几种不够用,这就需要在单片机芯片外加相应的芯片、电路,使得有关功能得以扩充,这种扩充被称为系统扩展(即系统资源的扩充)。

单片机的引脚除了电源线、复位线、时钟输入以及用户 I/O 接口外,其余的引脚都是为了实现系统扩展而设置的。借助锁存器电路,通过地址数据总线的复用,可将 P2 和 P0 口扩展成 16 位地址线和 8 位数据线。由此,单片机对外构成了片外地址总线(Address Bus,AD)、数据总线(Data Bus,DB)和控制总线(Control Bus,CB)三总线。片外存储器、外部设备等通过这三总线与 CPU 交换数据。

单片机外部总线的扩展和接口如图 3.12 所示。

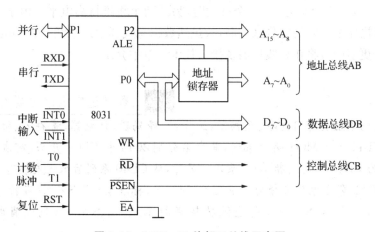

图 3.12 MCS－51 外部三总线示意图

常用的锁存器芯片是 74LS373(或 74HC373 等),其管脚如图 3.13 所示。

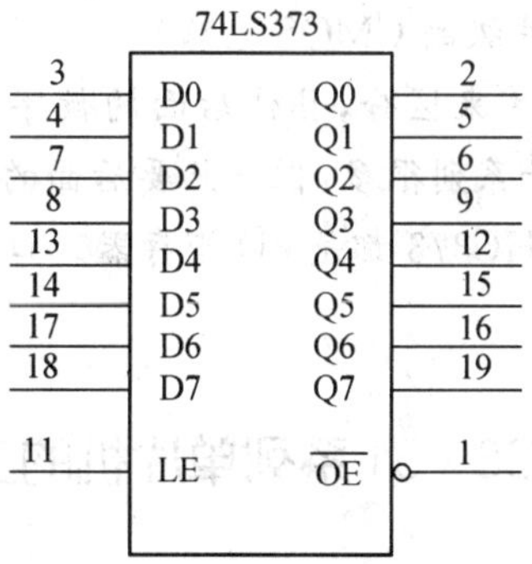

图 3.13 74LS373 管脚图

它有 8 个输入 D0～D7,对应 8 个输出 Q0～Q7。另外有两个控制引脚 LE 和 $\overline{\text{OE}}$。在用于 8051 地址锁存时,LE 与单片机地址锁存允许信号 ALE 相连。$\overline{\text{OE}}$接地,允许 373 输出。

其 D0～D7 与单片机的 P0 口的 P0.0～P0.7 对应相连。当单片机向外部数据和程序存储器读写数据时,应该先给出地址。由此,单片机按照时序先在 P0 口输出低 8 位地址 A0～A7,然后让 ALE 有效(输出高电平脉冲),在 ALE 的下跳沿将 P0 口输出的低 8 位地址锁定到 373 的输出口 Q0～Q7,形成了扩展地址总线的低 8 位 A0～A7。在下一个 ALE 有效之前,被锁定的 8 位地址不变。高 8 位地址 A8～A15 则由单片机的 P2 口直接输出,不需要锁存。由此,得到了 16 位的扩展地址总线。

在完成低 8 位地址锁存后,P0 口便在单片机的控制下切换成数据总线 D0～D7。这时候,在单片机的时序控制下,就可通过它与地址总线指定的外部存储器单元交换数据了。

扩展的地址总线宽度为 16 位,分别可寻址 64 KB 程序存储空间和 64 KB 数据存储空间。数据总线宽度为 8 位。

控制总线由 $\overline{WR}$、$\overline{RD}$、$\overline{PSEN}$ 组成。外部程序存储器、外部数据存储器和单片机扩展后的地址总线都是彼此对应相连的,数据总线亦然。单片机通过不同的控制线进行数据的读写和程序指令的读出。在读数据存储器时 $\overline{RD}$ 有效,写入时 $\overline{WR}$ 有效。而从程序存储器取指令时 $\overline{PSEN}$ 有效。以上 3 个信号,当一个有效时,另外两个将维持高电平。由于对程序存储器和数据存储器操作由不同的信号来控制,故虽然数据总线和地址总线是共用的,也不会产生冲突和混乱。更多内容将在总线扩展及接口技术一章中介绍。

Q28 *数字逻辑电路主要有哪些系列?*

数字逻辑电路主要有门电路、反相器、选择器、译码器、计数器、寄存器、触发器、锁存器等,主要分成 TTL 和 CMOS 两大系列,其命名分别以 74 和 CD40 开头,前者常称为 74 系列,后者常称为 CD40 系列或者 4000 系列。另外,从 CD40 系列后来还发展有 CD45 系列。

74 系列 TTL 集成电路又分为以下几类:74××(标准型)、74S××(肖特基)、74LS××(低功耗肖特基)、74ALS××(先进低功耗肖特基)、74AS××(先进肖特基)、74F××(高速)。

现在 74 系列也有了高速 CMOS 子系列了。高速 CMOS 电路的 74 系列有:74HCXX(高速 COMS,CMOS 电平)、74HCTXX(兼容 TTL 电平的高速 CMOS,可与 74LS 系列互换使用)、74HCUXX(适用于无缓冲级的 CMOS 电路)。

不同的器件,用其后面的数字来区分,具体后面的数字代表哪一种数字逻辑电路,可查相关手册。对于 74 系列,虽然子系列很多,但是只要后面的数字相同,则其管脚和逻辑就完全一致。如 74373、74LS373、74HC373 都是 8D 锁存器。口语中常简称为 373。

3.4　MCS‐51 系列单片机的工作方式

单片机的工作方式包括复位方式、程序执行方式、单步执行方式、掉电和节电方式以及 EPROM 编程和校验方式。

3.4.1 复位方式

单片机在启动运行时都需要复位,复位使中央处理器 CPU 和内部其他部件处于一个确定的初始状态,从这个状态开始工作。可靠复位后,单片机才能运行程序。

MCS-51 单片机有一个复位引脚 RST,高电平有效。在时钟电路工作以后,当外部电路使得 RST 端出现 2 个机器周期(24 个时钟周期)以上的高电平,就会引起系统复位。复位有两种方式:上电复位和按钮复位,如图 3.14 所示。

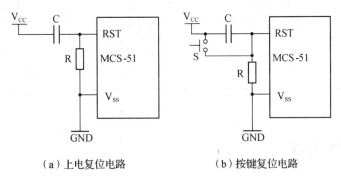

（a）上电复位电路　　　　　　　（b）按键复位电路

图 3.14　MCS-51 复位电路

图 3.13(a)实际是一个微分电路。当上电时,V_{cc} 引脚由 0 V 突然变成高电平(例如 5 V),相当于加了一个阶跃信号。对这个阶跃信号微分,就是一个向上的脉冲。当电容 C 或 R 的值足够大,使脉冲在高电平容限上的电平持续时间满足要求时,就会产生上电复位。为了保证上电可靠复位,市面上也有专用的复位电路。有的单片机内部甚至集成了复位电路,可保证上电可靠复位。

图 3.13(b)是一种上电复位兼按键复位的电路。按键复位电路一般用在程序运行过程中产生复位动作,其引起的单片机重新启动被称为所谓的"热启动"。一般是在程序跑飞、系统异常或死机时用于单片机的重新启动的。当按键按下足够时间时,在 RST 引脚上会出现足够时间的高电平(接近电源电压),按键松开后,RST 处恢复为低电平,复位完成。该电路上的电容用于滤波,消除毛刺。

值得注意的是,只要 RST 保持高电平,MCS-51 单片机就不会跳出复位状态。复位期间,ALE、$\overline{PSEN}$ 输出高电平。RST 从高电平变为低电平后,复位完成,PC 指针变为 0000H,使单片机从程序存储器地址为 0000H 的单元开始执行程序。复位后,内部各寄存器的初始内容见表 3.5。另外应该注意,复位后单片机内部 RAM 中的内容是随机的,并非为"0"。复位后 SP 为 07H,但由于大部分应用中单片机内部 RAM 都需要预留一定空间给运算中用到的变量,因此,上电复位后,程序中应该将 SP 指针移到较高位置,如 60H 等。又由于复位后 P0～P3 值为 FFH,因此,复位后第一次对该口的操作为输入时,不需要先向该口写"1"。

表 3.5　复位后内部各寄存器的内容

特殊功能寄存器	初始内容	特殊功能寄存器	初始内容
A	0000H	TCON	00H
PC(注)	0000H	TL0	00H
B	00H	TH0	00H
PSW	00H	TL1	00H
SP	07H	TH1	00H
DPTR	0000H	SCON	00H
P0～P3	FFH	SBUF	XXXXXXXXB
IP	XX000000B	PCON	0XXX0000B
IE	0X000000B	TMOD	00H

注:PC 不是 SFR。

3.4.2　程序执行方式

　　程序执行方式是单片机的基本工作方式,也是单片机最主要的工作方式。单片机在实现用户功能时需要采用这种方式。单片机执行的程序放置在程序存储器中,可以是片内 ROM,也可以是片外 ROM。系统复位后,PC 指针总是指向 0000H,程序总是从 0000H 开始执行。但是,从 0003H 到 0032H 又是中断服务程序入口地址区,当使用中断时,这部分空间就不能被主程序代码占用,用户程序只能放置到中断服务程序入口区的后面,如 0100H。因此,总是在 0000H 处放一条长转移指令,使程序跳转到主程序处开始执行。

3.4.3　单步执行方式

　　所谓单步执行,是指在外部单步脉冲的作用下,使单片机一个单步脉冲执行一条指令后就暂停下来,再一个单步脉冲再执行一条指令后又暂停下来。它通常用于调试程序、跟踪程序执行和了解程序执行过程。

　　在一般的微型计算机中,单步执行由单步执行中断完成。单片机虽然没有单步执行中断,但 MCS-51 单片机的单步执行也可利用中断来完成。从后面将要学到的知识知道,MCS-51 单片机从中断服务程序中返回之后,至少要再执行一条指令,才能重新响应中断。这样,将外部脉冲加到 $\overline{\text{INT0}}$ 引脚,平时让它为低电平,通过编程设定 $\overline{\text{INT0}}$ 为低电平触发方式。那么,没有高电平脉冲出现时 $\overline{\text{INT0}}$ 总处于响应中断状态。

　　在 $\overline{\text{INT0}}$ 的中断服务程序中则安排下面的指令:

```
PAUSE0：JNB  P3.2, PAUSE0          ;若INT0=0,不往下执行
PAUSE1：JB   P3.2, PAUSE1          ;若INT0=1,不往下执行
        RETI                      ;返回主程序执行下一条指令
```

　　当 $\overline{\text{INT0}}$ 没有脉冲出现时,$\overline{\text{INT0}}$ 保持低电平,一直响应中断,执行中断服务程序。中断服

务程序中的第一条指令功能是,判断 P3.2(即$\overline{INT0}$)为零时继续原地循环,否则执行下一条语句,实际上是在等待一次按键。当一个按键被按下时,会在$\overline{INT0}$上出现一个正脉冲使程序跳出该指令,进入第二条指令。第二条指令则是等待按键的释放,按键释放后,转入执行第三条指令,从中断返回到主程序。继续执行下一条主程序中的指令后(这就是要单步执行的指令),又接着响应中断($\overline{INT0}$为低电平)而进入中断服务程序,等待下一次按键。通过以上机制便可实现每按一次按键执行一条指令的单步执行工作方式了。

3.4.4　掉电和节电方式

单片机经常使用在野外、井下、空中、无人值守监测站等供电困难的场合,或处于长期运行的监测系统中,要求系统的功耗很小,掉电和节电方式能使系统满足这样的要求。

MCS‑51 单片机中,有 HMOS 和 CHMOS 工艺芯片,它们有不同的节电方式。

1. HMOS 单片机的掉电方式

HMOS 芯片本身运行功耗较大,这类芯片没有设置低功耗运行方式。为了减小系统的功耗,设置了掉电方式。RST/V_{pd}端接有备用电源,当单片机正常运行时,单片机内部的 RAM 由主电源 V_{cc}供电。当 V_{cc}掉电,V_{cc}电压低于 RST/V_{pd}端备用电源电压时,由备用电源向 RAM 维持供电,保证 RAM 中的数据不丢失。这时系统的其他部件都停止工作,包括片内振荡器。

在应用系统中经常这样处理:当用户检测到掉电发生,就通过$\overline{INT0}$或$\overline{INT1}$向 CPU 发出中断请求,并在主电源掉至下限工作电压之前,通过中断服务把一些重要信息转存到片内 RAM 中。然后备用电源只为 RAM 供电。在主电源恢复之前,片内振荡器被封锁,一切部件都停止工作。当主电源恢复时,备用电源保持一定的时间,以保证振荡器启动,系统完成复位。

2. CHMOS 单片机的节电运行方式

CHMOS 的芯片运行时耗电少,有两种节电运行方式:待机方式和掉电保护方式,以进一步降低功耗。它们特别适用于电源功耗要求低的应用场合。

CHMOS 型单片机的工作电源和备用电源加在同一引脚 V_{cc}上,正常工作时,电流为 11~20 mA,待机状态时为 1.7 mA~5 mA,掉电方式时为 5 μA~50 μA。待机方式中,振荡器保持工作,时钟继续输出到中断、串行口、定时器等部件,使它继续工作,全部信息被保存下来,但时钟不送给 CPU,CPU 停止工作。在掉电方式中,振荡器停止工作,单片机内部所有功能部件停止工作,备用电源为片内 RAM 和特殊功能寄存器供电,使它们的内容被保存下来。

在 MCS‑51 的 CHMOS 型单片机中,待机方式和掉电方式都可以由电源控制寄存器 PCON 中的有关控制位控制。该寄存器的单元地址为 87H,它的各位的含义如图 3.15 所示。

	D7	D6	D5	D4	D3	D2	D1	D0
PCON	SMOD	—	—	—	GF1	GF0	PD	IDL

图 3.15　电源控制寄存器 PCON 的格式

该寄存器中的 PD 和 IDL 就是用来设置掉电和待机方式的。

PD(PCON.1):掉电方式位。当 PD=1 时,进入掉电方式。

IDL(PCON.0):待机方式位。当 IDL=1 时,进入待机方式。

当 PD 和 IDL 同时为 1 时,则取 PD 为 1。复位时 PCON 的值为 0XXX0000B,单片机处于正常运行方式。

待机方式的退出有两种方法。第一种是激活任何一个被允许的中断,当中断发生时,由硬件对 PCON.0 位清零,结束待机方式。另一种方法是采用硬件复位。

掉电方式的退出的唯一方法是硬件复位。但应注意,在这之前应使 V$_{cc}$ 恢复到正常工作电压值。

3.4.5 编程和校验方式

在 MCS-51 单片机中,对于内部集成有 EPROM 的机型,可以工作于编程或校验方式。不同型号的单片机,EPROM 的容量和特性不一样,相应的 EPROM 的编程、校验和加密的方法也不一样。这里用 HMOS 器件 Intel 公司的 8752 为例介绍。注意,这里说的编程并不是通常说的"编写程序",而是指将程序代码写入 EPROM 中,叫"烧录"更能让人理解。

1. 编程

与编程相关的引脚功能如下:

8K EPROM 的地址线为 13 根,分别为 A0~A12。此时,单片机的 P1 口用于输入低 8 位地址,而 P2 口的 P2.0~P2.4 用于输入高 5 位;P0 口用于输入 8 位二进制程序代码;ALE/$\overline{PROG}$ 和 $\overline{EA}$/Vpp 是编程信号;P2.6、P2.7 和 P3.3、P3.6、P3.7 用于编程的控制。该器件在编程时晶振应控制在 4MHz~6MHz 之间。此时,RST、P2.7 和 P3.3、P3.6、P3.7 应为高电平,$\overline{PSEN}$、P2.6 为低电平。

编程时,应首先提供相应地址和要写入的数据,设置相应的控制位;然后将 $\overline{EA}$/Vpp 从高电平电压(即 VCC,通常是 5V)提高到编程电压 12.75 V;接下来在 ALE/$\overline{PROG}$ 引脚上输入 5 个高电平脉冲。以上步骤完成一个字节的编程。改变地址和数据重复以上步骤,则可写入下一个字节。

当然,最后一般也需要对芯片中的 EPROM 的加密表(Encryption Array)、程序锁定位(Program Lock Bits,包括 bit0、bit1、bit2)和读签名字节(Read Signature Byte)进行编程,以避免 EPROM 的内容被非法读出。其控制逻辑这里不作介绍。

2. 校验

对 EPROM 的写入难免会出现错误,因此进行校验是十分必要的。单片机允许每次写入一个字节或者一个数据块后对写入的内容进行校验。校验时 P2.7 和 P3.3 应设置成低电平,ALE/$\overline{PROG}$ 和 $\overline{EA}$/V$_{pp}$ 都为高电平,其他与编程时相同。读出的数据出现在 P0 口上。

注意,在对芯片进行加密后是无法读出数据进行校验的。因此,一般在校验后才写入相应的加密位。

3. EPROM 加密

8751 的 EPROM 内部有一个程序保密位,当把该位写入后,就可禁止任何外部方法对片内程序存储器进行读写,也不能再对 EPROM 编程,对片内 EPROM 建立了保险。设置保密位时不需要单元地址和数据,所以 P0 口、P1 口和 P2.3~P2.0 为任意状态。引脚在连接时,除了将 P2.6 改为 TTL 高电平,其他引脚在连接时与编程相同。

当加了保密位后,就不能对 EPROM 编程,也不能执行外部存储器的程序。如果要对片内 EPROM 重新编程,只有解除保密位。对保密位的解除,只有将 EPROM 全部擦除时保密位才能一起被擦除,擦除后也可以再次写入。

3.5 MCS－51 系列单片机的工作过程及时序

单片机是根据预先编制好的程序自动完成相应的工作的。为了完成某一任务,如测量或控制,必须预先编制好程序,形成一条条的二进制机器码指令,将其预先存放在单片机应用系统的程序存储器中。单片机工作过程,实际上就是在 CPU 的控制下,不断按顺序取指令和解释指令并执行的过程。

每个单片机都需要由外部或内部的振荡电路产生等周期的振荡脉冲,这就是时钟脉冲。它是单片机的基本工作脉冲,它控制着单片机的工作节奏。也就是说,单片机每一步动作都按这个节奏来进行。时钟频率越高,执行指令的速度就越快。

而时序就是在执行指令过程中,CPU 为了完成指令动作而产生的各种控制信号在时间上的先后顺序。例如,在什么时候输出地址信息、什么时候出现 ALE 信号、什么时候 $\overline{WR}$ 信号有效等等。每执行一条指令,CPU 的控制器都产生一系列特定的控制信号,不同的指令产生的控制信号不一样。

CPU 发出的控制信号有两类:一类是用于计算机内部的,这类信号很多,但用户不能直接接触此类信号,故这里不作介绍;另一类信号是通过控制总线送到片外的,这部分信号是计算机使用者所关心的,这里主要介绍这类信号的时序。

单片机的时序信号是以单片机内部时钟脉冲电路所产生的时钟周期或外部时钟脉冲电路送入的时钟周期为基础形成的,在它的基础上形成了机器周期、指令周期等单片机执行指令的时间单位,其意义如下:

振荡周期:振荡脉冲的周期。也叫时钟周期,其倒数就是我们常说的单片机或计算机的主频即晶振频率。

状态周期:2 个振荡周期为一个状态周期,用 S 表示。一个状态周期包含 2 个节拍,分别称为 P1 和 P2。在状态周期的前半周期即 P1 节拍期间,通常完成算术逻辑操作;在后半周期 P2,一般进行内部寄存器之间的传输。

机器周期:机器周期是单片机的基本操作周期。每个机器周期包含 S1、S2、…、S6 这 6 个状态,每个状态包含 2 个节拍 P1 和 P2,每一拍为一个时钟周期(振荡周期)。因此,一个机器周期包含 12 个时钟周期。依次可表示为 S1P1、S1P2、S2P1、S2P2、…、S6P1、S6P2,如图 3.16所示。

指令周期:计算机取一条指令至执行完该指令所需要的时间称为指令周期,不同的指令,指令周期不同。单片机的指令周期以机器周期为最小单位,其至少包含 1 个机器周期。MCS－51 系列单片机中,大多数指令的指令周期由 1 个机器周期或 2 个机器周期组成,只有乘法、除法指令需要 4 个机器周期。

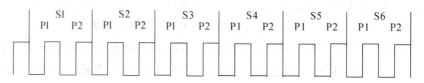

图 3.16　MCS－51 的机器周期

执行单机器周期的指令的时序如图 3.17 所示。不管单字节指令还是双字节指令都在 S1 的 P2 节拍开始由 CPU 取指令，将指令码读入指令寄存器，同时程序计数器 PC 加 1。在 S4P2 开始再读出一个字节。对于单字节指令，此时取得的是下一条指令，故读后丢弃不用，程序计数器 PC 不再加 1；对于双字节指令，读出的是指令的第 2 个字节。取出后，送给当前指令使用，并使程序计数器 PC 再加 1。两种指令都在 S6P2 结束时完成操作。

执行单字节双机器周期指令时，在两个机器周期中发生了四次读操作码的操作。第一次读出为操作码，读出后程序计数器 PC 加 1，后 3 次读操作都是无效的，自然丢失，程序计数器 PC 也不会再改变。当然，对于三字节指令，其时序也不尽相同，这里不作介绍。

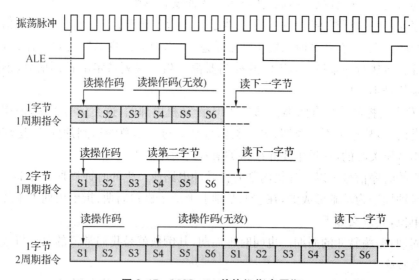

图 3.17　MCS－51 单片机指令周期

以上仅举简单例子说明读指令的时序，而加上指令的执行时序则更为复杂。

当需要外接程序存储器和数据存储器时，人们更关心单片机访问这些存储器的时序。

从前面介绍的单片机外部总线的形成机理知道，外部地址低 8 位总线形成是依靠引脚 ALE 依照一定时序，控制锁存器 74LS373 而形成的。详细的单片机形成各总线并从外部 ROM 读取指令和从外部数据存储器读写数据的时序分别如图 3.18、图 3.19 所示。下面分别介绍

（1）单片机读取外部程序存储器指令的时序*

首先，在状态周期 S2 期间 P0 口输出低 8 位地址。ALE 信号在 S2P1 结束时由高变低，将 P0 口输出的内容锁存在 74LS373 中。同时，P2 口提供的高 8 位地址在整个机器周期都

有效,不需要外部再锁存。

　　然后,$\overline{\text{PSEN}}$信号从 S3P1 开始有效,选通外部 ROM 芯片的使能端,使上面形成的地址指出的 ROM 单元的数据被输出到 P0 总线上。单片机读入该数据(指令的第一个字节)。然后,在 S4P1 结束时$\overline{\text{PSEN}}$信号失效。

　　上述读入的是指令的操作码,如果是多字节指令,接下来 CPU 还会读入指令的下一个字节。

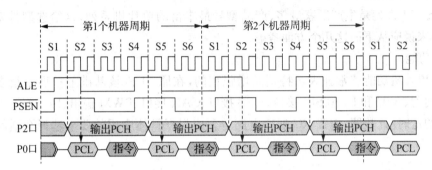

图 3.18　外部 ROM 读时序

　　(2) 读写外部数据 RAM 时序 *

　　对外部 RAM 的读或写操作比单独读指令需要花费更多时间。读和写都是两个机器周期,时序相似,因此只介绍读的时序。

　　首先是取指令周期,跟上述一样。单片机在读到"从外部数据存储器读数据"指令(如 MOVX A,@DPTR)后,将在本机器周期的下半周期期间准备读写 RAM 所需的地址。从图可以看出,在 S5P1 结束时单片机会将 DPL 的内容锁存进 74LS373 中(ALE 下跳沿)。

　　其次,在第二个机器周期中,第一个 ALE 信号不再出现,但读选通信号($\overline{\text{RD}}$)有效。$\overline{\text{RD}}$有效后,选中的 RAM 单元的内容将出现在 P0 口上。在本机器周期的 S3P2,CPU 读入数据。第二个机器周期的第二个 ALE 信号仍然出现,进行一次外部 ROM 读操作,但属无效操作。

　　在读写外部 RAM 时,$\overline{\text{PSEN}}$信号一直是无效的,当然$\overline{\text{WR}}$信号也没理由使能(有效)。

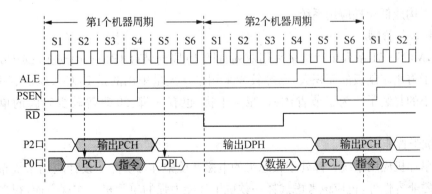

图 3.19　外部 RAM 的读写时序

3.6 MCS–51系列单片机的选型策略*

在开发单片机应用系统时,首先遇到的就是单片机的选型问题。前面介绍有不同的单片机类型和系列,可以根据自己的具体应用要求进行选择。在确定了单片机系列后,就需要进行具体型号的选择了。

MCS–51系列是生产厂家最多、产品型号最丰富的单片机系列,这给选型带来不少麻烦。总体来说应从下面这几个方面考虑

(1)功能

现在单片机功能非常强大。特别是增强型的,在原51内核基础上扩展了很多新的功能,如看门狗、A/D和D/A、SPI接口、USB接口、CAN接口、PWM输出、IIC总线、双数据指针、增加的定时/计数器、内置RC振荡电路等。应根据具体应用的要求选择合适的单片机型号。

(2)存储容量

如今的单片机应用系统很少有在片外扩展存储器的了,因为现在的单片机大都集成有容量不等的程序存储器供选择,如4 K、8 K、16 K、32 K、64 K等。单片机应用系统的开发者应该根据编写的代码容量的大来选择单片机内置存储器的大小,尽量避免扩展片外的程序存储器。

(3)速度

速度也是单片机选型的重要指标之一,一般认为速度越高越好。但是,速度高面临功耗增加、电磁辐射增大、价格高等问题,所以也需要根据具体的应用需求进行选择,以够用并有足够盈余为原则。

(4)功耗

对于很多应用来说,例如无线传感器、掌上设备等,功耗也是选型时考虑的重要指标。一般来说,XX51如8051、8751、8052、8032,采用HMOS工艺,功耗较高。XXC51如80C51、83C51、80C31、80C32采用CHMOS工艺,功耗相对较低(在很多类型的单片机中,常用"C"来标记CMOS单片机)。而且CHMOS器件比HMOS多了两种节电工作方式(掉电和待机),可用于构成低功耗应用系统。

(5)封装与管脚

过去,MCS–51系列单片机多采用双列直插40脚封装(DIP40),而现在,DIP40封装的单片机由于占用印制板的面积大,已经较少采用了。大量采用的是PLCC、BGA、QFP等占用体积更小的封装了。为了节省体积、减少干扰,也有8脚、20脚等较少管脚的单片机供选择。

(6)抗干扰能力

由于单片机应用系统大都处于较恶劣的电磁环境中,因此,除了设计应用系统布线等需要注意电磁兼容性外,也应该考虑选择一款抗干扰能力强的单片机。在这方面,很多单片机在设计中都进行了电磁兼容性方面的特别考虑。如飞利浦公司的P89C51系列,内部采用倍频技术,这样在相同速度下对外部晶振的频率可以成倍降低。该系列单片机还可屏蔽ALE

输出,以进一步降低电磁辐射。

(7) 特殊应用需求

对于有特殊应用要求的场合,首先应该考虑是否有相应的单片机型号与之对应。各单片机生产厂商都根据不同应用市场设计有不同的单片机,这为各种应用的真正的"单片化"解决方案提供了可能。如,有专门针对电机控制的、针对功率驱动的、针对遥控的、针对胎压监测的以及针对不同通信要求的单片机出现。开发者选择这类专用芯片进行应用系统开发要比选择通用芯片省事很多。

3.7 常见 CPU 的封装方式^{**}

CPU 封装是采用特定的材料将 CPU 芯片或 CPU 模块固化在其中以防损坏的保护措施,一般必须在封装后 CPU 才能交付用户使用。CPU 的封装方式取决于 CPU 安装形式和器件集成设计,从大的分类来看通常采用 Socket 插座进行安装的 CPU 使用 PGA(栅格阵列)方式封装,而采用 Slotx 槽安装的 CPU 则全部采用 SEC(单边接插盒)的形式封装。现在还有 PLGA(Plastic Land Grid Array)、OLGA(Organic Land Grid Array)等封装技术。由于市场竞争日益激烈,目前 CPU 封装技术的发展方向以节约成本为主。

● DIP 封装(Dual In-line Package),也叫双列直插式封装技术,指采用双列直插形式封装的集成电路芯片。绝大多数中小规模集成电路均采用这种封装形式,其引脚数一般不超过 100。DIP 封装的 CPU 芯片有两排引脚,需要插入到具有 DIP 结构的芯片插座上。当然,也可以直接插在有相同焊孔数和几何排列的电路板上进行焊接。DIP 封装的芯片在从芯片插座上插拔时应特别小心,以免损坏管脚。DIP 封装结构形式有:多层陶瓷双列直插式 DIP、单层陶瓷双列直插式 DIP、引线框架式 DIP 等。

DIP 封装具有以下特点:

(1) 适合在 PCB(印刷电路板)上穿孔焊接,操作方便。

(2) 芯片面积与封装面积之间的比值较大,故体积也较大。

最早的 4004、8008、8086、8088 等 CPU 都采用了 DIP 封装,通过其上的两排引脚可插到主板上的插槽或焊接在主板上。

● QFP 封装。这种技术的中文含义叫方型扁平式封装技术(Plastic Quad Flat Pockage),该技术实现的 CPU 芯片引脚之间距离很小,管脚很细,一般大规模或超大规模集成电路采用这种封装形式。其引脚数一般都在 100 以上。该技术封装 CPU 时操作方便,可靠性高;而且其封装外形尺寸较小、寄生参数减小、适合高频应用;该技术主要适合用表面贴装技术(SMT, Surface Mount Technolgy)在 PCB 上安装布线。

● PFP 封装。该技术的英文全称为 Plastic Flat Package,中文含义为塑料扁平组件式封装。用这种技术封装的芯片同样也必须采用 SMT 技术将芯片与主板焊接起来。采用 SMT 安装的芯片不必在主板上打孔,一般在主板表面上有设计好的相应管脚的焊盘。将芯片各脚对准相应的焊盘,即可实现与主板的焊接。用这种方法焊上去的芯片,如果不用专用工具是很难拆卸下来的。该技术与上面的 QFP 技术基本相似,只是外观的封装形状不同而已。

● PGA 封装。该技术也叫插针网格阵列封装技术(Pin Grid Array Package),由这种技术封装的芯片内外有多个方阵形的插针,每个方阵形插针沿芯片的四周间隔一定距离排列,根据管脚数目的多少,可以围成 2～5 圈。安装时,将芯片插入专门的 PGA 插座。为了使得 CPU 能够更方便地安装和拆卸,从 486 芯片开始,出现了一种 ZIF CPU 插座,专门用来满足 PGA 封装的 CPU 在安装和拆卸上的要求。该技术一般用于插拔操作比较频繁的场合。

● BGA 封装。BGA 技术(Ball Grid Array Package)即球栅阵列封装技术。该技术一出现便成为 CPU、主板南、北桥芯片等高密度、高性能、多引脚封装的最佳选择。但 BGA 封装占用基板的面积比较大。虽然该技术的 I/O 引脚数增多,但引脚之间的距离远大于QFP,从而提高了组装成品率。而且该技术采用了可控塌陷芯片法焊接,从而可以改善它的电热性能。另外该技术的组装可用共面焊接,从而能大大提高了封装的可靠性;并且由该技术实现的封装 CPU 信号传输延迟小,适应频率可以提高很大。

BGA 封装具有以下特点:

(1) I/O 引脚数虽然增多,但引脚之间的距离远大于 QFP 封装方式,提高了成品率。

(2) 虽然 BGA 的功耗增加,但由于采用的是可控塌陷芯片法焊接,从而可以改善电热性能。

(3) 信号传输延迟小,适应频率大大提高。

(4) 组装可用共面焊接,可靠性大大提高。

 习题三

3-1　MCS-51 单片机有哪两个子系列? 它们之间有什么区别?

3-2　MCS-51 单片机由哪几个部分组成? 各有什么功能?

3-3　MCS-51 单片机中的 CPU 有哪些组成部分,各部分功能是什么?

3-4　MCS-51 的标志寄存器有多少位,各位的含义是什么?

3-5　试阐述 MCS-51 的存储器结构。

3-6　试述 MCS-51 单片机程序存储器、外部数据存储器、内部数据存储器、特殊功能寄存器的容量和地址范围。

3-7　试述单片机引脚$\overline{EA}$的作用?

3-8　MCS-51 系列单片机有四个并行 I/O 口,在使用上如何分工? 试比较各口的特点,并阐述"准双向口"的含义。

3-9　什么是读端口和读引脚? 单片机为什么要分别设置读端口和读引脚功能?

3-10　MCS-51 系列单片机有哪些信号需要芯片引脚以第二功能方式提供?

3-11　MCS-51 单片机的三总线是什么? 一般是通过什么器件扩展地址数据总线的? 其如何利用 P0,P2 的 16 根引线扩展成 16 位地址总线和 8 位数据总线?

3-12　试叙述 MCS-51 单片机的基本复位电路及其工作原理。

3-13　MCS-51 单片机有哪几种工作方式?

3-14　什么是时钟周期、状态周期、机器周期和指令周期? 当晶振的振荡频率为6MHz 时,一个双周期指令的执行时间是多少?

第四章

MCS - 51 系列单片机指令系统

4.1 MCS - 51 系列单片机指令系统概述

指令是使计算机内部执行相应动作的一种操作,是提供给用户编程使用的一种命令。指令一般有功能、时间和空间三种属性。功能属性是指每条指令都对应一个特定的操作功能;时间属性是指一条指令执行所用的时间,一般用机器周期来表示;空间属性是指一条指令在程序存储器中存储所占用的字节数。

指令的描述形式一般有两种:机器语言形式和汇编语言形式。采用机器语言编写的程序称之为目标程序。采用汇编语言编写的程序称为汇编语言程序。计算机能直接识别并执行的只有机器语言。汇编语言程序不能被计算机直接识别并执行,必须经过一个中间环节把它翻译成机器语言程序,这个中间环节叫做汇编。

51 单片机属于复杂指令集计算机(CISC),51 单片机指令系统具有功能强、指令短、执行快等特点,共有 111 条指令。从功能上可将指令系统划分成数据传送、算术运算、逻辑操作、程序转移、位操作等 5 大类;从空间属性上分为单字节指令(49 条)、双字节指令(46 条)和最长的三字节指令(只有 16 条);从时间属性上分为单机器周期指令(64 条)、双机器周期指令(45 条)和四机器周期指令(只有乘、除法有)。可见,51 单片机指令系统在存储空间和执行时间方面具有较高效率。

在 51 单片机指令系统中,有丰富的位操作(或称布尔处理)指令,形成了一个完整的位操作指令子集,成为该指令系统的一大特色。位操作指令为单片机控制功能的实现带来很大便利。

指令系统中的指令描述了不同的操作,不同的操作对应不同的指令。但从组成结构上看,每条指令通常由操作码和操作数两部分组成。操作码表示计算机执行该指令将进行何种操作,操作数表示参加操作的数的本身或操作数所在的地址。51 单片机的指令有无操作数、单操作数、双操作数三种情况。汇编语言指令有如下的格式:

[标号:] 操作码助记符 [目的操作数] [,源操作数] [;注释]

上述格式中目的操作数只有一个,它指出结果存放的地方。源操作数可以有一个以上,它指出从什么地方取数据。上述格式中,中括号内的内容不一定每条指令需要。除操作码助记符和目的操作数之间必须有至少一个空格外,其他地方可以没有空格。另外应注意,标号后面的冒号和操作数之间的逗号都是必须的。在给出操作数时,所有涉及十六进制的数(地址或数值),如果高位是 A~F 的字母,则前面必须加 0,以示与字符串的区别。如 MOV A, #0F0H;不能写成 MOV A, #F0H。这是为了区别于操作数区段出现的字符,所以以字母开始的十六进制数据前面都要加 0。

对标号的要求是：

（1）不能是汇编语言中的关键字，比如 DB、DW、END 等等；

（2）标号必须由字符开头，由字符、数字等组成；

（3）标号长度不能超过 8 个字符；

（4）标号必须位于行首（前面可以是空格）。

为便于后面介绍指令时方便指代，在这里先对描述指令的一些符号的约定意义加以说明。

Rn：表示工作寄存器 R0，R1，…，R7 之一。

Ri：表示工作寄存器中的寄存器 R0 或 R1。

＃data：表示 8 位立即数。

＃data16：表示 16 位立即数。

direct：表示片内 RAM 或 SFR 的地址（8 位）。

bit：表示片内 RAM 或 SFR 的位地址。

addr11：表示 11 位目的地址。

addr16：表示 16 位目的地址。

rel：表示补码形式的 8 位地址偏移量。偏移范围为 -128～127。

/：表示位操作指令中，该位求反后参与操作，不影响该位。

X：表示片内 RAM 的直接地址。

(X)：表示相应地址单元中的内容。

→：表示箭头左边的内容送入箭头右边的单元内。

Q29　什么是 RISC 和 CISC？

CISC 是复杂指令计算机（Complex Instruction Set Computer）的英文简称。复杂指令集计算机 CPU 内部采用较复杂的指令译码。其指令较长，分成几个微指令去执行。正是如此，其指令功能强，代码效率高，可以对存储器直接操作，开发程序比较容易（指令多的缘故）。但是由于指令复杂，因而执行工作效率较差，处理数据速度较慢。

RISC 是精简指令集计算机（Reduced Instruction Set Computer）的英文缩写。是在 20 世纪 80 年代才发展起来的，目的是克服 CISC 的缺点。其基本思想是尽量简化计算机指令功能，只保留那些功能简单、能在一个节拍内执行完成的指令，而把较复杂的功能用一段子程序来实现。RISC 技术的精华就是通过简化计算机指令功能，使指令的平均执行周期减少，从而提高计算机的工作主频，同时大量使用通用寄存器来提高子程序执行的速度。其缺点是代码量比较大，不能对存储器直接访问。

到底两种指令集哪种更好，是多年来人们一直争论的问题。实际上各有所长。RISC 专注高性能、高性能功耗比、小体积以及移动设备领域；CISC 专注桌面、高性能和民用市场。如今，ARM 已成为当仁不让的 RISC 的代表，而 CISC 的代表则是我们耳熟能详的 PC 机中的 x86 系列以及 MCS-51 系列。

4.2　寻址方式

指令通常由操作码和操作数构成,指令大都包含有操作数。指出这些操作数所在存储单元地址的方式,或者说,这些地址以什么方式给出,就是所谓的指令的寻址方式。有的存储单元可以用多种寻址方式,但有的存储单元只有一种。掌握寻址方式,对于学习指令系统是非常重要的。一种计算机的寻址方式的种类是由它的硬件结构决定的。不同的 CPU 有不同的寻址方式,但大部分 CPU 的大部分寻址方式是类似的。

值得指出的是,在有两个操作数的指令中,所说的寻址方式通常是是指对源操作数的寻址方式。

MCS−51 系列单片机有 7 种寻址方式:立即寻址、寄存器间接寻址、直接寻找、基址寄存器加变址寄存器间接寻址、相对寻址和位寻址。

4.2.1　立即寻址(Immediate Addressing)

所需的操作数直接出现在指令中,紧跟在操作码的后面,作为指令的一部分与操作码一起存放在程序存储器中。由于操作数就包含在取得的指令代码中可以立即得到并执行,不需要经过别的途径去寻找,故称为立即寻址。在汇编指令中,在一个数的前面冠以"♯"符号作前缀,就表示该数为立即数。

如:MOV　A,♯80H

指令中 80H 就是立即数,这一条指令的功能是将立即数 80H 传送到累加器 A 中。

4.2.2　直接寻址(Direct Addressing)

直接使用数所在单元的地址找到该操作数,或者说直接给出操作数所在单元的地址,这种寻址方式称为直接寻址。所涉及的操作数在 SFR、内部 RAM、位地址空间。

如:MOV　A,00H　　　　　　　;将内部数据 RAM 的 00H 单元内容送到 A 中

　　MOV　C,60H　　　　　　　;将位地址为 60H 的位送到 C 中

　　MOV　A,0F0H　　　　　　;将 B 寄存器的内容送到 A 中,F0H 为 SFR B 的地址。

4.2.3　寄存器寻址(Register Addressing)

所要进行操作的数在寄存器中,这种寻址方式为寄存器寻址。这些寄存器包括工作寄存器 R0～R7、累加器 A、通用寄存器 B、数据指针 DPTR。注意,其他的特殊功能寄存器不能进行寄存器寻址操作。

如:MOV　A,R0

该指令表示将 R0 工作寄存器中的数据送到累加器 A 中去。

4.2.4　寄存器间接寻址(Register Indirect Addressing)

指令中涉及的操作数所在的单元地址放在某一寄存器中,这种寻址方式称为寄存器间接寻址。这里需要强调的是:寄存器中的内容不是操作数本身,而是操作数的地址,到该地址单元中才能得到操作数。寄存器起地址指针的作用。这种寻址方式的指令,需要在寄存器前加入"@"符号,表示在寄存器中的内容是操作数所在单元的地址。

寄存器间接寻址可使用的寄存器有 R0、R1 和 DPTR。由于 Ri 只能提供 8 位地址,所以其寻址的空间是 51 内部 RAM 的低 128 字节和 52 内部 RAM 的全部 256 字节。DPTR 是16 位的,用于寻址片外的数据存储器。如

```
MOV    A, @R0       ;R0 中内容作地址,将其指向的内部 RAM 单元的内容传送给 A
MOVX   A, @DPTR     ;DPTR 中内容为地址,将其指向的外部 RAM 单元的内容送给 A
```

有一种特殊情况让 Ri 也可寻址到单片机的外部数据存储器。这就是让 Ri 提供低 8 位地址,让 P2 的内容提供高 8 位地址。如

```
MOVX   A, @R0       ;R0 中内容作低 8 位地址,P2 口内容为高 8 位地址,将形成的 16
                    ;位地址所指向的外部 RAM 单元的内容传送给 A
```

4.2.5　变址寻址(Base-Register-plus-index-Register-Indirect Addressing)

这种寻址方式叫做"基址寄存器加变址寄存器间接寻址",简称寄存器变址寻址或变址寻址。这种寻址方式给出的地址是基址寄存器和变址寄存器的和。其中基址寄存器由DPTR 或 PC 来承担,变址寄存器只能由累加器 A 承担。这种寻址方式主要用来访问程序存储器中的常数表,因此寻址的空间是程序存储器空间。如

```
MOVC   A, @A+DPTR   ;将 DPTR 和 A 内容相加,结果作为地址,其指向的程序存储
                    ;空间的单元的内容送至 A 中
MOVC   A, @A+PC     ;将 PC+1,然后将 PC 和 A 内容相加,结果作为地址,其指向
                    ;的程序存储空间的单元的内容送至 A 中
```

值得注意的是,(1) 由于 PC 值不是随便可以改变的,但 DPTR 可以在程序中任意改变,所以采用 DPTR 作为基址寄存器寻址更灵活,寻址范围也比用 PC 要宽很多;(2) 因为所说的 PC 是指当前的 PC,但取指令后 PC 已经加 1,所以当前的 PC 应该是取指令前的 PC 值+1。详见关键问题说明。

4.2.6　相对寻址(Relative Addressing)

这种寻址方式中给出的地址是当前 PC 值加上一个相对值形成的地址,这个相对值就是指令的第二个字节,用 8 位二进制补码表示。这种寻址方式用于跳转指令中,所形成的地址就是程序需要跳转到下一条指令的首地址。PC 中的当前值称为基地址,指令第二字节给出的数据称为偏移量。

目的地址＝当前 PC 值＋rel＝指令存储地址＋指令字节数＋rel。当前 PC 值＝指令存储地址＋指令字节数,其形成当前 PC 值的原理同上。因为上节中指令为单字节指令,所以当前 PC 值为 PC＋1。

在使用相对寻址时要注意以下两点:

(1) 当前 PC 值是指相对转移指令的存储地址加上该指令的字节数,例如:JZ rel 是一条累加器 A 为零就转移的双字节指令。若该指令的存储地址为 2050H,则执行该指令时的当前 PC 值即为 2052H,即当前 PC 值是该相对转移指令取指结束时的值。

(2) 偏移量 rel 是有符号的单字节数,以补码表示,其值的范围是－128～＋127(00H～FFH)。负数表示从当前地址向前转移(地址值减小方向),正数表示从当前地址向后转移。

如指令 JC 23H。该指令功能为,若 C＝0,不跳转;C＝1,跳转到本指令后相隔 23H 个字节的指令处。如图 4.1 所示。

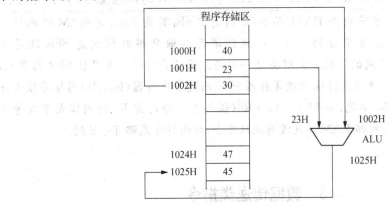

图 4.1　相对寻址示意图

上图假设 JC 23H 所在存储器中的地址为 1000H,则当前 PC 值为 PC＋2＝1002H
1002H＋23H＝1025H,该地址即为跳转的目的地址。

4.2.7　位寻址(Bit Addressing)

给出的就是位地址,用于对片内 RAM 的位寻址区或可位寻址的特殊功能寄存器的某些位进行操作。

如:SETB　3DH　　　;将 27H.5 位置"1"
　　CLR　C　　　　　;将 C 位清 0

表 4.1 为各种寻址方式所涉及的存储空间。

表 4.1　不同寻址方式下的寻址空间

寻址方式	寻址空间(操作数存放空间)
立即寻址	程序存储器
直接寻址	片内 RAM 低 128 字节、SFR

（续表）

寄存器寻址	工作寄存器 R0～R7、A、B、DPTR
寄存器间接寻址	片内 RAM：@R0，@R1，SP/片外 RAM：@R0，@R1，@DPTR
变址寻址	程序存储器：@A＋PC，@A＋DPTR
相对寻址	程序存储器 256 字节范围内：PC＋偏移量
位寻址	片内 RAM 的位地址区、某些可位寻址的 SFR

寻址什么样的空间基本上可以从指令的形式上看出来。如 MOV 肯定是寻址的内部 RAM 或 SFR，MOVC 为程序存储空间，MOVX 为外部数据存储空间。

Q30　寻址时 8052 中 SFR 和高 128 字节 RAM 的地址重合，如何寻址？

8051 单片机有 128B 字节内部 RAM，而 8052 则有 256B，其高 128B 的 RAM 的地址是 80H～FFH，与 SFR 的地址是重合的。向某一地址单元存储数据时到底是 SFR 还是高 128B RAM？设计者通过不同的寻址方式解决这一问题。通过直接寻址来寻址 SFR 的单元，如 MOV A，80H（实际上是寻址的特殊功能寄存器 P0）；而通过寄存器（R0，R1）间接寻址来寻址高 128 字节的内部 RAM 单元，如 MOV A，@R0（假如在此语句前 R0 的内容大于或等于 80H）。当然，由于低 128B 内部 RAM 单元没有地址重合，故两种方式都可寻址到。

4.3　数据传送类指令

MCS－51 的数据传送指令有 29 条，是指令系统中最活跃、使用最频繁的一类指令。这些指令包括以下几类：

4.3.1　以累加器为目的操作数的指令

```
MOV  A，Rn          ;Rn→A，寄存器寻址
MOV  A，direct      ;(direct)→A，直接寻址
MOV  A，@Ri         ;Ri→A，寄存器间址
MOV  A，#data       ;data→A，立即寻址
```

这组指令是将源操作数指定内容送到累加器 A 中。

4.3.2　以寄存器 Rn 为目的操作数的指令

```
MOV  Rn，A
MOV  Rn，direct
MOV  Rn，#data
```

这组指令功能是把源操作数指定的内容送入当前工作寄存器，源操作数不变。

4.3.3　以直接地址为目的操作数的指令

```
MOV   direct, A
MOV   direct, Rn
MOV   direct1, direct2
MOV   direct, @Ri
MOV   direct, ♯data
```

这组指令功能是把源操作数指定的内容送入由直接地址指出的片内数据存储器单元。

例
```
MOV   20H, A
MOV   20H, R1
MOV   20H, 30H
MOV   20H, @R1
MOV   0A0H, ♯34H
MOV   P2, ♯34H
```

4.3.4　以间接地址为目的操作数的指令

```
MOV   @Ri, A          ;A→(Ri)
MOV   @Ri, direct     ;(direct)→(Ri)
MOV   @Ri, ♯data      ;data→(Ri)
```

这组指令是把源操作数指定的内容送入以 R0 或 R1 为地址指针的片内存储单元中。

例
```
MOV   @R0, A
MOV   @R1, 20H
MOV   @R0, ♯34H       ;将 34H 立即数送入 P2 中
```

4.3.5　十六位数的传递指令

8051 是一种 8 位机,但为了编程方便,将 DPTR 设置成唯一可以用 16 位数赋值的寄存器。指令形式为
```
MOV   DPTR, ♯data16
```
该指令的功能是将 16 位立即数 data16 送入 DPTR 中。

这是 MCS-51 中唯一一条 16 位赋值指令,而且源操作数采用立即寻址。显然,高 8 位送入 DPH,低 8 位送入 DPL。

例　`MOV   DPTR, ♯1234H`

执行完了该指令后 DPH=12H,DPL=34H。下面两条指令产生相同的结果:
```
MOV   DPH, ♯12H
MOV   DPL, ♯34H
```

4.3.6 累加器 A 与片外 RAM 之间的数据传递类指令

1. 使用 Ri 的数据传递指令

```
MOVX  A,@Ri
MOVX  @Ri,A
```

以上指令完成外部数据 RAM 和 A 之间的数据传送,只能采用寄存器间接寻址的方式。作为间址寄存器的只有 Ri 和 DPTR。但 Ri 为 8 位寄存器,只能提供 8 位间接地址,而外部数据存储器为 16 位地址,因此采用 Ri 作为间址寄存器时,其提供低 8 位地址。高 8 位地址由 P2 寄存器提供。这种寻址方式也称为"页面寻址",因可寻址范围在一个页面之内,即 256B 范围内。请注意以下指令区别:

```
MOV   A,@R0
MOVX  A,@R0
```

2. 使用 DPTR 的数据传递指令

```
MOVX  A,@DPTR
MOVX  @DPTR,A
```

在使用 DPTR 的指令中,片外数据存储器单元地址由 DPTR 提供,DPTR 是 16 位的,正好可作此用。

需要说明以下三点:

(1) 在 MCS-51 中,与外部存储器 RAM 打交道的只可以是 A 累加器。所有需要送入外部 RAM 的数据必须通过 A 送去,而所有要读入的外部 RAM 中的数据也必须通过 A 读入。从这些指令不难看出一些规律,也看出了片内 RAM 与片外的区别了:内部 RAM 间可以直接进行数据的传递,而外部则必须通过累加器 A。所以读写速度内部 RAM 比外部快很多。因此,在编写程序时,经常用到的变量应尽量采用寄存器或内部 RAM 单元而非外部。

(2) 要读或写外部的 RAM,当然也必须要知道 RAM 的地址,在后两条指令中,地址是放在 DPTR 中的。而前两条指令,由于 Ri(即 R0 或 R1)只是 8 位的寄存器,所以只提供低 8 位地址,高 8 位地址由 P2 口来提供。

(3) 使用时应先将要读或写的地址送入 DPTR 或 Ri 中,然后再用读写命令。

例
```
MOV   DPTR,#0100H
MOVX  A,@DPTR
MOV   DPTR,#0200H
MOVX  @DPTR,A
```

该组指令是将外部 RAM 中 0100H 单元中的内容送入外部 RAM 中 0200H 单元中。采用 Ri 实现时,可重写指令如下:

```
MOV   P2,#01H
MOV   R0,#00H
MOVX  A,@R0
MOV   P2,#02H
MOV   @R0,A
```

4.3.7 读程序存储器指令

```
MOVC  A, @A+DPTR
MOVC  A, @A+PC
```

本组指令通常用于查表,其功能是将当前 PC 值+A 或 DPTR+A 所形成的程序存储器地址所在单元的内容送入 A 中。A 在取数前是偏移量,取数后被取出的数也放在 A 中。同样,此处说的当前的 PC 也是指 PC+1,因这两条指令产生的代码都是一个字节。

注意,此处采用 DPTR 作为基址寄存器时,由于 DPTR 可以任意赋值,故可以寻址整个 64K 存储器空间。但 PC 值是不能随意赋值的,其寻址的空间最多只能在当前 PC 值所在位置后的 255B 范围内。

在应用本指令时,一般先是用"DB"或"DW"(详见伪指令一节)在程序存储器的一个区域建立一个表格,然后利用这一指令,根据输入的 A 中不同的值,查出对应的输出值。

例 有一个数在 R0 中,要求用查表的方法确定它的平方值(此数的取值范围是 0~5)。

```
MOV  DPTR, ♯100H
MOV  A, R0
MOVC  A, @A+DPTR
...
ORG  0100H          ;本指令为伪指令,意即下面的代码从 0100H 开始放置
DB  0, 1, 4, 9, 16, 25  ;将 0100H 开始单元的内容依次设置为 0、1、4、9、16、25
```

执行该程序前如果 R0 中的值是 2,则最终地址为 01000H+2 为 0102H,到 0102H 单元中找到的是 4,完成了 2^2 的功能。同理,若为 3,则在地址 0103H 处找到 3^2,送入 A 中。

4.3.8 堆栈操作

```
PUSH  direct      ;SP←SP+1,(SP)←(direct)
POP  direct      ;(direct)←(SP),SP←SP-1
```

第一条为入栈指令,就是将 direct 中的内容送入堆栈中,第二条为出栈指令,就是将堆栈中的内容送回到 direct 中。在入栈时,堆栈指针 SP 值先加 1,然后将数据传送到 SP 指向的片内数据 RAM 单元。出栈时,先将 SP 的指片内数据 RAM 文内容取出至 direct 单元中,然后 SP 减 1。注意由于其寻址方式是直接寻址,即要求给出直接地址,因此尽管 PUSH A 看似寄存器寻址方式,实际上汇编时给出的是 SFR 的地址。

例
```
MOV  SP, ♯5FH
MOV  A, ♯100
MOV  B, ♯20
PUSH  A
PUSH  B
```

则执行过程如下:首先 PUSH A,将 SP 中的值加 1,即变为 60H,然后将 A 中的值送到 60H 单元中,因此执行完本条指令后,内存 60H 单元的值就是 100。同理,执行 PUSH B

时,先将 SP+1,即变为 61H,然后将 B 中的值送入到 61H 单元中。即执行完本条指令后,61H 单元中的值变为 20。如图 4.2 所示。

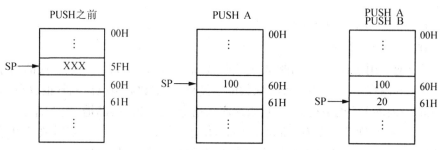

图 4.2　堆栈操作内存示意图

单片机上电复位后第一次使用堆栈时 SP 实际上是指向堆栈的栈底的,而压入数据后 SP 指向的单元称为当前栈顶。一般来说,设定了栈底后,从栈底到片内 RAM 的所有高于栈低地址的单元是要预留给堆栈的。因此为了预留够多的单元作为其他用途,需要在第一次使用堆栈前将 SP 值改写,如至 60H 处。而复位后 SP 默认值为 07H。

4.3.9　数据交换指令

数据交换指令的助记符是 XCH,取自 eXCHange,其功能是源和目的内容相互交换。设计的指令及意义如下:

```
XCH   A, Rn          ;A←→Rn
XCH   A, direct      ;A←→(direct)
XCH   A, @Ri         ;A←→(Ri)
XCHD  A, @Ri         ;A.3～A.0←→(Ri).3～(Ri).0,两个单元内容低 4 位交换
SWAP  A              ;A.3～A.0←→A.7～A.4,同一单元的高、低 4 位交换
```

例　已知 A 中的内容为 34H,R0=37H,(37H)=56H

```
MOV   R6, ♯29H      ;R6=29H
XCH   A, R6          ;A=29H,R6=34H
SWAP  A              ;A=92H
XCH   A, R6          ;A=34H,R6=92H
XCHD  A, @R0         ;A=36H,(R0)=54H
```

4.4　算术运算类指令

算术运算类指令共有 24 条指令,包括加法、带进位加法、带借位减法、加 1、减 1、乘、除及十进制调整指令。

算术运算执行后,PSW 中的相关位,如进位标志 CY、半进位标志 AC、溢出标志 OV 等大部分情况下都会改变,并且后续的指令很多也需要利用这些标志。加减法运算结果将影响 CY、AC、OV,乘除运算只影响 CY、OV。只有加 1 和减 1 指令不影响这三种标志。奇偶标志 P 则由当前 A 的最新值来确定,与 A 执行了什么操作无关。

4.4.1 加法指令

1. 不带进位位的加法指令

```
ADD   A, ♯data      ;A+data→A
ADD   A, direct     ;A+(direct)→A
ADD   A, Rn         ;A+Rn→A
ADD   A, @Ri        ;A+(Ri)→A
```

其作用是将 A 中的值与源操作数所指内容相加,最终结果存在 A 中。助记符 ADD 是 addition 中取前三个字母。

例 MOV A, ♯0AEH
　　　 ADD A, ♯81H

执行完本条指令后,A 中的值为 2FH;C＝1,AC＝0,OV＝1,P＝1。对无符号数:结果为 12FH;带符号数运算:OV＝1,有错。

2. 带进位位的加法指令

```
ADDC  A, Rn         ;A+Rn+CY→A
ADDC  A, direct     ;A+(direct)+CY→A
ADDC  A, @Ri        ;A+(Ri)+CY→A
ADDC  A, ♯data      ;A+data+CY→A
```

这个 ADDC 可以理解为 ADDition with Carry,其作用是将 A 中的值和其后面的值以及进位位 C 中的值相加,最终结果存在 A 中。ADDC 指令常用于多字节数加法运算中。需要说明的是,由于 51 单片机是一种 8 位机,所以只能做 8 位的数学运算,但 8 位运算的范围只有 0～255,这在实际工作中是不够的,因此就要进行扩展。一般是将 2 个 8 位(两字节)的数学运算合起来,成为一个 16 位的运算,这样,可以表达的数的范围就可以达到 0～65535。

例 1067H+30A0H

0001 0000	0110 0111	1067H
0011 0000	1010 0000	30A0H
0100 0001	0000 0111	4107H

先做 67H+A0H=107H,而 107H 显然超过了 0FFH,因此最终保存在 A 中的是 07H,而 1 则到了 PSW 中的 CY 位了。换言之,CY 就相当于是 100H。然后再做 10H+30H+CY,结果是 41H,所以最终的结果是 4107H。

Q31 *无符号数和补码加法时如何利用 CY 和 OV?*

值得指出的是,不管是进行无符号二进制还是二进制补码运算,累加器都是按照无符号二进制的方式进行加法的,因为计算机并不知道用户进行的是哪种码制的运算。但设计者提供了两个标志位 CY 和 OV,用来判断无符号二进制和二进制补码运算是否溢出。设计者告诉你,如果运算的数是无符号二进制数,则只由 CY 就可以判断结果是否有溢出(无符号二进制数加法结果的溢出就是进位,如果后续计算中考虑到 CY 的值,这个溢出就不会产生错误结果)。如果参加运算的数是二进制补码,运算结果还是补码。这个结果有否错误(或者说溢出,即结果超出了 8 位二进制补码表示的范围),则由 OV 来判断。OV 为 1 的话表示计算结果错误,否则就是正确的。OV 位是第 6 位 C6 位进位与第 7 位 C7 位进位的异或,即 $OV=C6 \oplus C7$。

如运算　11111110B+11111111B=11111101B,此时 CY=1,OV=0。

(1) 如果是无符号的运算,则结果是 11111101B=253D(D 表示十进制),因为 CY 等于 1,所以有进位。如果此时只用到 8 位结果,则结果是错误的。因为 255D+254D=509D,但本结果是 253D;如果 CY 考虑进来,则结果是 111111101B=509B,结果是正确的。

(2) 如果是二进制补码运算,结果还是 11111101B=−3D,因为 OV=0,所以没有溢出(即错误)。这个很容易验算得出:11111110B=−2D,11111111B=−1D,−1D+(−2D)=−3D,运算结果与单片机运算结果一致。

同理于二进制的减法。

3. 加 1 指令

```
INC   A            ;A+1→A,影响 P 标志
INC   Rn           ;Rn+1→Rn
INC   direct       ;(direct)+1→(direct)
INC   @Ri          ;(Rn)+1→(Rn)
INC   DPTR         ;DPTR+1→DPTR
```

这些指令的功能很简单,就是将所指单元内容加 1。注意 INC DPTR 是唯一一条 16 位寄存器加 1 的指令。

例　A=12H,R0=33H,(21H)=32H,(34H)=22H,DPTR=1234H。执行下面的指令后的相关单元内容在注释中给出。

```
INC   A            ;A=13H
INC   R0           ;R0=34H
INC   21H          ;(21H)=33H
INC   @R0          ;(34H)=23H
INC   DPTR         ;DPTR=1235H
```

4. 十进制调整指令

```
DA   A
```

在进行 BCD 码加法运算时,跟在 ADD 和 ADDC 指令之后,用来对 BCD 码加法运算结果进行自动修正。

例　A=0001 0101BCD(压缩 BCD 码,代表十进制数 15)

```
ADD  A,#8          ;A=1DH,按二进制规律加,
DA   A             ;A=23H,调整为按十进制规律加
```

注意:单片机中没有 BCD 码的加法指令,因此进行 BCD 加法时,单片机将其当作二进制进行相加,结果可能会出现错误,需要进行调整。

Q32 为什么 BCD 码的加法要进行十进制调整,原则是什么?

可以认为,任何 CPU 在进行加法运算时都是把加数和被加数当作无符号二进制来运算的,其低 4 位向高 4 位进位实际上是满 16 进 1 的。但是,对于 BCD 码(如压缩 BCD 码),应该是满 10 进 1。这样把 BCD 码当作二进制数相加且低 4 位有进位,或者高 4 位有进位时,由于其进位条件与 BCD 码不同,按照二进制进位规则进行十进制的运算就必然会出现错误。另外一种情况是,虽然运算结果没有进位,但是结果中的某 BCD 位的结果大于 9 时(如 1010B),也会出现错误,因为十进制数符没有大于 9 的。所以,应该对运算结果进行调整。当运算时第 4 位和最高位有进位时,或者运算结果的低 4 位或者高 4 位值大于 9 时,需要进行调整。调整方法是在该 4 位加"6",即 0110B。DA A 指令就是完成这个工作的。

如 26＋35＝61,26 的 BCD 码为 0010 0110,35 的 BCD 码为 0011 0101,相加的结果 0101 1011,是错误的。进行十进制调整后,变为 0110 0001,结果正是 BCD 码表示的 61。

Q33 为什么没有减法后的十进制调整指令?

对减法指令 SUBB 的计算结果进行调整是困难的,因此,没有设置减法后的十进制调整指令。BCD 码的减法运算应该通过编制程序来完成。

4.4.2 减法指令

1. 带借位的减法指令

```
SUBB  A, Rn          ; A—Rn—CY→A
SUBB  A, direct      ; A—(direct)—CY→A
SUBB  A, @Ri         ; A—(Ri)—CY→A
SUBB  A, #data       ; A—data—CY→A
```

可以理解为 SUBtraction with Borrow,将 A 中的值减去源操作数所指内容以及进位位 C 中的值,最终结果存在 A 中。

如:SUBB A, R2,设 A=C9H,R2=55H,CY=1,则执行指令之后,A 中的值为 73H。

需要说明的是没有不带借位的减法指令,如果需要做不带借位的减法运算,在做减法前,只要将 CY 清零即可。

应特别注意:没有 SUB 指令,即没有不带借位的减法指令。

2. 减 1 指令

```
DEC   A            ; A—1→A,影响 P 标志
DEC   Rn           ; Rn—1→Rn
DEC   direct       ; (direct)—1→(direct)
DEC   @Ri          ; (Rn)—1→(Rn)
```

与加 1 指令类似。

应特别注意：没有 DEC DPTR。

4.4.3 乘法指令

    MUL AB   ;A×B→BA

此指令的功能是将 A 和 B 中的两个 8 位无符号数相乘。两数相乘结果一般比较大，因此最终结果用 1 个 16 位数来表达，其中高 8 位放在 B 中，低 8 位放在 A 中。在乘积大于 FFH 时，OV 置 1，否则 OV 为 0；而 CY 总是 0。

设 A=4EH，B=5DH，执行指令 MUL AB 后，乘积是 1C56H，所以在 B 中放的是 1CH，而 A 中放的则是 56H，OV= 1，P=0，CY=0。

4.4.4 除法指令

    DIV AB   ;A÷B 的商→A,余数→B

此指令的功能是将 A 中的 8 位无符号数除 B 中的 8 位无符号数（A/B）。除了以后，商取整数放在 A 中，余数放在 B 中。一般来说，CY 和 OV 都是 0，但如果在做除法前 B 中的值是 00H，也就是除数为 0，那么 OV=1。

如：A=11H，B=04H，执行指令 DIV AB 后，结果是 A=04H，B=1。CY=0，OV=0，P=1。

要注意的是，两个八位二进制数相除后，结果总是不溢出的，除非除数为 0。

4.5 逻辑运算类指令

逻辑运算类指令主要用于对两个操作数按位进行逻辑操作，结果送到 A 或直接寻址单元。常用的逻辑运算有与、或、非（取反）、异或。为方便起见，将移位和清零也归到逻辑运算类指令。除了目的操作数为 ACC 的指令影响奇偶标志 P 外，一般不影响标志位。按位逻辑运算通常也叫布尔运算。

4.5.1 逻辑或指令

    ORL A, Rn   ;A∨Rn→A

    ORL A, direct   ;A∨(direct)→A

    ORL A, @Ri   ;A∨(Ri)→A

    ORL A, #data   ;A∨data→A

    ORL direct, A   ;(direct)∨A→(direct)

    ORL direct, #data   ;(direct)∨data→(direct)

后两条指令，若直接地址为 I/O 端口 P0～P3，则为读-改-写操作，这时输入端口数据是从 I/O 口的锁存器处读入而非从引脚。同理于其他逻辑运算指令。

例　71H 和 56H 相或

$$
\begin{array}{r}
01110001 \quad （71H） \\
\lor）01010110 \quad （56H） \\
\hline
01110111 \quad 即 77H
\end{array}
$$

如　MOV　A，♯45H　　　;A＝45H

　　MOV　R1，♯25H　　　;R1＝25H

　　MOV　25H，♯39H　　;(25H)＝39H

　　ORL　A，@R1　　　　;45H∨39H＝7DH→A

　　ORL　25H，♯13H　　;39H∨13H＝3BH→(25H)

　　ORL　25H，A　　　　;3BH∨7DH＝7FH→(25H)

4.5.2　逻辑与指令

　　ANL　A，Rn　　　　　　;A∧Rn→A

　　ANL　A，direct　　　　;A∧(direct)→A

　　ANL　A，@Ri　　　　　;A∧(Ri)→A

　　ANL　A，♯data　　　　;A∧data→A

　　ANL　direct，A　　　;(direct)∧A→(direct)

　　ANL　direct，♯data　;(direct)∧data→(direct)

例　71H 和 56H 相与操作

$$
\begin{array}{r}
01110001 \quad （71H） \\
\land）01010110 \quad （56H） \\
\hline
01010000 \quad 即 50H
\end{array}
$$

如　MOV　A，♯45H　　　;A＝45H

　　MOV　R1，♯25H　　　;R1＝25H

　　MOV　25H，♯79H　　;(25H)＝79H

　　ANL　A，@R1　　　　;45H∧79H＝41H→A

　　ANL　25H，♯15H　　;79H∧15H＝11H→(25H)

　　ANL　25H，A　　　　;11H∧41H＝01H→(25H)

4.5.3　逻辑异或指令

异或逻辑的规则是:两个位相异或,其结果是"相同出低,相异出高"。

　　XRL　A，Rn　　　　　;A⊕Rn→A

　　XRL　A，direct　　　;A⊕(direct)→A

　　XRL　A，@Ri　　　　;A⊕(Ri)→A

　　XRL　A，♯data　　　;A⊕data→A

```
XRL   direct, A           ;(direct) ⊕ A→(direct)
XRL   direct, #data        ;(direct) ⊕ data→(direct)
如：MOV   A, #45H           ;A＝45H
    MOV   R1, #25H          ;R1＝25H
    MOV   25H, #39H         ;(25H)＝39H
    XRL   A, @R1            ;45H ⊕ 39H ＝ 7CH→A
    XRL   25H, #13H         ;39H ⊕ 13H ＝ 2AH →(25H)
    XRL   25H, A            ;2AH ⊕ 7CH ＝56H →(25H)
```

一般地，"与"逻辑常用来使二进制数的某位清零其他位不变，"或"逻辑使某位置1其他位不变，而异或逻辑用于将某位取反，其他位不变。如一个数与 11011111B 相与、与 00100000B 或，与 00100000B 异或就产生以上结果，这里要进行操作的位是第 5 位。

Q34　什么是"读-改-写"指令？为什么要设置读-改-写指令？

单片机首先将欲修改的寄存器的内容读回 ALU，对相应位进行修改，然后再整个写回原来的寄存器地址，完成该功能的指令就叫做"读-改-写"指令。在对并行口 P0 - P3 操作时，这类指令从端口的锁存器读出数据而不是引脚处。而 MOV A，P0 等非"读-改-写"指令，则是从端口的引脚处读数据。为什么要设置"读-改-写"指令来读锁存器？请参照 Q27。

4.5.4　清 0 与取反指令

```
CLR   A                 ;0→A，清零
CPL   A                 ;Ā→A，取反
```
如：若 A＝5CH，执行 CPL A 后结果是 A＝A3H

4.5.5　循环移位指令（如图 4.3）

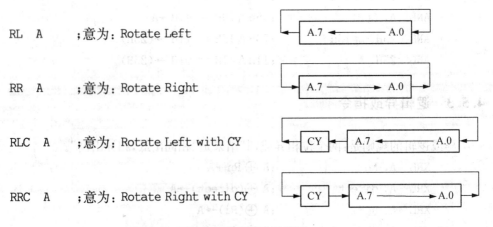

```
RL   A    ;意为：Rotate Left

RR   A    ;意为：Rotate Right

RLC  A    ;意为：Rotate Left with CY

RRC  A    ;意为：Rotate Right with CY
```

图 4.3　四种循环移位指令示意图

后两条指令影响 P 标志和 CY。

例 若 A＝5CH,CY＝1,执行 RLC A 后,结果是 A＝B9H,CY＝0,P＝1。

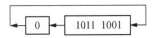

对于 RLC、RRC 指令,在 CY＝0 时,RLC 相当于乘以 2,RRC 相当于除以 2。这种乘法比 MUL 指令执行机器周期要短,故常用该类指令代替乘法指令以优化代码执行速度。

Q35 一般 CPU 中的移位操作除了循环移位外还有哪些移位方式?

在 x86 系列 CPU 中除了循环移位外,还有一种算术移位指令,算术移位中移出的位并不被利用,而是被舍弃掉,移位时空出的位被清 0。用这种指令有时可以实现不用乘法和除法指令而实现乘或除 2、4、8 等操作,提高运算的执行速度。

4.6 控制转移类指令

控制转移类指令共有 17 条,可分为无条件转移指令、条件转移指令、子程序调用及返回指令。此类指令一般不影响 PSW。显然,这类指令用在程序中进行分支、循环和调用。

4.6.1 无条件转移类指令

```
AJMP    addr11          ;短转移类指令
LJMP    addr16          ;长转移类指令
SJMP    rel             ;相对转移指令
JMP     @A＋DPTR        ;间接转移指令
```

以上指令都是实现无条件程序转移功能的,其程序的转移是通过间接修改 PC 值来实现的(注意:PC 不可直接通过赋值方式改变其值)。其中,前两条指令都直接给出了跳转的地址。AJMP addr11 后面给出的是 11 位的绝对地址;LJMP addr16 后面给出的是 16 位的绝对地址;SJMP rel 后面给出的是 8 位二进制补码表示的相对地址。这三条指令区别主要有以下三点

① 跳转的范围不同。短转移类指令只改变 PC 的低 11 位,当前 PC 值的高 5 位不变,转移范围是 2 KB;长转移类指令将 16 位绝对地址 addr16 送入 PC,转移范围是 64 KB;相对转移指令转移范围则是－128～＋127 B,因为其跳转到当前 PC＋rel 处。

② 指令构成不同。AJMP、LJMP 后跟的是绝对地址,而 SJMP 后跟的是相对地址。

③ 指令长度不同。

原则上,所有用 SJMP 或 AJMP 的地方都可以用 LJMP 来替代。注意,在编写汇编语言程序时,这三条指令的操作码助记符后面可以直接给出要跳转到的指令所在行的标号。如

```
LJMP    Label1
```

关于这三条指令,还应注意其代码组成:

AJMP　addr11 的代码为(2 字节):a10～a8 0 0 0 0 1,a7～a0(其中 a10～a0 为 addr11 的相应二进制位)

LJMP　addr16 的代码为(3 字节):02H,addr16 的高 8 位,addr16 的低 8 位

SJMP　rel 的代码为:80H,rel

Q36　汇编语言中跳转指令跳转到的地址为什么可以用标号代替?

在汇编语言中跳转转移的地址可以是绝对地址,也可以是相对地址。在编写程序时,这些地址直接可以用跳转的目的指令处的标号来代替。因为标号实际上代表了该指令代码所在的存储器单元的首地址。编译时,编译程序会自动获得标号所在指令的绝对地址或者计算该指令与当前跳转指令之间的相对地址,填入相应的指令代码中。

间接转移指令 JMP @A+DPTR 的用途也是跳转,但转移的地址不是直接在指令中给出,而是由 A+DPTR 形成,并直接送入 PC。指令对 A、DPTR 和标志位均无影响。本指令多用于多分支程序结构中,实现根据 A 中不同的值转移到不同的程序段的功能。可代替众多的判别跳转指令,故又称为散转指令。功能相当于 C 语言中的 switch 语句。

例　根据 A 中的内容转移到不同的程序段去执行相应程序。A＝0,转 ROUT0;A＝1,转 ROUT1;A＝2,转 ROUT2;A＝3,转 ROUT3。其中 ROUT0 等为不同的子程序或程序段。

```
        MOV   DPTR, ♯TAB      ;将 TAB 代表的地址送入 DPTR
        CLR   C
        RLC   A               ;A×2→2
        JMP   @A+DPTR         ;跳转
TAB:    AJMP  ROUT0           ;跳转到 ROUT0 开始的程序段
        AJMP  ROUT1           ;跳转到 ROUT1 开始的程序段
        AJMP  ROUT2           ;跳转到 ROUT2 开始的程序段
        AJMP  ROUT3           ;跳转到 ROUT3 开始的程序段

        …
ROUT0:
        …                     ;ROUT0 程序段
ROUT1:
        …                     ;ROUT1 程序段
ROUT2:
        …                     ;ROUT2 程序段
ROUT3:
```

4.6.2　条件转移指令

条件转移指令跳转的地址也是相对地址,其功能是,在满足条件时程序转移到相对地址处,否则程序继续执行本指令的下一条指令。

1. 判断 A 内容是否为 0 转移指令

  JZ　rel　　　　　;如果 A=0,则转移,否则顺序执行。Z 意为"Zero"

  JNZ　rel　　　　;如果 A≠0,则转移,否则顺序执行。NZ 意为"Not Zero"

转移到相对于当前 PC 值的 8 位偏移量的地址去。即:新的 PC 值＝当前 PC＋偏移量 rel,当前 PC＝PC＋2。在编写汇编语言源程序时,可以直接写成:

  JZ　标号　　　　;即转移到标号处。

例　MOV　A,R0

  JZ　L1

  MOV　R1,♯00H

  AJMP　L2

L1:MOV　R1,♯0FFH

L2:SJMP　L2

  END

在执行上面这段程序前,如果 R0=0,则结果 R1=FFH;而如果 R0≠0,则结果是 R1=00H。把上面的那个例子中的 JZ 改成 JNZ,如果 R0=0,结果 R1=00H;如果 R0≠0,结果是 R1 中的值为 FFH。

2. 比较不等转移指令

  CJNE　A,♯data,rel

  CJNE　A,direct,rel

  CJNE　Rn,♯data,rel

  CJNE　@Ri,♯data,rel

此类指令的功能是将两个操作数比较,如果两者相等,就顺序执行,如果不相等,就转移。给出的地址也是相对地址。CJNE 可理解为 Compare-then-Jump-if-Not-Equal。同样的,使用时,我们可以将 rel 写成标号,即:

  CJNE　A,♯data,标号

  CJNE　A,direct,标号

  CJNE　Rn,♯data,标号

  CJNE　@Ri,♯data,标号

这些指令不改变两个被比较单元的内容。利用这些指令,可以判断两数是否相等。但有时还想得知两数比较之后哪个大、哪个小。因此本条指令也具有这样的功能:如果两数不相等,则 CPU 还会用 CY(进位位)来反映哪个数大、哪个数小。如果前面的数大,则 CY=0,否则 CY=1。因此在程序转移后再次利用 CY 就可判断出哪个数大、哪个数小了。

例   MOV   A, R0

CJNE   A, ♯10H, L1

MOV   R1, ♯0   ;如 R0＝10H,则不转移,使 R1＝00H

AJMP   L3

L1：JC   L2   ;如 CY＝1,即 R0＜10H,则转移至 L2

MOV   R1, ♯0AAH   ;否则 CY＝0,即 R0＞10H,则使 R1＝AAH

AJMP   L3

L2：MOV   R1, ♯0FFH   ;R0＜10H 时,使 R1＝FFH

L3：SJMP   L3

该程序执行前,如果 R0＝10H,则 R1＝00H;如果 R0＞10H,则 R1＝AAH;如果 R0＜10H,则 R1＝FFH。

3. 减 1 不为 0 转移指令

DJNZ   Rn, rel

DJNZ   direct, rel

DJNZ 指令的执行过程是这样的,它将第一个操作数中的值减 1,然后看这个值是否等于 0,如果等于 0,就往下执行,如果不等于 0,就转移到第二个操作数所指定的相对地址去。该指令可以这样记忆,Decrease-then-Jump-if-Not-Zero。

例   MOV   23H, ♯0AH

CLR   A

LP：ADD   A, 23H

DJNZ   23H, LP

SJMP $;此指令相当于   LL1:SJMP   LL1

上述程序段的执行过程是将 23H 单元中的数连续相加,存至 A 中,每加一次,23H 单元中的数值减 1,直至减到 0,共加(23H)次。

4.6.3   调用与返回指令

1. 调用指令

LCALL   addr16   ;长调用指令(3 字节)

ACALL   addr11   ;短调用指令(2 字节)

上面两条指令都是在主程序中调用子程序,两者的区别在于,对短调用指令,被调用子程序入口地址必须与调用指令的下一条指令的第一字节在相同的 2 KB 存储区之内。同样,在编写程序时,addr16 和 addr11 可以用标号代替,这里标号就是子程序名字。指令的执行过程是:先将当前 PC 压栈(先低 8 位,后高 8 位),再将子程序首地址送 PC(对于 ACALL,只改变当前 PC 的低 11 位值),从而实现程序转移。注意当前 PC 对于 ACALL 是 PC＋2,对于 LCALL 是 PC＋3。

与 AJMP 一样,ACALL 指令的机器码的操作码部分比较特殊。一般来讲,指令机器码的第 1 个字节为操作码。但是 ACALL 中,二进制操作码的高 3 位实际上是操作数,而用剩

余的低 5 位二进制数 10001 来唯一标识该操作，这点请注意。两条指令的机器码如下

ACALL　addr11 的代码为（2 字节）：a10～a8 1 0 0 0 1，a7～a0（其中 a10～a0 为 addr11 的相应二进制位）

LCALL　addr16 的代码为（3 字节）：12H，addr16 高 8 位，addr16 低 8 位

注意，没有与 SJMP 对应的 SCALL 指令。

2. 返回指令

子程序执行完后必须回到主程序。但在子程序中只有执行一条返回指令才能够使程序返回到主程序的调用处。

```
        RET              ;子程序返回指令
        RETI             ;中断子程序返回指令
```

这两条指令不能互换使用。RET 指令的执行过程是，堆栈栈顶内容（调用子程序时保存的 PC 值，2 字节，即调用时保存的"当前 PC 值"）弹出给 PC，实现返回。显然，弹出时，先弹出高 8 位，然后弹出低 8 位。RETI 指令除了具有 RET 指令的功能实现程序返回外（弹出保存的 PC 值），还会恢复执行中断时硬件自动保存的现场信息，并对中断优先级状态触发器清零，使得在此期间申请的同级及低级中断可以被响应。

需要注意的是

（1）因为每次调用子程序单片机都会向堆栈压入当前 PC，如果子程序的嵌套调用太多，将由于占用太多堆栈单元，可能会产生堆栈溢出；

（2）在子程序中的压栈和出栈指令一定要配对，否则，调用子程序返回时弹出的就不是原来的 PC 值了，会引起程序执行混乱；

（3）子程序中有多分支时返回指令可以有多条，但一定要保证不管在哪个分支下，程序最后都能从子程序中返回。

4.6.4　空操作指令

```
        NOP                  ;PC＋1 →PC
```

空操作指令执行时，不做任何操作，仅将程序计数器 PC 的内容加 1，使 CPU 指向下一条指令继续执行程序。这种指令执行时间是一个机器周期，常用作软件延时。

例如，利用循环延时 50 ms 的子程序，设时钟频率为 12 MHz。

```
DEL:MOV   R7，#200      ;1 MC
DL1:MOV   R6，#123      ;1 MC
    NOP                 ;1 MC
    DJNZ  R6，$         ;2 MC,本循环 123 次
    DJNZ  R7，DL1       ;2 MC,本循环 200 次
    RET                 ;2 MC
```

上面 MC 是机器周期，1 MC＝12/12 MHz＝1 μs。由此，所得的延时时间可计算如下：

$$t = 1 + 200[(1+1+2*123)+2] + 2 = 50\ 000(\mu s) = 50(ms)$$

4.7 位操作指令

MCS-51单片机的硬件结构中,有一个位处理器(又称布尔处理器),它有一套位变量处理的指令集,包括位变量传送、逻辑运算、控制程序转移等。在MCS-51中,有一部分RAM和一部分SFR是具有位寻址功能的。位寻址和位操作是MCS-51控制功能的保障。

可以进行位操作的区域包括:(1)内部RAM的20H~2FH单元,位地址范围00~7FH;(2)可以位寻址的特殊功能寄存器,位地址范围80H~FFH。可位寻址的SFR的特点是其字节地址均可被8整除,如A累加器、B寄存器、PSW、IP(中断优先级控制寄存器)、IE(中断允许控制寄存器)、SCON(串行口控制寄存器)、TCON(定时/计数器控制寄存器)、P0-P3(I/O端口锁存器)。要注意,8031中有一些SFR是不能进行位寻址的。

在进行位处理时,CY用作"位累加器"。

在位操作指令中,位地址的表达有以下的方法:

(1)直接给出位地址,如01H(该位为20H.1),D4H(该位在SFR中)。

(2)在字节地址或寄存器名字后带点的点操作符号方式,如PSW.4(PSW中的第4位,从0算起)、D0H.4、01H.1。

(3)直接给出位名称,如RS1、TR1、REN等。一般来说,SFR中所有可位寻址的寄存器的相应位都有位的名称。

(4)用户定义名方式:如用伪指令bit定义某个地址为位地址(见伪指令一节)。如

Bit_flg   bit   45H

定义后,可用Bit_flg代替45H这个位地址了。

4.7.1 位传送指令

```
MOV  C, bit          ;bit →C
MOV  bit, C          ;C →bit
```

这组指令的功能是实现位累加器(CY)和其他位地址之间的数据传递。

例 MOV C, P1.0   ;将P1.0的状态送给C

　　　 MOV P1.0, C   ;将C中的状态送到P1.0引脚上去

4.7.2 位清0和置位

1. 位清0指令

```
CLR  C               ;使CY=0
CLR  bit             ;使某一位清0
```

例 CLR P1.0   ;使P1.0变为0

要注意CLR A与CLR C的区别。前者将A中内容清零,变为00H;后者只清一位,就

是 C。另外,CLR 后面跟直接地址时,一定是位地址。因为,除了可对 A 清零外,CLR 指令不能对其他任何字节操作数清零。

2. 位置 1 指令

```
SETB  C          ;使 CY=1
SETB  bit        ;使指定的位等于 1
```
例　SETB P1.0   ;使 P.0 变为 1

4.7.3　位逻辑运算指令

1. 位与指令

```
ANL  C,bit       ;CY 与指定位的值相与,结果送 CY
ANL  C,/bit      ;先将指定的位地址中的值取出后取反,再和 CY 相与,结果送
                  回 CY。但要注意指定的位地址中的值本身并不发生变化
```
例　ANL C,/P1.0

2. 位或指令

```
ORL  C,bit       ;实现位或
ORL  C,/bit      ;实现位或,工作机理同 ANL  C,/bit
```

3. 位取反指令

```
CPL  C           ;使 CY 值取反
CPL  bit         ;使指定的位的值取反
```
例　CPL P1.0

4.7.4　位条件转移指令

1. 根据 CY 转移

```
JC   rel
JNC  rel
```

第一条指令的功能是如果 CY＝1 就转移,否则就顺序执行。第二条指令则和第一条指令相反,即如果 CY＝0 就转移,否则就顺序执行。

同样,这些相对地址处都可使用标号。

2. 判位变量转移

```
JB  bit,rel
JNB  bit,rel
JBC  bit,rel
```

第一条指令中如果指定的(bit)＝1,则转移,否则顺序执行;第二条指令功能相反;第三条指令比较特别:如果指定的(bit)＝1,则转移,并把该位清 0;否则顺序执行,但不会将(bit)置 1。这条指令用在需要软件清零的时候。如,串行口接收数据时,先清接收标志 RI,用查询方式等待串行数据时,可不断检测判断 RI 是否为 1,为 1 表明接收到数据,需要将该位清

0,继续等待后面的数据。指令如下

```
HERE1:   JBC RI, HERE1            ;通过软件查询等待串行数据
         MOV  A, SBUF
         ......
```

位转移指令的另外一个例子,如图 4.4 所示。P3.2 和 P3.3 上各接有一只按键,要求它们分别按下时 (P3.2＝0 或 P3.3＝0),分别使 P1 口为 0 或 FFH。

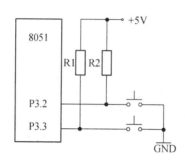

图 4.4　电路逻辑图

```
START:   MOV  P1, ♯0FFH
         MOV  P3, ♯0FFH          ;准备 P3 为输入口
L1:      JNB  P3.2, L2
         JNB  P3.3, L3           ;如 P3.2＝1 或 P3.3＝1,则等待
         LJMP L1
L2:      MOV  P1, ♯00H           ;如 P3.2＝0,使 P1 口全为"0"
         LJMP L1
L3:      MOV  P1, ♯0FFH          ;如 P3.3＝0,使 P1 口全为"1"
         LJMP L1
```

Q37　*跳转指令中的相对地址和绝对地址有何本质区别?*

绝对地址是直接给出的在存储器的某单元的地址,用无符号的 16 位二进制来表示,这个地址与当前跳转指令的地址没有关联。相对地址给出的是相对于当前执行的指令地址的偏移量,有正有负,在 MCS‐51 中用 8 位 2 进制补码形式来表示。其跳转的位置在当前执行指令位置的前 128 字节(－128)和后 127 字节范围之内。

Q38　*指令的当前 PC 值为什么不是当前执行指令的地址?*

由于执行指令时,该指令代码已经从程序存储器中取出,在执行该条指令时,实际上 PC 值已经指向下一条按顺序执行的指令,所以当前的 PC 值并不是当前指令的首地址,而是下一条指令的首地址。

4-1　何谓寻址方式？51 单片机有几种寻址方式？这几种寻址方式是如何实现寻址的？

4-2　访问片内 RAM 和特殊功能寄存器有哪几种寻址方式？

4-3　说明下列各条指令中目的操作数和源操作数的寻址方式

(1) ANL　A，20H　　　　　　(2) ADDC　A，♯20H

(3) MOV　A，@R1　　　　　　(4) MOV　30H，C

(5) MOVC　A，@A＋DPTR　　　(6) ADD　A，40H

(7) PUSH　ACC　　　　　　　(8) MOV　B，20H

(9) ANL　P1，♯35H　　　　　(10) MOV　@R1，PSW

(11) MOVX　@DPTR，A

4-4　试比较下列各组中两条指令的区别

(1) MOV　A，6FH　　　　　　MOV　A，♯6FH

(2) MOV　A，@R0　　　　　　MOVX　A，@R0

(3) MOVX　A，@R1　　　　　MOVX　A，@DPTR

(4) CLR　A　　　　　　　　CLR　20H

(5) MOV　A，20H　　　　　　MOV　C，20H

(6) MOV　A，@R0　　　　　　MOV　A，R0

(7) CLR　A　　　　　　　　CLR　C

4-5　判断下列指令是否正确，若错误请改正并说明错误原因。

(1) MOV　♯20H，A

(2) CJNE　@R0，♯70H，30H

(3) MOV　@DPTR，A

(4) MOVC　A，@A＋DPTR

(5) ADDC　A，♯F0H

(6) DA　R1

(7) DIV　A，R0

(8) SUB　A，20H

(9) SETB　7FH

(10) RRC　B

(11) MOV　30H，40H

(12) MOV　A，@R3

(13) MOV　A，♯253

(14) MOV　DPTR，♯12H

(15) MOV　A，♯1234H

4-6　写出满足下列要求的指令

（1）将 P1 的第 2 位（从第 0 位开始算）清"0"，其他位不变

（2）将 P1 的第 2 位置"1"，其他位不变

（3）将 P1 的第 2 位取反，其他位不变

4-7　请计算下列指令所涉及的地址

（1）C=1，执行指令 JC 0FFH 后程序跳转到什么地址？

（2）A=FFH，执行指令 MOVC A，@A+PC 是从程序存储器的什么地址单元取数放到 A 中？

（3）DPTR=1000H，执行指令 MOVC A，@A+DPTR 是从程序存储器的什么地址单元取数放到 A 中？

（4）在程序存储器 1000H 处有指令 AJMP 10111001111B，执行后程序跳转到什么地址？

4-8　已知程序执行前，(30H)=40H，(40H)=10H，(10H)=32H，P1=EFH，试写出执行以下程序后有关单元的内容。

```
MOV   R0, ♯30H
MOV   A, @R0
MOV   R1, A
MOV   B, @R1
MOV   @R1, P1
MOV   P2, P1
MOV   10H, ♯20H
MOV   30H, 10H
```

执行程序后，有关单元的内容为：(30H)=_____，(40H)=_____。

4-9　执行下面一段程序后

```
MOV   SP, ♯60H
MOV   A, ♯10H
MOV   B, ♯01H
PUSH  B
PUSH  A
PUSH  B
POP   A
POP   B
```

寄存器的内容是：A=_____，B=_____，SP=_____。

4-10　执行下面一段程序：

```
MOV   SP, ♯60H
MOV   A, ♯10H
MOV   B, ♯01H
PUSH  A
```

```
PUSH   B
MOV    80H，61H
POP    A
POP    B
PUSH   80H
```

执行程序后：A=_____，B=_____，SP=_____，(61H)=_____。

4 - 11 执行一段程序如下：

```
MOV    A，♯0F0H
ADD    A，♯0F0H
MOV    A，♯34H
SUBB   A，♯0A3H
MOV    50H，A
MOV    A，♯12H
SUBB   A，♯0FH
MOV    51H，A
```

执行程序后：(50H)=_____，(51H)=_____。

4 - 12 编写程序，实现将 20H 单元的 8 位无符号二进制数转化成 3 位 BCD 码，存放在 22H(放百位)和 21H (放十位和个位)中。

4 - 13 试编写程序，将片外数据存储器地址为 1000H～102FH 的数据块，全部搬迁到片内 RAM 的 30H～5FH 中，并将源数据块区全部清零。

4 - 14 试编写程序，将程序存储器 2000H 开始的 20 个单元的内容累加，结果放在 R5 (高 8 位)、R4(中间 8 位)、R3(低 8 位)中。

4 - 15 编写程序完成两个 16 位二进制数 R4(高 8 位)R3(低 8 位)和 R6R5 的乘法，结果放在内部 RAM 的 20H 开始的单元中(高位在前)。

第五章
单片机汇编语言及其程序设计

5.1 单片机编程语言概述

5.1.1 编程语言概述

所谓编程，就是按照一定规则，形成一些语句的集合，告诉计算机去做什么、怎样去做。计算机看起来神通广大、无所不能，但实际上它做的每一项工作，都需要人事先用计算机能识别的语言详细地告诉它第一步做什么、第二步做什么，这种语言的集合就是计算机的程序。

计算机程序设计语言按结构及其功能可以分为 3 种，机器语言、汇编语言和高级语言，下面分别对其进行介绍。

（1）机器语言

机器语言是由二进制码"0"和"1"组成的能够被计算机直接识别和执行的语言。用机器语言编写的程序，称为机器语言程序或目标程序。

例如，我们让程序完成的任务是将内部 RAM 中的 20H 单元中的内容和 21H 单元中的内容相加，用机器语言编写的程序为：

```
11100101B    00100000B
00100101B    00100001B
```

虽然这些语言单片机能够直接识别并执行，然而，用机器语言编写的程序不易阅读、难记、难学，因而，没有人去编写这个机器语言。对于 MCS-51 单片机，机器语言是程序执行代码，后缀为. HEX。

（2）汇编语言

汇编语言是以人们易于理解和记忆的英文名称或缩写形式（助记符）来表示二进制指令所形成的编程语言。例如 MOV 在程序里代表传送数据，ADD 在程序里代表相加。汇编语言程序通常用后缀. ASM 来标记。利用汇编语言，可以将前述机器语言程序改写为：

```
MOV   A, 20H
ADD   A, 21H
```

第一句用了 MOV 指令，意思是将 20H 单元中的内容传送到累加器 A 中，第二句用了 ADD 指令，意思是将 21H 单元中的内容与累加器 A 中的内容相加结果送入 A 中。显然，汇编语言比机器语言更容易读懂。

用汇编语言编写的程序称为汇编语言程序。但是，计算机不能直接识别和执行汇编语言程序,必须经过一个翻译过程,即把汇编语言程序译成机器语言计算机才能执行,这一翻译工作称为汇编。汇编一般是借助专用软件由计算机自动完成的。汇编后的机器语言程序也称目标程序,就是通常说的目标代码。汇编语言和机器语言随机型不同而异,一般互不通用。

(3)高级语言

高级语言接近于人类自然语言,用高级语言编写的程序与人们通常解题的步骤比较相近,而且不依赖于计算机的结构和指令系统,是面向过程而独立于机器的通用语言。

用高级语言编写的源程序,也需要翻译生成目标程序机器才能执行,这个过程称为编译。高级语言的特点是易学、通用性好、便于移植。

高级语言有 C、FORTRAN、C++等。

5.1.2　单片机使用的编程语言

单片机本身就是微型计算机,所以编写单片机程序也需要用计算机程序设计语言。其中汇编语言是编写单片机程序的常用语言。用汇编语言编写单片机程序的特点是占用资源少、运行速度快。同时,初学者使用汇编语言还有利于加深对单片机硬件的了解。为了打好基础,应该先学习和掌握用汇编语言编写单片机程序。

单片机的汇编语言是由单片机的指令和汇编伪指令所组成,不同系列单片机的指令是不同的,所以单片机汇编语言不能通用。但是掌握了一种机器的汇编语言后,学习其他机器的汇编语言就会很简单了。

单片机的高级语言目前主要有 C51,它通过对 ANSI C 进行针对 MCS‑51 特点改进后形成,故称为 C51。虽然语句结构基本相同,但是 C51 与标准 C 语言两者还是有本质区别的。

5.1.3　MCS‑51 汇编语言的语句结构

MCS‑51 单片机汇编语言是由 MCS‑51 的指令和伪指令所组成。其语句结构的一般形式如下:

```
标号:        操作码(助记符)   操作数   ;      注释
START:        MOV            A,20H   ;      A←(20H)
```

它是由 4 部分组成,即标号、操作码、操作数和注释。其中,标号和操作码之间必须用冒号“:”作分隔符隔开;操作码与操作数之间要用空格作分隔符;操作数内部要用逗号“,”将源操作数和目的操作数隔开;注释段与操作数之间要用分号“;”隔开。

1. 标号

标号用来给一个语句定义一个名字,一般第一个字符用英文字母,第二个以后的字符用英文或数字 0～9 组成均可,组成标号的字符最多为 8 个。但是不能使用指令助记符、伪指令或寄存器名作标号,以免引起混淆。

2. 操作码

操作码用来指定计算机完成某种操作,是每一个语句不可缺少的核心部分。操作码可以是指令助记符或伪指令。为了记忆方便,操作码一般是表达操作的英文的缩写,以便于记忆。如 ADD 为 Addition 的缩写,表示加法。

3. 操作数

操作数是操作码操作的对象,它是参加操作的数(也称立即数)或是操作数据所在的地址(也称直接地址)等。当语句中出现一个以上的操作数时,要用逗号分隔开。

在操作数中,注意立即数与直接地址在书写上的区别,例如:

MOV A,8H

MOV A,♯8H

两条语句中"8H"与"♯8H"概念是不同的。"8H"是指 RAM 第 8 个单元,即将第 8 个单元中存储的数据放入累加器 A 中;"♯8H"是立即数,即把立即数 8 放入累加器 A 中。

4. 注释

注释是程序设计者对该行程序语句功能所作的说明,以便阅读和交流。当语句中需注释时必须以";"开头,如果注释的内容超过一行,则换行后前面还要加上分号。这样在汇编时,分号后面的注释部分就不会被翻译成机器码,也就是说,注释内容无论长短都丝毫不会影响程序运行的结果。尽管注释可以直接不间断跟在指令后,但为了阅读方便,一般中间插入较多空格,并且各行的注释都对齐。

5.2 汇编语言中的伪指令

5.2.1 伪指令与指令的区别

伪指令是汇编语言的组成部分之一,它不要求计算机做任何操作,也没有对应的机器码,不产生目标程序,不影响程序的执行,仅仅是一些能够帮助进行汇编的指令。它主要用来指定程序或数据的起始位置、给出一些连续存放数据的地址、为中间运算结果保留一部分存储空间以及表示源程序结束等。不同版本的汇编语言其伪指令的符号和含义可能有所不同,但基本用法是相似的。注意以下两点:

1. 伪指令是在汇编过程中起作用的指令

我们知道,计算机只认识机器语言,因此在应用系统中必须把汇编语言源程序通过汇编程序翻译成机器语言程序(目标程序),这个翻译过程称为汇编。汇编程序在汇编过程中,必须要提供一些专门的指令,用来对汇编过程进行某种控制,或者对符号、标号赋值等。也就是说伪指令是在汇编过程中起作用的指令,所以又叫汇编控制指令。

2. 伪指令不产生可执行的目标代码

同样是指令,80C51 指令通过汇编后将产生机器可执行的目标代码,而伪指令在汇编过程中只是协助程序的编译工作,不属于 MCS-51 指令集,并不产生可执行的目标代码,不占用存储器地址,所以称伪指令。

5.2.2 常用的伪指令

常用的伪指令有:起始伪指令 ORG、结束伪指令 END、定义字节伪指令 DB、定义数据字伪指令 DW、等值伪指令 EQU、位地址定义伪指令 BIT 和表示目前地址伪指令 $ 等。

1. 定位目的程起始地址伪指令 ORG

格式: ORG 表达式

如: ORG 2000H

又如: ORG 30H＋1000H

任何汇编过程不仅需要将指令翻译成机器码,还必须给定指令所在程序存储器中的位置。在 ORG 伪指令出现前,汇编后形成的目标代码都是从 0000H 开始依次顺序放置的,而 ORG 则可重新指定此后形成的目标程序代码在存储器中的起始地址。为了避开中断服务的入口地址区,通常在主程序的开始安排 ORG 100H。而程序的 0000H 处安排一条 LJMP 指令,跳转到该主程序处。

在一个源程序中,可以多次使用 ORG 指令,以规定不同程序段特别是常数表格的起始位置。但所规定的位置应从小到大,不允许不同的程序段之间有重叠。汇编语言程序经汇编后代码总是默认从 0000H 单元开始存放的。

注意:表达式的计算结果不能大于 64KB 的地址空间范围。

2. 结束汇编伪指令 END

格式: END

END 是汇编语言源程序的结束标志,表示汇编结束。在 END 以后所写的指令,汇编程序不予处理当然也不形成目标代码。一个源程序只能有一个 END 命令,否则就有一部分指令不能被汇编。END 当然应该放在所有汇编语言程序的最后。

3. 赋值伪指令 EQU

格式: 字符名称 EQU 数值或汇编符号

该伪指令的功能是将指令中的值赋予 EQU 前面的字符。此定义以后,就可以使用新的字符名称了。

例 AA EQU 30H

K1 EQU 40H

MOV A, AA ;(30H)→A

MOV A, K1 ;(40H)→A

4. 定义字节伪指令 DB

格式: DB 字节常数或 ASCII 字符

从指定单元开始定义(存储)若干个字节的数据或 ASCII 码字符,常用于定义数据常数表。定义多个字节时,字节之间用逗号隔开。

例 ORG 2000H

DB 30H, 8AH, 7FH, 'a'

汇编以后:(2000H)＝30H,(2001H)＝8AH,(2002H)＝7FH,(2003H)＝97。

5. 定义字伪指令 DW

格式：　DW 字常数

从指定单元开始定义(存储)若干个字的数据。注意，汇编时，机器自动按高 8 位在前，低 8 位在后的格式排列。定义多个字时，字之间用逗号隔开。

例　　　ORG　1500H

　　　　DW　1234H,80H

汇编以后：(1500H)=12H,(1501H)=34H,(1502H)=00H,(1503H)=80H。

注意，80H 虽然形式上是一个字节，但是 DW 定义一个字，所以其高 8 位为 00H。

Q39　　*DB(或 DW) 'a','b'的结果是什么？*

DB　'a','b'相当于 DB 61H,62H。因为两个字符的 ASCII 值分别为 61H 和 62H

DW　'a','b'相当于 DW 61H,62H，结果是，该伪指令生成连续的 4 个单元内容为 00H,61H,00H,62H。因为 DW 定义一个字，不足的将以 0 来补充。

6. 位地址定义伪指令 BIT

格式：　字符名称 BIT 位地址

该伪指令用于给位地址赋予符号，经赋值后可用该符号代替 BIT 后面的位地址。

如：　　ABC　BIT P1.1

　　　　QQ　BIT P3.2

经以上伪指令定义后，在程序中就可以把 ABC 和 QQ 作为 P1.1,P3.2 来使用。

5.3　汇编语言程序设计

5.3.1　程序流程图*

程序流程图又称"程序框图"，简称"框图"是用规定的图形、流向线和文字说明来表示程序执行步骤的图形。画流程图是程序设计中首先要做的一项重要工作。设计者通过画流程图构思程序的逻辑结构。另一方面，程序流程图也是开发者和客户之间交流的重要工具。详细的流程图可直接作为编写程序的依据，并可作为调试程序时的参考资料。

流程图的特征是连线，通常按照从上到下，从左到右的方向表示要素的从属关系或逻辑的先后关系。它们更多地表现为"树"形结构，其中也会有一些"环"形结构，表达逻辑先后关系。

为便于识别，绘制流程图的习惯做法是：

圆角矩形表示"开始"与"结束"，如 ⬭

矩形表示程序执行的具体内容，如 ▭

菱形表示问题判断或判定(审核/审批/评审)环节，如 ◇

用平行四边形表示输入输出，如 ▱

箭头代表工作流的方向，如 ⟶

用圆圈中加字母表示连接或者接续关系，用于转到流程图它处或从它处流程图转入。配对的转入和转出使用相同的字母标识。如

转到 A 处 　　　　　　⟶Ⓐ

从 A 处转入 　　　　Ⓐ⟶

流程图就是用图形的方式把解决问题的算法直观地描述出来。对于一个比较复杂的问题，画出流程图，有助于对问题的理解以及有助于编写出正确的程序。当然，如果算法比较简单，也可不画流程图。

图 5.1 是标准的程序流程图示例：

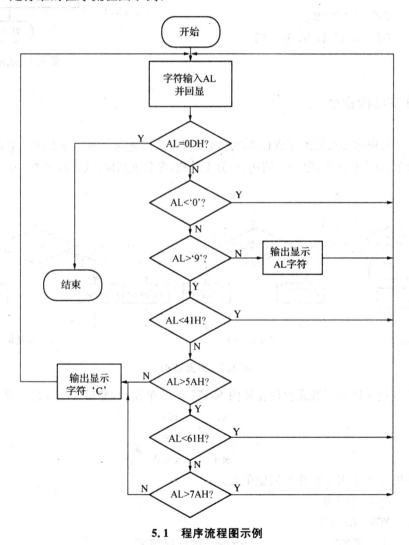

5.1　程序流程图示例

5.3.2　顺序结构程序

顺序结构是最简单的程序结构，也是最常用的程序结构，只要按照解决问题的顺序写出相应的语句就行。它的执行顺序是自上而下，依次执行。

例 如图 5.2 所示,变量存在内部 RAM 的 20H 单元中,其取值范围 0～5。编程试用查表法求其平方值,结果放入 21H 中。

```
        ORG    1000H
START:  MOV    DPTR, ♯TAB
        MOV    A, 20H
        MOVC   A, @A+DPTR
        MOV    21H, A
        SJMP   $
        ORG    2000H
TAB:    DB     0, 1, 4, 9, 16, 25
END
```

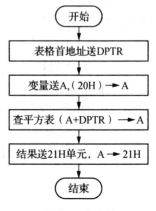

图 5.2　顺序结构

5.3.3　分支结构程序

分支程序可根据要求无条件或有条件地改变程序执行流向。编写分支程序主要在于正确使用转移指令,分支程序有:单分支结构、双分支结构、多分支结构(散转),如图 5.3 所示。

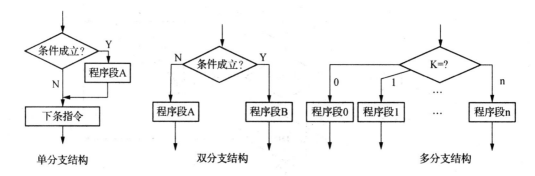

图 5.3　分支结构

例 设变量 x 以补码形式存放在片内 RAM 30H 单元中,变量 y 与 x 的关系是:

$$y=\begin{cases} x, & x>0 \\ 20H, & x=0 \\ x+5, & x<0 \end{cases}$$

编程根据 x 的值求 y 值并放回原单元。

```
        ORG    1000H
START:  MOV    A, 30H
        JZ     NEXT          ;x=0,转移到 NEXT
        ANL    A, ♯80H       ;保留符号位
        JZ     POS           ;x>0,转移到 POS
        MOV    A, ♯05H       ;x<0,不转移,顺序执行
        ADD    A, 30H
        MOV    30H  A
```

```
          SJMP    POS
NEXT：    MOV    30H，♯20H
POS：     SJMP    $
```

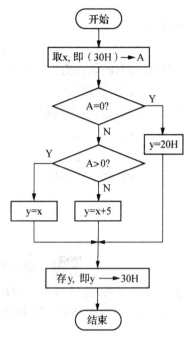

图 5.4　程序流程图

5.3.4　循环结构

　　循环程序一般由初始化部分、循环体部分—处理部分、修改部分、控制部分、结束部分组成。其结构一般有两种：一种是先进入处理部分，再控制循环，这种结构至少执行一次循环体；另一种是先控制循环，再进入处理部分，这种结构循环体是否执行，取决于判断结果。如图 5.5 所示。

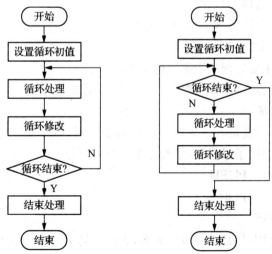

图 5.5　循环结构

例 将内部 RAM 中起始地址为 40H 的数据串送到外部 RAM 中起始地址为 6000H 数据存储区域中,直到发现"＄"字符,传送停止。循环次数事先不知道,先判断后再执行。

```
            MOV   R0, ＃40H
            MOV   DPTR, ＃6000H
LOOP1:    MOV   A, @R0
            CJNE  A, ＃24H, LOOP2   ;判断是否为'＄'字符
            SJMP  LOOP3              ;是,转结束
LOOP2:    MOVX  @DPTR, A            ;不是,传送数据
            INC   R0
            INC   DPTR
            SJMP  LOOP1              ;传送下一数据
LOOP3:    SJMP  $
            END
```

Q10 *循环程序编制有哪些注意事项?*

循环的初始化程序不要放置在循环体内;要正确编制循环变量修改语句和正确设置循环的执行条件,否则,容易引起死循环;不能从外部程序直接转移到循环体内执行,但可以从循环体内直接跳出循环。

5.3.5 子程序结构

子程序也叫子例程,是包含有程序名称(标号)和返回语句的一段程序。子程序中一般能完成一些独立的功能,这些功能主程序中会反复多次执行。子程序是模块化程序设计方法的基础。

子程序设计时要注意以下几点:

(1) 给子程序赋一个名字,实际为入口地址代号。

(2) 要能正确传递参数:

入口条件:子程序中要处理的数据如何给予。

出口条件:子程序处理结果如何存放(寄存器、存储器、堆栈方式)。

(3) 保护与恢复现场:

主程序中用到的一些变量在子程序调用后还要用到,但该变量有可能在子程序执行时被改变时,需要在子程序中予以保护,子程序返回时再恢复。

保护现场:入栈指令   PUSH

恢复现场:出栈指令   POP

(4) 子程序可以嵌套。

子程序可以嵌套使用,但是不要嵌套太多,否则容易引起堆栈溢出。

例 利用查表法求平方和 $c=a^2+b^2$,设 a 、b 、c 分别存于内部 RAM 的 VARA、VARB、

VARC 三个单元中。设 a、b 取值在 0～9 之间。

```
            MOV   A, VARA          ;取 a
            ACALL  SQR             ;调用查表子程序
            MOV   R1, A            ;a 的平方暂存 R1 中
            MOV   A, VARB          ;取 b
            ACALL  SQR             ;调用查表子程序
            ADD   A, R1            ;求出平方和暂存在 A 中
            MOV   VARC, A          ;结果存于 VARC 中
            SJMP  $
    SQR：   MOV   DPTR, #TAB        ;子程序,入口在 A 中,出口也在 A 中
            MOVC  A, @A+DPTR
            RET
    TAB：   DB   0, 1, 4, 9, 16, 25, 36, 49, 64, 81
            END
```

程序中,子程序 SQR 实现一个数的平方,采用的是查表法。子程序的入口参数放在 A 中,出口参数也在 A 中。主程序通过 2 次调用子程序分别实现 a、b 的平方,然后将结果相加。

5.3.6　常用子程序设计*

1. 多字节算术运算程序的设计

例　有两个长度为 10H 的数,分别放到 30H 和 40H 为首地址的存储器中(低字节在前),求两数之和,放在 50H 为首地址的存储器中并且进位标志放在 60H 中。

```
            ORG   0000H             ;设置初始位置
    START：  MOV   R0, #30H
            MOV   R1, #50H
            MOV   R3, #10H
    DT_TRN： MOV   A, @R0           ;将 30H 为首地址的数放在 50H 为首地址的存储器中
            MOV   @R1, A
            INC   R0
            INC   R1
            DJNZ  R3, DT_TRN
            MOV   R0, #50H
            MOV   R1, #40H
            MOV   R3, #10H
            CLR   C
    AD_SUB： MOV   A, @R0           ;将两个数求和
            ADDC  A, @R1
            MOV   @R0, A
```

```
        INC   R0
        INC   R1
        DJNZ  R3,AD_SUB
        CLR   A                   ;查看最后一个数是否有进位位
        ADDC  A,＃00H
        MOV   60H,A
        END
```

2. 码型转换程序的设计

（1）十六进制数与 ASCII 码之间的转换。十六进制与 ASCII 码之间的对应关系如表 5.1 所示。

表 5.1　十六进制数与 ASCII 码之间的关系

十六进制数	ASCII 码	十六进制数	ASCII 码	十六进制数	ASCII 码	十六进制数	ASCII 码
0	30H	4	34H	8	38H	C	43H
1	31H	5	35H	9	39H	D	44H
2	32H	6	36H	A	41H	E	45H
3	33H	7	37H	B	42H	F	46H

例　将一位十六进制数转换成 ASCII 码，设该位十六进制数存放在 A 的低 4 位，A 的高 4 位清 0，转换后的 ASCII 码放在 R2 中。

```
HTASC:  PUSH  A                   ;保存A
        CLR   C
        SUBB  A,＃0AH             ;判断是否大于十
        POP   A
        JC    L_TEN               ;小于十,直接加30H
        ADD   A,＃07H             ;大于十,加07H,其后再加30H
L_TEN:  ADD   A,＃30H
        MOV   R2,A
        RET
```

（2）BCD 码与二进制数之间的转换

例　双字节二进制数数 R2R3 转换成压缩 BCD 码存在 R4R5R6 中。由十进制数与二进制数之间的关系可知：十进制数 D 与 n 位二进制数的关系可表示为

$$D = b_{n-1} \times 2^{n-1} + b_{n-2} \times 2^{n-2} + \cdots + b_1 \times 2^1 + b_0$$

$$= \left\{ \cdots \left\{ \left[\left(\underbrace{b_{n-1} \times 2 + b_{n-2}}_{\text{部分和存在R4R5R6,其中}b_i\text{每次循环移入CY中}} \right) \times 2 \right] + b_{n-3} \right\} \cdots + b_1 \right\} \times 2 + b_0$$

从以上关系可以看出，可以用循环的方法完成该转换：首先设置初值 R4R5R6＝000000000000H，每次循环先移出 R2R3 中的最高位与 R4R5R6×2 相加，形成最新的相加结果，并且边相加边作 BCD 调整。经过 16 次循环后即完成了转换。

```
DCDTH:  CLR   A
        MOV   R4, A        ;R4 清零
        MOV   R5, A        ;R4 清零
        MOV   R6, A        ;R6 清零
        MOV   R7, #16      ;循环初值
LOOP:   CLR   C
        MOV   A, R3        ;R2R3 左移一位,并送回
        RLC   A            ;将 bi 每次移入 CY 中
        MOV   R3, A
        MOV   A, R2
        RLC   A
        MOV   R2, A
        MOV   A, R6        ;R4R5R6×2+ bi 并调整送回
        ADDC  A, R6
        DA    A
        MOV   R6, A
        MOV   R5, A
        MOV   A, R5
        ADDC  A, R5
        DA    A
        MOV   R5, A
        MOV   A, R4
        ADDC  A, R4
        DA    A
        MOV   R4, A
        DJNZ  R7, LOOP
        END
```

(3) 排序程序的设计

把一个存放在以 50H 为首地址,元素个数为 10 的无符合二进制单字节数组,按升序进行排列。

```
        MOV   R3, #9
AA:     MOV   R0, #50H
        MOV   R1, #51H
        PUSH  R3
        POP   R4
BB:     CLR   C
        MOV   A, @R0
        SUBB  A, @R1
```

```
         JC   CC              ;第一个数小于第二个数跳转到CC
         MOV  A,@R0
         XCH  A,@R1
         MOV  @R0,A
CC:      INC  R0
         INC  R1
         DJNZ R4,BB           ;减一不等于零跳转(内循环),用于相邻两数比较并交换
         DJNZ R3,AA           ;减一不等于零跳转(外循环)
         SJMP $
         END
```

Q11　什么是冒泡排序法?

　　冒泡排序(Bubble Sort),是一种计算机科学领域的较简单的排序算法。它重复地走访要排序的数列,一次比较两个元素,如果他们的顺序错误就把他们交换过来。走访数列的工作是重复地进行直到没有再需要交换,也就是说该数列已经排序完成。

　　这个算法的名字由来是因为越小的元素会经由交换慢慢"浮"到数列的顶端,故名。

　　冒泡排序算法的运作如下:

　　① 比较相邻的元素,如果第一个比第二个大,就交换它们两个。最先比较和交换的是第一个和第二个,然后是第二和第三,直到最后。这时,最后的元素为最大。

　　② 按①的方法重新对数组相邻元素进行比较和交换,直到数组的倒数第二个元素为止。这时倒数第二元素为次大。

　　③ 对越来越少的元素重复上面的步骤,直到最后只剩下第一个和第二个进行比较为止。

(4) 延时程序的设计

　　可以通过循环使用NOP空操作来达到延时的目的。如下例通过执行60H次NOP来达到延时的目的。

```
         MOV  R0,#60H
LOOP:    NOP
         DJNZ R0,#60H,LOOP
         END
```

5.4　汇编语言如何变成机器语言

　　机器语言程序称之为目标程序,采用汇编语言编写的程序称为源程序。计算机能直接识别并执行的只有机器语言。汇编语言程序不能被计算机直接识别并执行,必须经过一个中间环节把它翻译成机器语言程序,这个中间过程叫做汇编。

　　下面以一段程序来说明汇编语言和机器语言的对应关系。如表5.2所示。

表 5.2　汇编语言和机器语言的对应关系

汇编语言	机器语言	注　释	指令地址
ORG　1000H		表示下面的程序是从地址 1000H 开始	
MOV　30H，♯40H	753040H	把立即数 40H 存放到 30H 单元	1000H
MOV　40H，♯10H	754010H	把立即数 10H 存放到 40H 单元	1003H
MOV　10H，♯00H	751000H	把立即数 00H 存放到 10H 单元	1006H
MOV　P1，♯0CAH	7590CAH	把立即数 CAH 给 P1	1009H
MOV　R0，♯30H	7830H	把立即数 30H 存放到存储器 R0	100CH
MOV　A，@R0	E6H	把存储器 R0 中的数给累加器 A	100EH
MOV　R1，A	F9H	把累加器 A 中的数存到存储器 R1	100FH
MOV　B，@R1	87F0H	把存储器 R1 中的数给 B	1010H
MOV　@R1，P1	A790H	把 P1 的值放到存储器 R1	1012H
MOV　P2，P1	8590A0H	把 P1 的值给 P2	1014H
MOV　10H，♯20H	751020H	把立即数 20H 存放到 10H 单元	1017H

 习题五

5-1　什么是伪指令？它与指令的区别是什么？

5-2　判断下列语句是否有错误

(1) ORG　♯3000H

(2) ORG　3000H

(3) ORG　3000H＋100

(4) MOV　EQU 10H

(5) LOOP　MOV　A，R0

(6) MOV　A，R0　//remark

(7) MOV　A，R0　;//remark

(8) 12SQ:MOV　A，R0

(9) SUB:MOV　A，R0

(10) RS1:MOV　A，R0

5-3　汇编语言程序中有以下语句

ORG　2000H

DB 12，22H，'a'，'b'，'1'

DW 22H，1234H，'a'

请填写 2000H 开始的程序存储器单元内容（十六进制数）

2000H：_____，_____，_____，_____，_____，_____，_____，

_____，_____，_____，_____，_____，_____。

5-4　试编写汇编语言程序,将单片机内部 RAM40H～60H 单元中内容传送到外部 RAM 以 2000H 为首地址的存储区内。要求编写完整程序。

5-5　试编写汇编语言子程序 FCTRL,用循环结构完成一个无符号一字节二进制数的阶乘运算。子程序入口参数在 R2 中,出口参数放在 R5R4 中。

5-6　试编写一个延时 1 ms 的子程序 DLY1MS,设单片机时钟为 12 MHz。

5-7　设有 100 个有符号数,连续存放在 1000H 为首地址的外部数据存储区中。试编程统计其中正数、负数的个数,分别放在已经预先定义好的 POS、NEG 两个内部 RAM 单元中。

5-8　试编写汇编语言程序,统计一个班的成绩分布,用一字节二进制表示的成绩存放在外部数据 RAM 的 3000H 开始的单元中。统计分成 0—59、60—69、70—79、80—89、90—100 几个档次,这几个档次学生的人数统计后分别存放在内部数据 RAM 的 20H 开始的存储单元中。要求编写程序前绘制程序流程图。

5-9　试编写完整的汇编语言子程序 STRCAT,将两个 ASCII 码字符串合并成一个。存放两个字符串的内部 RAM 单元的首地址分别放在 R0、R1 中。合并后的字符串存放的内部 RAM 单元的首地址仍放在 R0 中。注意,每个字符串的最后都包含了一个结束符,其 ASCII 值为 00H。

5-10　续上题。现有两个字符串,分别存放在外部 RAM 的 2000H 和 2100H 开始的单元中。要求编写汇编语言程序,在主程序中调用上题的 STRCAT 子程序,完成两个字符串的合并。在合并时,两个字符串中间插入一个空格。合并后的字符串放在外部数据 RAM 的 2200H 开始的单元中。

第六章

MCS - 51 单片机的内部资源

6.1 单片机中断系统

现代计算机都具有实时处理能力，能对内部或外界发生的事件做出及时的处理，可以很好地解决快速 CPU 与慢速外设之间的矛盾，这些是靠中断技术来实现的。中断系统在单片机系统中起着十分重要的作用。一个功能强大的中断系统能大大提高单片机处理随机事件的能力，提高效率，增强系统的实用性。

6.1.1 中断控制功能的作用

当 CPU 正在处理某件事情(例如，正在执行主程序)的时候，外部或内部发生的某一事件(如某个引脚上电平的变化、一个脉冲沿的发生或计数器的计数溢出、接收到串行数据等)请求 CPU 迅速去处理，于是，CPU 暂时中止当前的工作，转去处理所发生的事件。处理完该事件后，再回到原来被中止的地方，继续原来的工作，这样的过程称为中断。如图 6.1 所示。处理事件的过程，称为 CPU 的中断响应过程。对事件的整个处理过程，称为中断处理(或中断服务)，处理中断的程序叫做中断服务程序。

产生中断的请求源称为中断源。中断源向 CPU 提出的处理请求，称为中断请求或中断申请。CPU 暂时中止执行的程序，转去执行中断服务程序，除了硬件会自动把断点地址(16 位程序计数器 PC 的值)压入堆栈之外，用户还得注意保护有关的工作寄存器、累加器、标志位等信息，这称为保护现场。在完成中断服务程

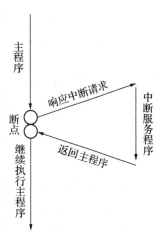

图 6.1　中断流程图

序后，恢复有关的工作寄存器、累加器、标志位内容，这称为恢复现场。最后执行中断返回指令，从堆栈中自动弹出断点地址到 PC，继续执行被中断的程序，这称为中断返回。

由中断定义可知，中断的特点主要体现在多项任务共享 CPU，具体说就是：能实现程序的切换和具有随机性。

如果单片机没有中断功能，单片机对外部或内部事件的处理只能采用程序查询方式，即 CPU 不断查询是否有事件产生。显然，在程序查询事件时，CPU 不能再做别的事，而是大部分时间处于等待状态，将大量时间浪费在原地踏步的操作上。中断方式可以让中断事项未发生时 CPU 去干别的事情，只有在中断事项发生时通过触发通知 CPU，完全消除了 CPU

在查询方式中的等待现象,大大地提高了 CPU 的工作效率。中断机制是单片机能实时处理紧急重要事件的保障。由于中断工作方式的优点极为明显,因此在单片机的硬件结构中都带有中断系统。本章介绍 MCS-51 单片机的中断系统及其应用。

6.1.2 中断的控制及设置

MCS-51 单片机的中断系统有 5 个中断请求源,具有两个中断优先级,可实现两级中断服务程序嵌套。用户可以用软件来屏蔽所有的中断请求,也可以用软件使 CPU 接收中断请求。每一个中断源可以用软件独立地控制为开中断或关中断状态,每一个中断源的中断级别均可用软件设置。整个中断的体系结构如图 6.2 所示。

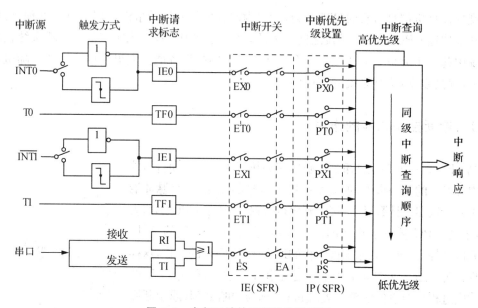

图 6.2 中断系统的逻辑结构示意图

1. 中断源

MCS-51 单片机的中断系统共有 5 个中断源,分别是外部中断两个、定时中断两个和串行中断一个。这 5 个中断源可以归为 3 类:

(1) 外部中断源

MCS-51 的两个外部中断源由引脚$\overline{INT0}$(P3.2)和$\overline{INT1}$(P3.3)引入,分别称为外部中断 0 和外部中断 1,用于接收外部事件引起的中断请求。其请求信号输入的方式可以有两种:电平方式(低电平有效)和边沿方式(下降沿有效)。要选择哪一种方式,可以通过对相应特殊功能寄存器的有关控制位进行设定。这两个中断源的中断请求标志分别为 IE0 和 IE1。

(2) 定时/计数器溢出中断

该中断是为满足定时或计数的需要而设置的。单片机内部有两个定时/计数器。当计数单元发生计数溢出时,即表明定时时间已到或计数次数已满,这时就以计数溢出信号作为中断请求去置位一个溢出标志位,作为单片机接收中断请求的标志。T0 和 T1 的溢出标志位分别为 TF0 和 TF1。

（3）串行中断

串行中断用于串行数据的传送。当串行口发送完数据或接收到一个数据时，就产生一个中断请求。串行口的发送和接收完成标志分别为 TI 和 RI。

上述 3 类中断除了 2 个外部中断源直接来自单片机外部引脚外，其他均来自内部。

2. 中断方式

单片机的中断为固定入口式中断，即程序一旦响应中断就转入各中断相应的固定入口地址执行中断服务程序。具体入口如表 6.1 所示。

表 6.1 中断源及中断入口地址

中断源	入口地址
INT0	0003H
T0	000BH
INT1	0013H
T1	001BH
RI/TI	0023H

在这些单元中往往是安排了一些跳转指令，跳到真正的中断服务程序。这是因为给每个中断源安排的空间只有 8 个单元的缘故。如中断服务程序不超过 8 字节，也可不安排跳转指令，而直接在该处放置中断服务程序。

3. 中断控制寄存器

单片机的中断控制是通过对相应的 4 个特殊功能寄存器的设置实现的。

（1）定时/计数器控制寄存器（TCON）

TCON（地址为 88H）既有定时/计数器的控制功能又有中断控制功能，其内容和位地址如表 6.2 所示。

表 6.2 TCON 寄存器结构

位地址	D7	D6	D5	D4	D3	D2	D1	D0
位符号	TF1	TR1	TF0	TR0	IE1	IT1	IE0	IT0

与中断系统相关的控制位功能如下：

IT0：外部中断 0 触发方式选择控制位。当 IT0＝0 时，为电平触发方式，$\overline{INT0}$引脚输入低电平时有效；IT0＝1 时，为边沿触发方式，$\overline{INT0}$引脚输入下降沿信号时有效。

IE0：外部中断 0 请求标志位。在电平触发方式时，每个机器周期的 S5P2（第 5 状态周期中的节拍 2）采样$\overline{INT0}$引脚。若$\overline{INT0}$引脚为低电平，则 IE0 置"1"；边沿触发方式时，若$\overline{INT0}$有下降沿信号输入，则 IE0 置"1"。IE0＝1，表示外部中断 0 正在向 CPU 申请中断。当 CPU 响应中断，转向中断服务程序时，IE0 将自动由硬件清"0"。

IT1：外部中断 1 触发方式选择控制位，其意义和 IT0 类似。

IE1：外部中断 1 中断请求标志位，其意义和 IE0 类似。

TF0：MCS-51 片内定时/计数器 T0 溢出中断请求标志位。当启动 T0 计数后，定时/计数器 T0 从初值开始加 1 计数，当产生溢出时，TF0 由硬件置"1"，向 CPU 申请中断。CPU 响应 TF0 中断时，TF0 由硬件自动清"0"。TF0 也可由软件清"0"（查询方式）。

TF1：MCS-51片内的定时/计数器T1的溢出中断请求标志位，功能和TF0类似。

Q42　外部中断的边缘触发和电平触发有什么区别？

MCS-51单片机中的边缘触发是指当输入引脚电平由高到低发生跳变时，才引起中断。而电平触发是指只要外部引脚为低电平就引起中断。

在电平触发方式下，当外部引脚的低电平在中断服务返回前没有被拉高时（即撤除中断请求状态），会引起反复的不需要的中断，造成程序执行的错误。这类中断方式下，需要在中断服务程序中设置指令，清除外部中断的低电平状态，使之变为高电平。

边缘触发方式下，只有当中断输入引脚有由高电平向低电平的跳变才产生中断。因此，在这种方式下，即使在中断返回后中断输入引脚还为低电平也不会引起再次中断。在构建中断系统中，采用这种中断方式的较多。

（2）串行口控制寄存器SCON

SCON为串行口控制寄存器，字节地址为98H，可位寻址。SCON的低二位是串行口的接收中断和发送中断标志，其格式如表6.3所示。

表6.3　SCON寄存器结构

位序	D7	D6	D5	D4	D3	D2	D1	D0
位名称	—	—	—	—	—	—	TI	RI
位地址	—	—	—	—	—	—	99H	98H

SCON中各标志位的功能如下：

TI：串行口的发送中断请求标志位。CPU将一个字节的数据写入发送缓冲器SBUF时，就启动一帧串行数据的发送。每发送完一帧串行数据后，TI由硬件自动置"1"。但CPU响应中断时，CPU并不自动清除TI，必须在中断服务程序中用软件对TI清"0"。

RI：串行口接收中断请求标志位。在串行口允许接收时，每接收完一个串行帧，RI由硬件自动置"1"。CPU在响应中断时，也并不自动清除RI，必须在中断服务程序中用软件对RI清"0"。

值得指出的是，TI和RI都会引起串行中断，到底由哪个引起，需要在中断服务程序中判别TI和RI是否为"1"。

（3）中断允许控制寄存器IE

MCS-51的CPU对中断源的开放或屏蔽，是由片内的中断允许寄存器IE控制的。IE的字节地址为A8H，可进行位寻址，其格式如表6.4所示。

表6.4　IE寄存器结构

位序	D7	D6	D5	D4	D3	D2	D1	D0
位名称	EA	—	—	ES	ET1	EX1	ET0	EX0
位地址	AFH	—	—	ACH	ABH	AAH	A9H	A8H

EA：中断允许总控制位，相当于总开关。EA＝0，CPU 屏蔽所有的中断请求（也称 CPU 关中断）；EA＝1，CPU 开放所有中断（也称 CPU 开中断）。但应注意，此时每个中断源是否打开还受每一个中断的单独允许位的控制。

ES：串行口中断允许位。ES＝0，禁止串行口中断；ES＝1，允许串行口中断。

ET1：定时/计数器 T1 溢出中断允许位。ET1＝0，禁止 T1 中断；ET1＝1，允许 T1 中断。

ET0：定时/计数器 T0 的溢出中断允许位。ET0＝0，禁止 T0 中断；ET0＝1，允许 T0 中断。

EX0：外部中断 0 中断允许位。EX0＝0，禁止外部中断 0 中断；EX0＝1，允许外部中断 0 中断。

EX1：外部中断 1 中断允许位。EX1＝0，禁止外部中断 1 中断；EX1＝1，允许外部中断 1 中断。

一般开启某一单独中断时，要看看总的中断控制位是否已开启。关闭某一单独中断时，一般不要关总中断，因为关闭总的中断控制位会把其他不需要关闭的中断也全部关闭了。

（4）中断优先级寄存器 IP

MCS－51 的中断请求源有两个中断优先级，对于每一个中断请求源可由软件定为高优先级中断或低优先级中断，可实现两级中断嵌套。

MCS－51 的片内有一个中断优先级寄存器 IP，其字节地址为 B8H，可位寻址。只要用程序改变其内容，即可进行各中断源中断级别的设置和管理，IP 寄存器的位定义格式如表6.5 所示。

表 6.5　IP 寄存器结构

位序	D7	D6	D5	D4	D3	D2	D1	D0
位名称	—	—	—	PS	PT1	PX1	PT0	PX0
位地址	—	—	—	BCH	BBH	BAH	B9H	B8H

PX0、PT0、PX1、PT1、PS：分别为外部中断 0、定时/计数器 T0、外部中断 1、定时/计数器 T1、串行口中断优先级设置位。其中的某一位为 1 时设置该中断为高优先级，为 0 时设置该中断为低优先级。

MCS－51 单片机有多个中断源，但却只有两个用户可控的优先级，可实现二级中断嵌套。中断响应按如下基本原则进行：

（1）正在进行的高优先级中断不能被低优先级中断请求所中断，一直到该中断服务程序结束，返回了主程序且执行了主程序的一条指令后，CPU 才响应新的中断请求。反之，低优先级中断可以被高优先级中断请求所中断。

（2）在同一优先级中（不管是高优先级或低优先级），某个中断一旦得到响应，与它同级的中断请求就不能再中断它。

值得注意的是，CPU 同时接收到几个中断时，首先响应的是优先级最高的中断请求。但如果同级的多个中断请求同时出现，则按 CPU 查询次序确定的中断优先级排队来响应。这相当于在同一个优先级内，还同时存在另一个辅助优先级结构，其确定的查询次序见表6.6。由此可见，各中断源在同一个优先级的条件下同时申请中断时，外部中断 0 的中断将首先得到响应，串行口中断最后得到响应。

表 6.6　中断查询顺序表

中断源	中断查询顺序
外部中断 0	先
T0 溢出中断	
外部中断 1	↓
T1 溢出中断	
串行口中断	后

6.1.3　中断处理过程

中断处理过程可分为三个阶段,即中断响应、执行中断子程序和中断返回。其一般的流程图如图 6.3 所示。

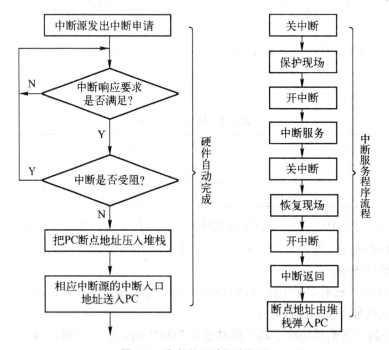

图 6.3　中断处理过程流程图

1. 中断响应条件

CPU 响应中断的条件主要有以下几点:

（1）由中断源发出中断申请。

（2）中断总允许位 EA=1,即 CPU 允许所有中断源申请中断。

（3）申请中断的中断源的中断允许位为 1,即此中断源没有被屏蔽,可以向 CPU 申请中断。如 ES=1。

以上是 CPU 响应中断的基本条件。若满足,CPU 一般会响应中断,但如果有下列任一种情况存在,中断响应即被封锁。

(1) 一个同级或高级的中断服务程序正在执行。

(2) 当前的机器周期不是正在执行的指令的最后一个周期,即正在执行的指令完成前任何中断请求都得不到响应。

(3) 正在执行的指令是返回指令 RETI 或者对专用寄存器 IE、IP 进行读/写的指令时,在执行 RETI 或者读写 IE 或 IP 之后,不会马上响应中断请求,必须再执行一条指令才响应中断。

2. 中断响应过程

CPU 响应中断后,由硬件自动执行如下的功能操作:

(1) 根据中断请求源的优先级高低,对相应的优先级状态触发器置 1。

(2) 保护断点,即把程序计数器 PC 的内容压入堆栈保护。

(3) 清内部硬件可清除的中断请求标志位(IE0、IE1、TF0、TF1)。

(4) 把被响应的中断服务程序入口地址送入 PC,从而转入相应的中断服务程序执行。

需要注意的是,51 单片机响应中断后只保护断点而不保护现场信息(如累加器 A、工作寄存器 Rn、程序状态字 PSW 等),也不能清除串行口中断标志 TI 和 RI,无法清除电平触发的外部中断请求信号,这些都需要用户在编写中断服务程序时予以考虑。

3. 中断返回

中断返回是指中断服务完成后,计算机返回到断点(原来断开的位置),继续执行原来的程序。中断返回由专门的中断返回指令"RETI"实现。该指令的功能是把断点地址取出,送回到程序计数器 PC 中去。另外,它还通知中断系统已完成中断处理,将清除优先级状态触发器。特别要注意不能用"RET"指令代替"RETI"指令。

4. 中断响应时间分析

中断响应时间是指 CPU 检测到中断请求信号到转入中断服务程序入口所需要的机器周期数。了解中断响应时间对设计实时测控应用系统有重要指导意义。

外部中断的最短的响应时间为 3 个机器周期:

(1) 中断请求标志位查询占 1 个机器周期。

(2) 转移到中断服务程序入口(实际上相当于执行了一条子程序调用指令 LCALL),需 2 个机器周期。

外部中断响应的最长的响应时间为 8 个机器周期:

(1) 发生在 CPU 进行中断标志查询时,刚好是开始执行 RETI 或是访问 IE 或 IP 的指令,则需把当前指令执行完再继续执行一条指令后,才能响应中断,当前指令执行完最长需 2 个机器周期。

(2) 接着再执行一条指令,按最长指令(乘法指令 MUL 和除法指令 DIV)来算,占用 4 个机器周期。

(3) 转移到中断服务程序入口,需要 2 个机器周期。

6.1.4 中断程序设计举例

1. 用外部中断输入 8 位并行数据

例 单片机 P0 端口连接到 8 个开关 K0~K7 上,另有一按键 S 连接到 $\overline{INT0}$ 引脚上,如

图 6.4 所示。由 K0～K7 每设定好一组数据后即按下按键 S,申请中断。中断程序中将 8 个开关的状态输入到单片机的工作寄存器 R0 中。

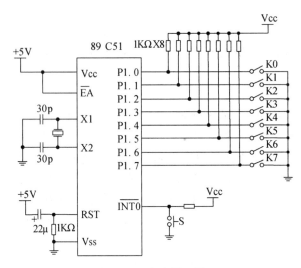

图 6.4　电路原理图

程序设计流程如图 6.5 所示。

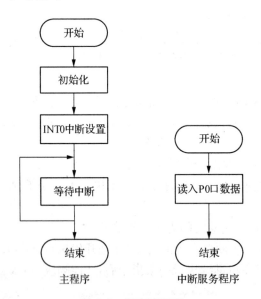

图 6.5　程序流程图

用汇编语言编写程序如下:

```
        ORG  0000H
        LJMP  START              ;调转到主程序
        ORG  0003H               ;INT0 中断起始地址
        LJMP  XINT0              ;跳到中断子程序
START:  MOV  P1,#0FFH            ;将 P1 口设为输入方式
        MOV  IE,#10000001B       ;INT0 中断开通,总中断开通
```

```
        MOV   IP, #00000001B        ;INT0 中断优先
        MOV   TCON, #00000001B      ;INT0 为下降沿触发
        MOV   SP, #70H              ;设定堆栈指针
        SJMP  $                     ;等待按键 S 按下,触发外部中断 0;
;INT0 中断服务子程序 ***********
XINT0:  MOV   R0, P1                ;将 P1 口的输入存入 R0 中
        RETI                        ;返回主程序
        END                         ;程序结束
```

2. 用多级中断控制灯闪烁*

例 将两个按键 S0 和 S1 分别连接到$\overline{INT0}$和$\overline{INT1}$外部中断引脚,按键按下时为低电平。将这两个外部中断分别设置为低优先级和高优先级。P1.0 和 P1.1 分别接 2 个 LED,其名称分别为 LD0 和 LD1,高电平点亮。电路设计如图 6.6 所示。要求编制汇编语言程序,当 S0 按下时,LD0 以 100 ms 为周期,闪烁 5 秒;当 S1 按下时,LD1 以 100 ms 为周期,也闪烁 5 秒。要求 LD1 闪烁期间,按下 S0 不会被打断,而 LD0 闪烁期间可以被 S1 按键打断,继而使 LD1 闪烁,在 LD1 闪烁 5 秒后,LD0 继续完成剩余 5 秒的闪烁。使用软件循环延时。设单片机时钟频率为 12.000 MHz。

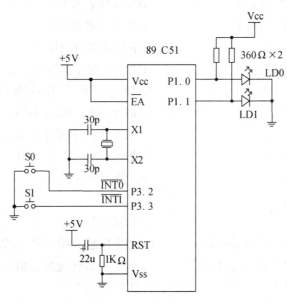

图 6.6 电路原理图

程序设计流程如图 6.7 所示。

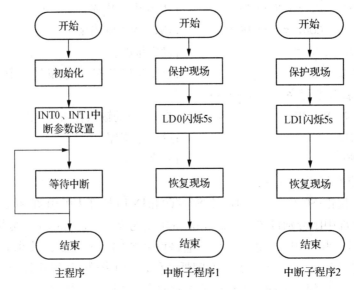

图 6.7　程序流程图

汇编语言编写的用多级外部中断控制灯闪烁源程序代码如下：

```
        LD0   BIT   P1.0          ;P1.0 命名为 LD0
        LD1   BIT   P1.1          ;P1.1 命名为 LD1
        ORG   0000H               ;主程序起始地址
        LJMP  START               ;跳到主程序 START
        ORG   0003H               ;INT0 中断子程序起始地址
        LJMP  EXT0                 ;跳至中断子程序 EXT0
        ORG   0013H               ;INT1 中断子程序起始地址
        LJMP  EXT1                 ;跳至中断子程序 EXT1
        ORG   100H                ;此条可有可无
START:  CLR   LD0                 ;关闭 LD0
        CLR   LD1                 ;关闭 LD1
        MOV   IE, #10000101B      ;中断开通,INT0、INT1、总中断
        MOV   IP, #00000100B      ;INT1 为高优先级、INT0 为低优先级
        SETB  IT0                 ;INT0 边沿触发
        SETB  IT1                 ;INT1 边沿触发
        MOV   SP, #70H            ;设定堆栈在 70H
        SJMP  $                   ;等待按键按下,触发外部中断
; INT0 中断服务子程序。对于中断中未破坏的相关寄存器,不需要在子程序中保护 ***
EXT0:   PUSH  PSW                 ;后面要用到 PSW,故先保护
        SETB  RS0                 ;选择工作寄存器组 1
        CLR   RS1
        MOV   R1, #100            ;循环次数
```

```
LOOP1：  CPL  LD0              ;取反 LD0,点亮或熄灭灯
         LCALL  DELAY         ;调用延时 50 ms 子程序
         DJNZ  R1, LOOP1      ;闪烁 5 秒的循环
         POP  PSW
         RETI                 ;返回主程序
; INT1 中断服务子程序 ********************
EXT1：   PUSH  PSW
         SETB  RS1            ;选择工作寄存器组 2
         CLR  RS0
         MOV  R1, ♯100        ;循环次数
LOOP2：  CPL  LD1             ;取反 LD1
         LCALL  DELAY         ;调用延时子程序
         DJNZ  R1, LOOP2      ;LD1 闪烁 5 秒
         POP  PSW
         RETI                 ;返回主程序
; 延时 50 ms 子程序 ********************
DELAY：  MOV  R2, ♯5
DLY1：   MOV  R3, ♯20
DLY2：   MOV  R4, ♯248
         DJNZ  R4, $
         DJNZ  R3, DLY2
         DJNZ  R2, DLY1
         RET
         END                 ;程序结束
```

本程序的中断设置和中断触发方式与前一段程序相同,这里不再赘述,但本程序多了对中断优先级的设置。

INT1中断子程序与INT0中断子程序基本结构是一致的,在中断子程序中 LED 以 100 ms为周期,闪烁 5 秒。具体实现方式是:调用延时子程序延时 50 ms 后,取反相应的 P1.0或 P1.1,不断循环,直至闪烁 5s。

本例中两个外部中断INT0和INT1同时存在,均采用边沿触发方式,并设置INT1为高优先级,INT0为低优先级。在执行低优先级中断服务程序时,可以被高优先级中断再次中断,但是低优先级中断请求不能中断高优先级中断服务程序。由此可以实现 LD1 闪烁期间,按下 S0 不会被中断,而 LD0 闪烁期间可以被 S1 按健中断,继而使 LD1 闪烁,在 LD1 闪烁 5 秒后,LD0 继续完成剩余 5 秒的闪烁。

上述程序还有几点值得注意:

(1) 在中断程序中如果使用了主程序中的相关寄存器,则在中断服务程序中要进行保护,返回时再恢复。例如 PSW,在中断服务程序中 SETB RS1 等语句改变了 PSW 的值;

(2) 在中断服务程序中可以调用其他子程序。但必须注意,如果被调用的子程序中使

用了一些寄存器,并且这些寄存器在中断服务程序或者主程序中也用到,则也应该在子程序开始时保护,结束时恢复。

(3) 本程序中两个中断服务程序都使用了相同的工作寄存器 R1 等,这会在两级中断时产生问题。例如,当 INT0 在被服务时 INT1 申请了中断。由于 INT1 优先级高,这时程序会进入 INT1 的中断服务程序,在 INT1 服务程序中又会改变 R1 的值。当返回到 INT0 中断服务程序时,R1 可能不再是原来的值了。这会引起程序的混乱。解决的办法很简单,在不同的中断服务程序中采用不同的工作寄存器组。这样虽然寄存器名相同,但是寄存器所在的地址却不相同,避免了冲突。一般主程序中使用工作寄存器组 0。

(4) 在不同的中断服务程序中调用同一个子程序是允许的。但是一定要注意使用不同的工作寄存器组。

6.2 定时/计数器

80C51 系列单片机的 51 子系列内部有两个定时/计数器,它既可以作为定时器使用,也可以作为计数器使用。52 系列还增加了一个定时/计数器。定时/计数器在有些文献中也直接简称为定时器。

6.2.1 定时/计数器的用途及工作原理

在单片机应用技术中,往往需要定时检查某个参数,或按一定时间间隔来进行某种控制,有时还需要根据某种事件的计数结果进行控制,这就需要单片机具有定时和计数功能。单片机内的定时/计数器正是为此而设计的。定时功能虽然可以用延时程序来实现,但这样做是以降低 CPU 的工作效率为代价的,使用定时器则不影响 CPU 的效率。

80C51 系列单片机的 51 子系列内部有两个 16 位定时/计数器,简称定时器 0 和定时器 1,分别用 T0 和 T1 表示。52 子系列单片机还增加了另一个 16 位定时/计数器 T2。定时器的基本结构如图 6.8 所示。

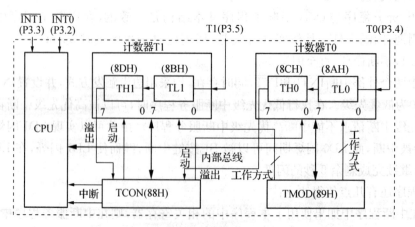

图 6.8 定时/计数器结构框图

从图中可以看出,每个定时/计数器都有一个核心部件:16 位的加一计数器或叫计数单元 T0 或 T1,该计数单元存放了当前的计数值。而每个计数单元又由两个 8 位寄存器组成。其中 T0 由两个 8 位寄存器 TH0、TL0 组成,T1 则由 TH1、TL1 组成。除此之外,还有两个 8 位寄存器 TCON、TMOD,用于对定时/计数器的相关参数进行设置。TMOD 为模式控制寄存器,主要用来设置定时/计数器的操作模式;TCON 为控制寄存器,主要用来控制定时/计数器的启动与停止。

6.2.2　定时/计数器的相关控制寄存器及设置

为了更深入理解定时/计数器及其参数设置,不妨结合其相关特殊功能寄存器以及其结构图来作详细说明。

1. 定时/计数器的相关寄存器

定时/计数器的相关寄存器除了 TH1、TL1、TH0、TL0 外,还有两个重要的特殊功能寄存器 TMOD 和 TCON。

TMOD 地址为 89H,用于控制定时器 T0 和 T1 的工作方式及操作模式。其中,TMOD 的高 4 位用于对 T1 的控制,低 4 位用于对 T0 的控制。各位定义及格式如表 6.7 所示。

表 6.7　工作模式控制寄存器 TMOD 结构

位序	D7	D6	D5	D4	D3	D2	D1	D0
位名称	GATE	C/$\overline{\text{T}}$	M1	M0	GATE	C/$\overline{\text{T}}$	M1	M0
应用	定时/计数器 1				定时/计数器 0			

GATE:门控位,用来控制定时器门控与否。

C/$\overline{\text{T}}$:定时或计数方式选择位。当 C/$\overline{\text{T}}$=0 时,为定时方式;当 C/$\overline{\text{T}}$=1 时,为计数方式。

M1、M0:工作模式选择位。两个工作模式选择位可以形成 4 种编码,对应 4 种工作模式,模式 0、1、2 和 3。

TCON 寄存器结构如表 6.8 所示。TCON 既参与中断控制,又参与定时/计数器控制。相关的位如下:

表 6.8　TCON 寄存器结构

位序	D7	D6	D5	D4	D3	D2	D1	D0
位名称	TF1	TR1	TF0	TR0	IE1	IT1	IE0	IT0

TR0:定时/计数器 T0 的运行控制位。TR0=1 时,启动定时/计数器 T0。TR0=0 时,停止定时/计数器 T0。

TR1:定时/计数器 T1 的运行控制位,其功能与 TR0 相同。

TF0:定时/计数器 T0 溢出标志位。当定时/计数器 0 发生溢出时,此位由硬件置 1,并在该中断允许时,向 CPU 申请中断。该位在中断响应完成后转向中断处理子程序时,由硬件自动清 0。TF0 也可作为程序查询的标志位,但在查询方式下,应由软件来清 0。

TF1:定时/计数器 T1 溢出标志位,其功能与 TF0 相同。

2. 定时/计数器的相关参数设置及意义

下面将根据 TMOD 和 TCON 的相关位，结合图 6.9 来详细解释定时计数器的工作机制及相关参数的设置方法。

（1）工作模式的选择（M1、M0）

两个选择位 M1、M0 经过二进制编码可以表示 4 种工作模式，分别是工作模式 0 到工作模式 3，如表 6.9 所示。

表 6.9　工作模式表及各模式的功能

M1	M0	工作模式	功能	最大计数
0	0	模式 0	13 位定时/计数器	8192
0	1	模式 1	16 位定时/计数器	65536
1	0	模式 2	8 位自动重装定时/计数器	256
1	1	模式 3	把 T0 分为两个计数器	256

① 工作模式 0

当 TMOD 中的 M1＝0，M0＝0 时，为 13 位定时/计数方式，使用 THi 的高 8 位和 TLi（i＝0 或 1）的低 5 位形成 13 位计数值。其结构如图 6.9(a)所示。这种方式的设置，是为了兼容此前的一些单片机，人们很少使用这种模式。

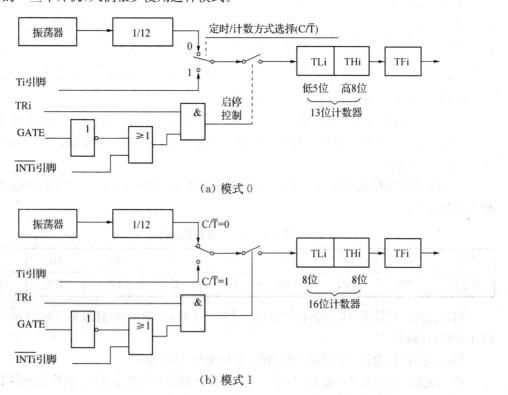

（a）模式 0

（b）模式 1

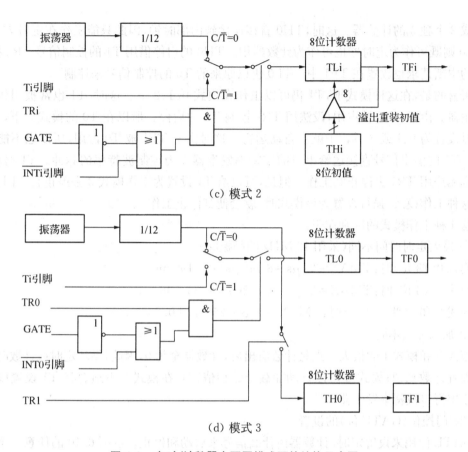

(c) 模式 2

(d) 模式 3

图 6.9　定时/计数器在不同模式下的结构示意图

② 工作模式 1

当 TMOD 中的 M1＝0，M0＝1 时，为 16 位定时/计数方式。其中 THi 为高 8 位，TLi 为低 8 位，共同组成 16 位计数值。这种模式除了定时/计数器的位数不同外，其他都与模式 0 相同。这是一种常用的工作模式。

③ 工作模式 2

当 TMOD 中的 M1＝1，M0＝0 时，为 8 位自动重装（Reloadable）初值的定时/计数器方式，其结构如图 6.9(c)所示。此时，计数单元是 8 位的，由 TLi 来承担。THi 则改变角色，为初值寄存器。每当 TLi 溢出时，TFi 置 1，单片机通过控制逻辑，自动将 THi 中的初值重新装载到 TLi 中，继续进行计数。

需要特别指出的是，在工作模式 2 下，定时/计数器的初值可以在其计数值溢出时由硬件实现重新自动装载，这样可实现精确定时。而在其他工作方式下，当定时/计数器溢出时，其计数值变为 0，需要在程序中重新设置初值，这需要占用一定时间，影响定时的精度。

特别值得注意的是，T1 常作为波特率发生器，在 8051 中也只有 T1 能作为波特率发生器。此时常将 T1 设置成方式 2。

④ 工作模式 3

当 M1＝1，M0＝1 时，就设置了工作模式 3，其结构如图 6.9(d)所示。值得注意的是，只有 T0 能够设置这种工作模式，T1 设置这种模式是无效的。在这种模式下，TH0 和 TL0 被分割成 2 个独立的计数器。这时,TH0 直接连接到内部时钟,因此只能工作在定时方式下。而 TL0 则既可作为定时器也可作为计数器用。TH0 的启停借用 T1 的控制信号 TR1 控制,产生的中断请求也放置在 TF1 中。TL0 仍以原来的 T0 的控制信号来控制。

可喜的是,在这种模式下,T1 仍可以工作在模式 0、1、2 下。这时,T1 也常被用作波特率发生器。由于 TR1 被占用,没法用 TR1 控制 T1 的启停。所以在 T0 的模式 3 下,T1 模式一旦设置为 0、1 或 2 后,T1 就会自动运行。这时由于 TF1 被 T0 占用,所以也不能产生中断。T1 的溢出信号直接送给串口的波特率发生器作为控制波特率的脉冲。T1 启动后,当然也无法用 TR1 去停止其工作。但是,可以给 T1 设置为工作模式 3 去停止它。因为 T1 没有这种工作模式,强行设置为该模式时,就会使其停止工作。

这 4 种工作模式的区别在于:

① 最大定时时间不同(采用 12 MHz 的晶振时)

模式 0(13 位)时:$TMAX = 2^{13} \mu s = 8\,192\ \mu s = 8.192\ ms$。

模式 1(16 位)时:$TMAX = 2^{16} \mu s = 65\,536\ \mu s = 65.536\ ms$。

模式 2 和 3(两个 8 位)时:$TMAX = 2^{8} \mu s = 256\ \mu s = 0.256\ ms$。

② 加载方式不同

模式 0 和模式 1 的最大特点是计数溢出后,计数器全为 0,因此,循环定时或计数时就要反复设置计数初值;模式 2 可以自动加载计数初值;T0 在模式 3 下适合将 T1 设置成模式 2,用于串行口波特率发生器。

(2) 门控位(GATE 位)的设置

GATE 位用来设置定时/计数器由什么信号来启动和停止。从图 6.10 的任意一个结构图分析可以发现:

当 GATE=0 时,定时/计数器由软件控制位 TRi 来控制启动或停止。当 TRi 为"1"时 Ti 开始计数,为"0"时停止计数。

当 GATE=1,且设置 TRi=1 时,定时/计数器的启停可由外部中断 $\overline{INTi}$ 管脚上的信号来控制。$\overline{INTi}$ 为"1"时 Ti 开始计数,为"0"时停止计数。当 GATE=1,TRi=0 时,相应定时/计数器停止工作,不受 $\overline{INT0}$ 或 $\overline{INT1}$ 的影响。设置 GATE=1,常用来测量外部 $\overline{INTi}$ 管脚上的高电平脉冲的宽度。

(3) 定时或计数方式选择位(C/$\overline{T}$位)设置

当 C/$\overline{T}$=0 时,为定时方式;当 C/$\overline{T}$=1 时,为计数方式。

前面提到,对于定时/计数器的核心部件计数器来说,它的功能就是加 1 计数。定时计数器到底工作在定时方式(Timer)还是计数方式(Counter),就看它输入计数脉冲源是来自内部时钟还是外部引脚。前者是定时,后者就是计数。从 6.9 中的任意一个结构图也可看出这一点。

当 C/$\overline{T}$=0 时,定时器 T0 经多路开关 K1 与振荡器的 12 分频器接通,这时计数输入信号是内部的时钟脉冲,即对机器周期进行计数。每过一个机器周期,计数器的值加 1。13 位计数器的计数最大值为 8192,所用时间为 8192 机器周期。当计数到 8191 后,再经过一个计数脉冲,计数器就产生溢出,计数器的值变为 0000000000000B。由于这种方式下输入的计数信号是时钟信号的 12 分频,其周期是可预知的,因此,由计数值直接可以换算成经历的时间。所以,这种方式称为定时方式。

当 C/T̄=1 时,多路开关 K1 与引脚 Ti 接通,这时计数器 Ti 的输入信号来自外部引脚 Ti 的脉冲信号。当输入信号产生由 1 到 0 的跳变时,计数器的值就会加 1,即对脉冲信号进行计数。由于从外部引脚输入的脉冲不一定是等周期的,即使是等周期也未知其周期参数,所以这种模式不能从计数值推算出经历的时间,只能计算脉冲的数量。因此,这种工作方式称为计数方式。

值得指出的是,这种方式下,如果外部输入脉冲是等周期的,而且周期预知,那么,即使是定时/计数器工作在计数方式下,也可实现定时功能。

(4) 定时/计数器初值的计算

利用定时/计数器进行定时和计数时,一般都是通过设置一个初值后进行计数,当定时/计数器溢出后,单片机执行相应程序,产生相应控制作用的。

在计数方式时,计数脉冲由外部引入,往往要求单片机在计满某一预期计数值后,经过中断触发或查询后去执行某一动作的。这个时候,计数器初值的计算非常简单:

$$X = M - 预期计数值$$

其中 X 为定时/计数器初值,需要最终转化为二进制值。M 是计数器的模,在模式 0 下是 $2^{13}=8\,192$,模式 1 下为 $2^{16}=65\,536$,其他为 $2^8=256$

例如:某工序要求对外部脉冲信号计 100 次,此时初值为:$X=M-100$

在定时方式时,因为计数脉冲由内部供给,是对每个机器周期进行计数。单片机往往是要求经过一定时间,经过中断触发或查询去执行某一动作的。此时,计数脉冲频率为 $f_{\text{cont}}=f_{\text{osc}} \times 1/12$,计数周期 $T=1/f_{\text{cont}}=12/f_{\text{osc}}$,此时定时计数器初值 X 等于

$$X = M - 预期计数值 = M - t/T = M - (f_{\text{osc}} \times t)/12$$

其中:f_{osc} 为振荡器的振荡频率,t 为要求定时的时间。同样,计算得到的初值需要转化为二进制数。

Q43 *什么是定时/计数器的飞读?*

定时/计数器的飞读是指在不停止其运行的情况下读取其计数值,其目的是不影响其定时或计数精度。有的 16 位的单片机由于一次可以读取 16 位的定时计数器值,所以,飞读时不会出现读出错误数据的问题。但是,像 MCS-51 系列单片机,定时计数器的值必须分两次读出,在某些情况下读出会出现错误。例如,对于 T1,假设计数值为 01FFH 时,先读取了 TL1 值,为 FFH,但当读取 TH1 的值时,计数器进行了加 1 动作,这时计数值变为 0200H,这时读到的 TH1 的值就是 02H 了。因而读到 T1 的值就变为 02FFH,显然是错误的。所以对 MCS-51 定时计数器的飞读,飞读后必须进行必要的数据修正,以使读出结果正确。

6.2.3 定时/计数器的初始化设置

使用定时/计数器定时或计数时,需要先对其进行设置,即进行初始化,初始化步骤

如下：

（1）确定工作方式，并写入 TMOD 寄存器中。

采用不同工作方式，其定时或计数长度不一样，在定时或计数时不能超过最大值。

（2）将计算出的计数器初始值装入 TLi、THi。前面介绍了计算初值的方法，得到的是十进制数，这时需要将其转换为二进制数，装入 TLi 和/或 THi 中。

（3）如果采用中断方式时，对 IE 中的相应中断允许位还需进行设置。

（4）启动定时器。通过将 TR0 或 TR1 置 1 来启动。

值得注意的是，如果用单片机的外部引脚$\overline{INT0}$或$\overline{INT1}$来进行定时/计数器的门控，还要设置 TMOD 中的 GATE 位为"1"。

另外，设置 TMOD、TCON、IE 时可以以字节方式整体写入，也可以用位的方式一位一位地写入，因为其相应位都是可单独读写的。

6.2.4　定时/计数器程序设计

1. 使用定时/计数器输出方波

例　使用定时/计数器 0，采用中断方式，在 P1.0 引脚上输出 1 kHz 方波。设单片机时钟频率为 12.000 MHz。电路设计如图 6.10 所示。

解　1 kHz 方波的周期为 1 ms，用定时/计数器定时 0.5 ms，在中断服务程序中对 P1.0 取反，不断定时，即可完成上述功能。

程序编制前，需要计算 T0 的初值。程序中要求用定时/计数器延时 0.5 ms。频率为 12.000 MHz 的晶振的机器周期为 1 μs，需计数 500。方式 1 下定时/计数器模为 65 536，65 536－500＝65 036 即为计数器的初始值，变换成十六进制为 FE0C。TH0 初值为 FEH，TL0 为 0CH。

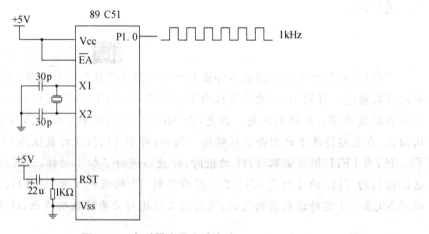

图 6.10　定时器应用实验电路

程序设计流程如图 6.11 所示。

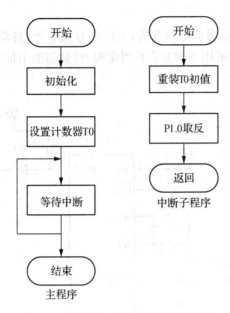

图 6.11　使用定时器延时程序流程图

汇编语言编写的使用定时器,计数器延时源程序如下:

```
        ORG   0000H
        LJMP  START
        ORG   000BH              ;T0 中断起始地址
        LJMP  TIM0               ;跳到 TIM0 中断子程序
START:  MOV   TMOD, ＃00000001B   ;设定 T0 工作在 MODE1
        MOV   TL0, ＃0CH          ;装入低位
        MOV   TH0, ＃0FEH         ;装入高位
        SETB  ET0                ;开启定时器 T0 中断
        SETB  EA                 ;开启总中断
        SETB  TR0                ;启动 T0 开始定时
        SJMP  $                  ;等待定时中断触发
;T0 中断服务程序 ****************************
TIM0:   CLR   TR0
        MOV   TL0, ＃0CH          ;重装初值
        MOV   TH0, ＃0FEH
        SETB  TR0
        CPL   P1.0               ;取反 P1.0
        RETI                     ;返回主程序
        END                      ;程序结束
```

2. 对按键次数进行计数*

例　将按键开关 S0 连接到单片机 T0 引脚上,单片机的 P1.0 引脚接一个 LED,高电平点亮。请编写汇编语言程序,使当 S0 按下 7 次后,LED 以 100 ms 为周期闪烁 2 秒。设单片

机时钟频率为 12.000 MHz。

解 根据题意,将 T0 设置成计数方式,工作在方式 2 下(自动重装载方式)。为了加深对查询方式的理解,本例中采用查询方式获得定时/计数器溢出信号。

电原理图如图 6.12 所示。

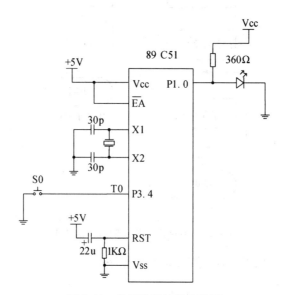

图 6.12 按键次数计数电路图

程序设计流程如图 6.13 所示。

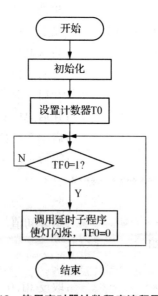

图 6.13 使用定时器计数程序流程图

汇编语言编写的源程序如下:

```
        ORG   0000H
        LJMP  START
START:  MOV   TMOD, #00000110B        ;设定 T0 工作在方式 2,计数模式,GATE=0
```

```
         MOV   TL0, ♯0F9H              ;装入初值(256-7=249=F9H)
         MOV   TH0, ♯0F9H              ;装入重装载值
         CLR   ET0                     ;采用查询方式,故禁止中断
         SETB  TR0                     ;启动 T0 开始计数
         CLR   TF0                     ;清除溢出标志位
LOOP:    JNB   TF0, $                  ;T0 没有溢出(计数满 7 次),则等待
         CLR   TF0
         LCALL FLASH2S                 ;调用 LED 闪烁 2s 的子程序
         SJMP  LOOP                    ;继续等待按键
```

;指示灯闪烁 2s 子程序 ***********************

```
FLASH2S: MOV   R0, ♯40                ;设置闪烁 2s 的循环次数
FLSH_LP: CPL   P1.0                    ;点亮或熄灭 LED 的循环
         MOV   R2, ♯5                  ;以下为软件延时 50 ms 循环
DLY1:    MOV   R3, ♯20
DLY2:    MOV   R4, ♯248
         DJNZ  R4, $
         DJNZ  R3, DLY2
         DJNZ  R2, DLY1
         DJNZ  R0, FLSH_L P
         RET
         END                          ;程序结束
```

3. 使用门控对一次按键的时间进行测量 **

例 将按键开关 S0 同时连接到单片机 $\overline{INT0}$ 和 $\overline{INT1}$ 引脚上,设按键按下时为高电平。请编写汇编语言程序,测量 S0 按下的时间(单位为微秒)。当按键释放时,同时会在 $\overline{INT0}$ 引脚上产生下跳沿,请在 INT0 的中断服务程序中将时间读出,存放在 R2R1R0 中。设单片机时钟频率为 12.000 MHz。

解 程序如下:

```
         ORG   0000H
         LJMP  START                   ;跳转到主程序
         LJMP  EX_INT0                 ;跳转到 INT0 中断服务程序
         ORG   001BH                   ;INT1 中断入口地址
         LJMP  T1_INT                  ;跳转到 T1 中断服务子程序
START:   MOV   TMOD, ♯10010000B        ;T1 工作在 MODE 1,门控位置 1,定时模式
         MOV   TL1, ♯0                 ;装入低 8 位
         MOV   TH1, ♯0                 ;装入高 8 位
         MOV   R4, ♯00H                ;R4 赋初值,R4 用于计数值的最高 8 位
         SETB  IT0                     ;INT0 设置为下降沿触发
         SETB  EX0                     ;开外部中断 0 中断
```

```
        SETB    ET1                 ;开 T1 中断
        SETB    EA                  ;开总中断
        SETB    TR1                 ;启动 T1
        SJMP    $                   ;等待中断
;INT0 中断服务程序 ********************************
EX_INT0:MOV    R0，TL1              ;时间低 8 位存入 R0
        MOV    R1，TH1              ;时间次低 8 位存入 R1，
        MOV    A，R4                ;最高 8 位存入 R2 中
        MOV    R2，A
        MOV    TL1，#0              ;计数值低 8 位清 0
        MOV    TH1，#0              ;计数值次低 8 位清 0
        MOV    R4，#0               ;计数值最高 8 位清 0,准备下一次测量
        RETI                        ;返回主程序
;T1 中断服务程序 ********************************
T1_INT:INC     R4                   ;T1 溢出表明时间值的低 16 位向上有进位,故
                                      R4 加 1
        RETI                        ;返回主程序
        END                         ;程序结束
```

由于定时方式下的 T1 计数间隔是机器周期,在 12 MHz 晶振下 1 机器周期正好为 1 μs,所以计数值的单位就是 1 μs。由于定时/计数器为二进制 16 位,但所要求的测量的时间值为 24 位,故每次计数器 T1 溢出产生中断时,在中断服务程序中让最高 8 位加 1(最高 8 位暂存在 R4 中),这个最高的 8 位与 TH1、TL1 一起就形成了 24 位时间值,最后放置在 R2R1R0 中。

由于 GATE 位为 1,所以按键按下时,$\overline{INT1}$引脚由低电平变为高电平,T1 开始对内部时钟计数;按键释放后,$\overline{INT1}$引脚由高电平变为低电平,T1 停止计数。同时由于$\overline{INT0}$引脚也由高电平变为低电平,产生中断。在 INT0 的中断服务程序中即可读取当前的 TH1 和 TL1 值,将其分别存放在 R1、R0 中,同时将在 R4 暂存的最高 8 位值存入 R2 中,形成 24 为时间值 R2R1R0,以便供主程序的某些程序读取使用。

6.3 串行通信

一台计算机与其他计算机之间往往需要交换信息,这些信息交换称为通信。单片机也具有通信功能,本节将介绍单片机串行通信的基本概念及相关应用实例。

6.3.1 单片机串行通信概述

通信的基本方式分为并行通信和串行通信两种。

并行通信将构成一组数据的各位同时进行传送,例如 8 位数据或 16 位数据并行传送。

其特点是传送速度快,但当距离较远、位数又多时,会导致通信线路复杂且成本高。

串行通信将构成数据的各位逐位地按顺序传送。串行传送的优点是传输线少、通信距离长,特别适用于控制系统以及远程通信,缺点是传送速度慢。

图 6.14 是并行和串行通信的示意图。由图可知,假设并行传送 N 位数据所需时间为 T,那么串行传送的时间至少为 N×T,而实际上总是大于 N×T 的。

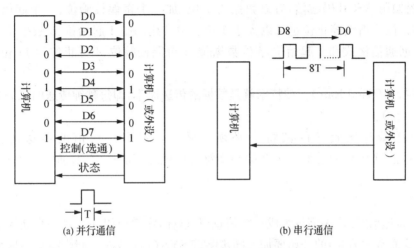

图 6.14　通信的两种基本方式

串行通信又可分为异步传送和同步传送两种方式。

1. 异步传送方式

异步传送的特点是数据在线路上的传送不连续。传送时,数据是以一个字符为单位进行传送的。它用一个起始位表示字符的开始,用停止位表示字符的结束。异步传送的字符格式如图 6.15 表示。

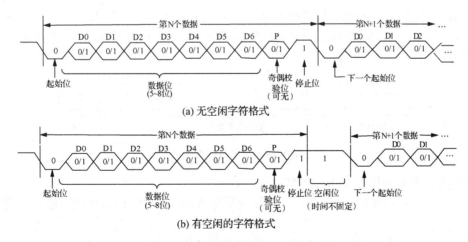

图 6.15　串行异步传送的字符格式

一个字符又称一帧信息。一帧信息由起始位、数据位、奇偶校验位和停止位 4 个部分组成。起始位为信号 0,占 1 位;其后是数据位,可以是 5~8 位,传送时低位在先、高位在后;再后面的 1 位是奇偶校验位,也可以不要这一位;最后是停止位,它用信号 1 来表示一帧信息的结束,可以是1位、1位半或2位。

异步传送中,字符间隔不固定。在停止位后可以加空闲位,空闲位用高电平表示,用于等待传送。这样,接收和发送可以随时或间断进行,而不受时间的限制。

在串行异步传送中,通信双方必须事先约定

(1) 字符格式。双方要事先约定字符的编码形式、奇偶校验形式及起始位和停止位的规定。例如用 ASCII 码通信,有效数据为 7 位,加一个奇偶校验位、一个起始位和一个停止位共 10 位。当然停止位也可以大于 1 位。更常用的是 1 起始位、8 数据位、1 停止位的 10 位数据通信格式和 1 起始位、8 位数据位、1 奇偶校验位、1 停止位的 11 位数据通信格式。

(2) 波特率(Baud Rate)。波特率就是数据的传送速率,即每秒钟传送的二进制位数,单位为位/秒(bps)。

要求发送端与接收端的波特率必须一致。异步串行通信的传送速率一般为 0~20 Kbps,常用于计算机到 CRT 终端和字符打印机之间的通信、直通电报以及无线电通信的数据发送等。

2. 同步传送方式

采用同步通信时,许多字符组成一个信息组,这样,字符可以一个接一个地传输。但是,在每组信息(通常称为帧)的开始要加上同步字符 SYN(1 个或 2 个同步字),最后加上校验。实际上异步通信一个一个字符传送,靠位同步;同步通信一个一个数据块传送,靠同步字来同步。在没有信息要传输时,要填上空字符,因为同步传输不允许有间隙。在同步传输过程中,一个字符可以对应 5~8 位。当然,对同一个传输过程,所有字符对应同样的数位,比如说 n 位。这样,传输时,按每 n 位划分为一个时间片。

同步传输时,一个信息帧中包含许多字符,每个信息帧用同步字符作为开始,一般将同步字符和空字符用同一个代码。在整个系统中,由一个统一的时钟控制发送端的发送。接收端当然是应该能识别同步字符的,当检测到有一串数据和同步字符相匹配时,就认为开始一个信息帧。于是,把此后的数据作为实际传输信息来处理。如图 6.16 所示。

图 6.16 同步通信的格式

串行通信的数据传送方式有三种:

(1) 单工方式:如图 6.17(a)所示,A 端为发送站,B 端为接收站,数据仅能从 A 站发至 B 站。

(2) 半双工方式:如图 6.17(b)所示,数据既可以从 A 站发送到 B 站,也可以由 B 站发送至 A 站。不过,在同一时间只能作一个方向的传送。

(3) 全双工方式:如图 6.17(c)所示,每个站(A、B)既可同时发送也可同时接收。

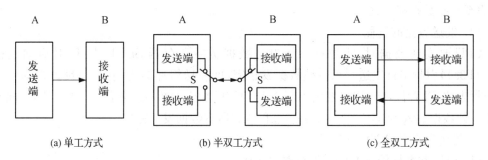

(a) 单工方式　　　　(b) 半双工方式　　　　(c) 全双工方式

图 6.17　串行通信数据传送的三种方式

6.3.2　串行口的控制

1. 串行口的结构

80C51 单片机的串行口主要由两个数据缓冲寄存器 SBUF、一个输入位移寄存器以及两个控制寄存器 SCON 和 PCON 组成,其结构如图 6.18 所示。

其中,缓冲寄存器 SBUF 是主体,它是专用寄存器:一个作发送缓冲器,一个作接收缓冲器。两个缓冲器共用一个地址 99H,使用同一个寄存器名字 SBUF。在使用 SBUF 时到底用的是接收缓冲器还是发送缓冲器,由读写信号区分,CPU 写 SBUF 就是写到发送缓冲器,读 SBUF 就是从接收缓冲器获得接收到的数据。

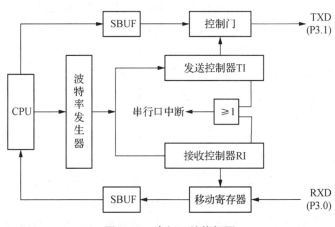

图 6.18　串行口结构框图

控制寄存器 SCON 和 PCON 用来设定串行口的工作方式并对接收和发送进行控制。

2. 串行通信过程

（1）接收数据的过程

在进行通信时,当 CPU 允许接收时,即 SCON 的 REN 位置 1 时,外界数据通过引脚 RXD(P3.0)串行输入,数据的最低位首先进入移位寄存器,一帧接收完毕后再并行送入接收数据缓冲寄存器 SBUF 中,同时将接收控制位即中断标志位 RI 置位,向 CPU 发出中断请求。

CPU 响应中断后读取输入的数据,同时用软件将 RI 位清除,准备开始下一帧的输入过

程,直至所有数据接收完。

（2）发送数据的过程

CPU 要发送数据时，将数据写入发送数据缓冲寄存器 SBUF 中，同时启动数据由 TXD(P3.1)引脚串行发送。当一帧数据发送完，即发送缓冲器为空时，由硬件自动将发送中断标志位 TI 置位，向 CPU 发出中断请求。CPU 响应中断后用软件将 TI 位清除，同时又将下一帧数据写入 SBUF 中，重复上述过程直到所有数据发送完毕。

3. 控制寄存器 PCON 和 SCON

（1）电源和数据传输率控制寄存器 PCON

PCON 是电源和数据传输率控制寄存器，其中第 7 位 SMOD 为串行口波特率加倍控制位，当 SMOD＝1 时，波特率加倍。SMOD＝0 时，不加倍。

（2）串行口控制寄存器 SCON

SCON 主要功能是设定串行口的工作方式、接收和发送控制以及设置状态标志，地址为 98H，其格式及各位的功能如表 6.10 所示。

表 6.10 串行控制寄存器 SCON 格式

98H	SM0	SM1	SM2	REN	TB8	RB8	T1	R1

RI：接收中断标志。在方式 0 中，第 8 位接收完毕，RI 由硬件置位。在其他方式中，在接收停止位的一半时，由硬件自动置位。RI 也需由软件清 0。

TI：发送中断标志。在方式 0 中，发送完第 8 位数据时，由硬件自动置位（设定为 1）；在其他方式中，在发送停止位开始时由硬件自动置位。TI＝1 时，申请中断，CPU 响应中断后，发送下一帧数据。在任何方式中，TI 都必须由软件清 0。

RB8：在方式 2、方式 3 中，RB8 是接收的第 9 位数据；在多机通信中为地址、数据标志位；方式 0 中 RB8 未用；在方式 1 中，若 SM2＝0，则接收的停止位自动存入 RB8 中。

TB8：在方式 2、方式 3 中，此位会被当成第 9 位数据发送出去。根据需要用软件置位或清 0。

REN：允许串行接收位。REN＝1 时，允许接收，REN＝0 时，禁止接收。该位由软件置位或清 0。

SM2：允许方式 2 和方式 3 进行多机通信控制位。SM2 是专为多机通讯的需要而设立的。因为多机通讯是在方式 2 和方式 3 下进行的，所以 SM2 主要为方式 2 和方式 3 而设立。

在方式 2 和方式 3 下，若 SM2 为 1，则只有接收到的第 9 位数据（RB8）为 1，RI 才置 1，产生中断请求，并将接收到的数据存入 SBUF 中。若接收到第 9 位数据为 0，则接收到的前 8 位数据被丢弃，RI 保持原来为 0 的状态，不产生中断请求；若 SM2 为 0，则不论接收到的第 9 位数据（RB8）为 1 还是 0，都会将接收到的前 8 位数据存入 SBUF 中，RI 置 1，产生中断请求。注意，TB8 和 RB8 是对应的，一个在发送端，一个在接收端。

在方式 1 中，若 SM2＝1，只有接收到有效的停止位 RI 才被置 1。

在方式 0 中，SM2 必须是 0。

SM0、SM1：串行口工作方式选择位。两个选择位对应 4 种方式，如表 6.11 所示。

表 6.11　串行口工作方式

SM0	SM1	方式	功能说明
0	0	0	同步移位寄存器方式(用于扩展 I/O 口)
0	1	1	8 位 UART,波特率由定时/计数器控制(T1 溢出率/n)
1	0	2	9 位 UART,波特率为 $f_{osc}/64$ 或 $f_{osc}/32$
1	1	3	9 位 UART,波特率由定时/计数器控制(T1 溢出率/n)

注:f_{osc} 为时钟频率。$n=16$ 或 32

4. 串行口的 4 种工作方式

(1) 方式 0

方式 0 又叫同步移位寄存器方式。图 6.19 是方式 0 的结构示意图。在这种方式下,数据从 RXD(P3.0)端串行输出或输入,同步信号(移位输入或输出的时钟信号)从 TXD(P3.1)端输出,其波特率(或数据传输率)是固定的,为 $f_{osc}/12$。该方式以 8 位数据为一帧,没有起始位和停止位,发送或接收时低位在前。

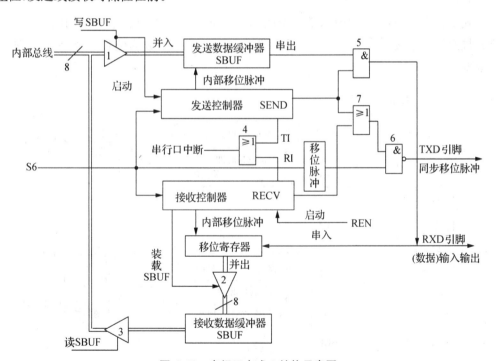

图 6.19　串行口方式 0 结构示意图

发送:CPU 执行一条写 SBUF 的指令,就启动了发送过程。指令执行期间送来的写信号打开三态门 1,将经内部总线送来的 8 位并行数据写入发送数据缓冲器 SBUF,写信号的同时启动发送控制器。此后,CPU 与串行口并行工作。经过一个机器周期,发送控制端 SEND 有效(高电平),打开门 5 和门 6,允许 RXD 引脚发送数据,TXD 引脚输出同步移位脉冲。在时钟信号 S6 触发产生的内部移位脉冲作用下,发送数据缓冲器中的数据逐位串行输出,每一个机器周期从 RXD 上发送一位数据,故波特率为 $f_{osc}/12$。S6 同时形成同步移位脉冲,一个机器周期从 TXD 上输出。8 位数据(一帧)发送完毕后,SEND 恢复低电平状态,停止发送数据。且发送控制器硬件置发送中断标志 TI＝1,向 CPU 申请中断。如要再次发送数据,必须用软件将 TI 清零,并再次执行写 SBUF 指令。

接收:在 RI＝0 的条件下,将 REN(SCON.4)置 1 就启动一次接收过程。此时 RXD 为串行数据接收端,TXD 依然输出同步移位脉冲。

REN 置 1 启动了接收控制器。经过一个机器周期,接收控制端 RECV 有效(高电平),打开门 6,允许 TXD 输出同步移位脉冲。该脉冲控制外接芯片逐位输入数据,波特率为 $f_{osc}/12$。在内部移位脉冲作用下,RXD 上的串行数据逐位移入移位寄存器。当 8 位数据(一帧)全部移入移位寄存器后,接收控制器使 RECV 失效,停止输出移位脉冲,还发出"装载 SBUF"信号,打开三态门 2,将 8 位数据并行送入接收数据缓冲器 SBUF 中保存。与此同时,接收控制器硬件置接收中断标志 RI＝1,向 CPU 申请中断。CPU 响应中断后,需用软件使 RI＝0,使移位寄存器开始接收下一帧信息,然后通过读接收缓冲器的指令,例如 MOV A,SBUF,读取 SBUF 中的数据。在执行这条指令时,CPU 发出的"读 SBUF"信号打开三态门 3,数据经内部总线进入 CPU。

（2）方式 1

方式 1 为 8 位异步通信接口,适合于点对点的异步通信,其结构示意图如图 6.20 所示。该方式规定发送或接收一帧信息为 10 位,即 1 个启始位、8 个数据位和 1 个停止位,波特率可以改变。

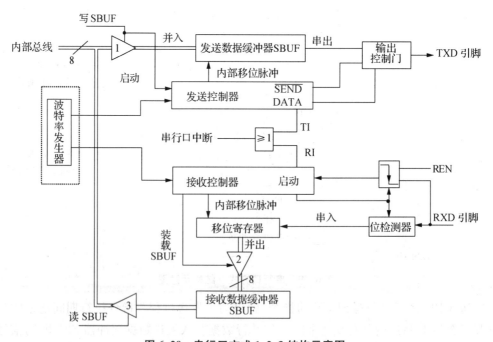

图 6.20　串行口方式 1、2、3 结构示意图

$$波特率(bps,位／秒) = 2^{SMOD} \times 定时／计数器 T1 溢出率／32$$

$$= \frac{2^{SMOD}}{32} \times \frac{f_{osc}}{12 \times (256 - TH1)}$$

因此,在波特率确定后,TH1 初值为

$$\text{TH1} = 256 - \frac{f_{\text{osc}}}{\text{波特率} \times 12 \times (32/2^{\text{SMOD}})}$$

注意,上式是 T1 工作在方式 2 下的初值计算式。如果工作在其他方式,公式应作相应更改。

发送:CPU 执行一条写 SBUF 指令便启动了串行口发送,数据从 TXD 输出。在指令执行期间,CPU 送来"写 SBUF"信号,将并行数据送入 SBUF,并启动发送控制器。经一个机器周期,发送控制端的 $\overline{\text{SEND}}$、DATA 相继有效,通过输出控制门从 TXD 上逐位输出一帧信息。一帧信息发送完毕后,$\overline{\text{SEND}}$、DATA 失效,发送控制器硬件置发送中断标志 TI=1,向 CPU 申请中断。

接收:接收时要记得将允许接收控制位 REN 置 1。这时接收器为可接收数据状态,跳变检测器以所选波特率的 16 倍速率采样 RXD 引脚上的电平。当采样到从 1 到 0 的负跳变时,启动接收控制器接收数据。由于发送、接受双方各自使用自己的时钟,因而两者的频率总有少许差异。为了避免这种影响,控制器将 1 位的传送时间分成 16 等份,位检测器在 7、8、9 三个状态,也就是在信号中央采样 RXD 三次。而且,三次采样中至少两次相同的值被确认为数据,这是为了减少干扰的影响。如果接收到的起始位的值不是 0,则起始位无效,复位接收电路。如果起始位为 0,则开始接收本帧其他各位数据。控制器发出内部移位脉冲将 RXD 上的数据逐位移入移位寄存器,当 8 位数据及停止位全部移入后,根据以下状态,进行相应操作。

① 如果 RI=0、SM2=0,接收控制器发出"装载 SBUF"信号,将 8 位数据装入接收数据缓冲器 SBUF,停止位装入 RB8,并置 RI=1,向 CPU 申请中断。

② 如果 RI=0、SM2=1,那么只有停止位为 1 才发生上述操作。

③ RI=0、SM2=1 且停止位为 0,所接收的数据不装入 SBUF,数据将会丢失。

④ 如果 RI=1,则所接收的数据在任何情况下都不装入 SBUF,即数据丢失。

无论出现哪一种情况,跳变检测器将继续采样 RXD 引脚的负跳变,以便接收下一帧信息。

(3) 方式 2 与方式 3

方式 2 与方式 3 都是 9 位异步通信接口,其结构示意图如图 6.20 所示。接收或发送一帧信息由 11 位数据组成,1 个启始位、8 个数据位、1 个可编程位和 1 个停止位。可编程位常用于奇偶校验或用于多机通信中的地址、数据帧的区分。方式 2 与方式 3 仅波特率不同,方式 2 的波特率为 $f_{\text{osc}}/32$(SMOD=1 时)或 $f_{\text{osc}}/64$(SMOD=0 时),而方式 3 的波特率由定时/计数器 T1 溢出率及 SMOD 决定,计算方法与方式 1 相同。

在方式 2、方式 3 时,发送、接收数据的过程与方式 1 基本相同,所不同的仅在于对第 9 位数据的处理上。发送时,第 9 位数据由 SCON 中的 TB8 位提供。接收数据时,当第 9 位数据移入移位寄存器后,将前 8 位数据装入 SBUF,第 9 位数据装入 SCON 中的 RB8。

Q44　定时/计数器作为波特率发生器的注意事项?

在串行口的工作方式 1 和 3 下,单片机直接将 T1 的溢出脉冲连接到波特率发生器,这时 T1 的溢出率决定了串口的波特率。51 子系列中只有 T1 可用于串口的波特率发生器。52 中 T1 和 T2 都可以,由 T2CON 中的某些位来选择哪个定时计数器作为波特率发生器使用。当定时/计数器用于波特率发生器时,最好设置成可重装载的模式,即模式 2,并且屏蔽该定时计数器的中断。同时,在进行串行通信前,一定要启动该定时/计数器。但需要说明的是,定时计数器工作在 1、2 模式下都可作为波特率发生器。并且,如果有需求的话,也允许中断。但如果允许该定时计数器中断,又没有设置中断服务程序,或者设置了中断服务程序没有及时返回的话,是会严重影响通信的波特率的。另外,采用 12.0000 MHz 晶振时,由于在某些标准波特率下得不到整数的定时/计数器初值,所以,产生的波特率是有偏差的(读者可自行验证)。因此,常采用 11.0592 MHz 的晶振。

Q45　SM2 如何用于多机通信?

在单片机进行多机通信时,一般都通过主从方式进行通信。亦即设置一台主机(叫上位机)、多台从机(下位机)。这些通信节点都挂在 RS-232(或 RS-485 或 RS422)总线上。虽然是多机通信,但总是上位机发起通信请求的,下位机是被动的。上位机通过"轮呼",即轮流循环呼叫每台下位机的方式,跟每台下位机联系。每台下位机都有一个唯一地址。上位机轮呼的一组信息中首先给出的是欲呼叫的下位机的地址信息,紧跟着是命令或数据信息(这里统称为数据信息)。8 位的地址信息以 TB8(即第 9 位数据,对于接收方是 RB8)=1 作为标识,数据信息以 TB8(RB8)=0 作为标识。利用 SM2 进行多机通信的规则是:1) 首先每台下位机 SM2 都设置成 1,都可接收上位机发来的地址信息;2) 每台下位机都接收到上位机发来的地址信息,将此地址信息与本机的地址信息比较;3) 若地址信息相同,则判定为上位机发送的信息是给本机的。这时 SM2 设置为 0,准备接收上位机接下来发来的数据信息,并根据这些数据信息进行应答。若地址信息不同,则判定为上位机发送的信息不是给本机的,此时 SM2 仍保持为 1,接收到的数据信息将被丢弃。4) 被指定的下位机与上位机完成通信后,该机的 SM2 重新设置为 1,而其他下位机的 SM2 本来就是 1。这时,所有下位机又重新处于等待上位机发送地址信息的状态。5)此后,上位机将继续呼叫下一台下位机,并与之通信,如此循环。

6.3.3　串行通信程序设计

MCS-51 单片机的串行口应用在实际使用中通常用于三种情况:利用方式 0 扩展并行 I/O 接口;利用方式 1、2、3 实现点对点的双机通信;利用方式 2 或方式 3 实现多机通信。

1. 利用方式 0 扩展并行 I/O 口

为了降低成本,常用串行口扩展的并行 I/O 口完成键盘和显示的接口。MCS-51 单片机的串行口在方式 0 时,当外接一个串入并出的移位寄存器,就可以扩展并行输出口;当外接一个并入串出的移位寄存器时,就可以扩展并行输入口。

下例中利用 74LS164 连接 8 个 LED,进行灯的循环点亮。如果扩展两个 74LS164,可扩展成 16 位并行输出口,这时可进行 8 个数码管的显示。详见相关接口电路的章节。

例　将 51 单片机串行口设定在方式 0 下,并将 RXD(P3.0)和 TXD(P3.1)接 74LS164 芯片,扩展成 8 个输出端口。这 8 个输出口连接 8 个 LED,见图 6.21。要求将 8 个 LED 从上到下按 0.5s 的间隔循环点亮。

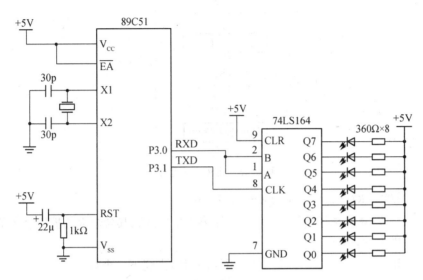

图 6.21　串行输出口扩展电路

74LS164 芯片是串行输入并行输出的移位寄存器,其引脚如图 6.22 所示。

- $Q_0 \sim Q_7$:并行输出端。
- A、B:串行输入端,其内部为"与"的关系。
- CLR:清除端,0 电平时使 74LS164 输出清 0。
- CLK:时钟脉冲输入端,在脉冲的上升沿实现位移。

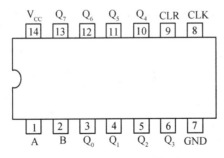

图 6.22　74LS164 引脚图

解　程序流程图(如图 6.23)及汇编语言编写的扩展 8 个输出端口源程序代码如下:

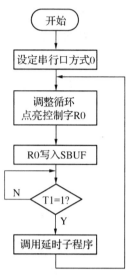

图 6.23　主程序流程图

```
            MOV   SCON , ♯00000000B    ;设串行口方式 0
            MOV   R0, ♯7FH             ; 让第 1 个灯点亮其余熄灭的控制字节值
    A1:     MOV   A, R0
            RR    A                    ;循环右移,点亮下一个灯
            MOV   SBUF, A              ;将 A 值送到 SBUF,输出到并行口控制指示灯的亮灭
            MOV   R0, A
            MOV   R1, ♯10              ;延时 0.5s。不必要判断串行口是否发送完成
                                       ;因为 0.5 s 肯定发送完了
    A2:     LCALL DELAY
            DJNZ  R1, A2               ;调用 10 次为 0.5s
            SJMP  A1
;延时 50 ms 子程序 ********************
    DELAY:  MOV   R2, ♯5
    DLY1:   MOV   R3, ♯20
    DLY2:   MOV   R4, ♯248
            DJNZ  R4, $
            DJNZ  R3, DLY2
            DJNZ  R2, DLY1
            RET
```

（2）用串行口扩展 8 个并行输入口

例　利用一个并入或串入、串出的移位寄存器 74LS166 芯片与单片机串行口相连扩展 8 个输入端口,如图 6.24 所示。74166 芯片连接 8 位波段开关,作为单片机的数据输入端。试编写汇编语言程序子程序 GET_SW,将开关状态读入到 R7 中。假设在调用子程序前已初始化串行口。

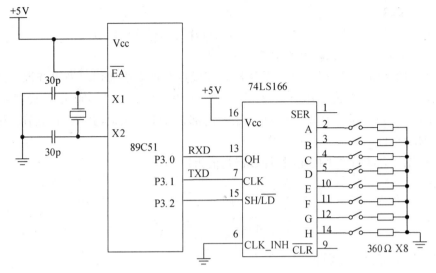

图 6.24　串行输入口扩展电路

74LS166 内含 8 个触发器,其引脚如图 6.25 所示。

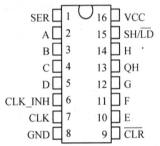

图 6.25　74LS165 引脚图

● A~H:并行输入端;SER:串行输入端;QH:串行输出端

● $\overline{CLR}$:清零输入端。$\overline{CLR}$端的负脉冲将使芯片的 8 个触发器清 0,当然 QH 也为 0。

● CLK:时钟脉冲输入端,上升沿发生移位操作;CLK_INH:时钟脉冲输入禁止端。CLK 和 CLK_INH 实际上是一个或非门的两个输入端,其任一为高电平,将禁止另一输入时钟;任一为低电平,将允许另一输入时钟。只有 CLK 为高电平时才允许 CLK_INH 从低跳变至高电平。

● SH/$\overline{LD}$:串行、并行输入控制端。高电平时允许串行数据输入。每个时钟脉冲移位一次。移入的数据由 SER 输入,移出的数据从 QH 端输出;当为低电平时,允许并行数据输入,在下一个时钟脉冲将并行数据装载到 8 位寄存器中;在装载过程中,移位操作被禁止。

解　源程序如下:

```
GET_SW: CLR  P3.2       ;置 166 为装载数据状态
        CLR  P3.1
        ACALL DELAY      ;调用延时子程序,程序中未列出
        SETB P3.1        ;CLK 上升沿装载并行数据
        ACALL DELAY
        SETB P3.2        ;置 166 为移位状态
```

```
        CLR   RI
        SETB  REN                ;启动单片机串行移位接收
```

2. 串行口点对点双机通信(查询方式)

例 编写汇编语言程序,在 2 个单片机间完成点对点双机通信。采用查询方式发送和接收数据。串行口设置成工作方式 3、奇校验,波特率设置成 9 600 b/s,设晶振频率为 11.059 2 MHz。设发送的数放在 50H 开始的内部 RAM 单元中,共 20 个字节。接收数据放在内部 RAM 的 30H 开始的单元中。

解 首先计算波特率下的定时/计数器初值为:

$$TH1 = 256 - \frac{f_{osc}}{波特率 \times 12 \times (32/2^{SMOD})}$$
$$= 256 - \frac{11.059\,2 \times 10^6}{9600 \times 12 \times 32} = 253$$

所得汇编语言程序分别如下

(1) 甲机发送查询方式发送程序

```
DT_SEND:MOV  SCON, #0C0H        ;设置工作方式 3、SM2=0
        MOV   PCON, #00         ;置 SMOD=0,波特率不加倍
        MOV   TMOD, #20H        ;T1 工作在方式 2
        MOV   TH1, #253         ;装初值
        MOV   TL1, #253
        SETB  TR1               ;启动定时器 1
        MOV   R0, #50H          ;数据区地址指针
        MOV   R1, #20           ;数据长度
        CLR   TI                ;清除发送完成标志
LOOP:   MOV   A, @R0            ;取发送数据
        MOV   C, P              ;奇偶位送 TB8
        MOV   TB8, C
        MOV   SBUF, A           ;送串口并开始发送数据
        JNB   TI, $             ;等待发送结束
        CLR   TI                ;清 TI
        INC   R0                ;发送数据地址指针指向下一字节
        DJNZ  R1, LOOP          ;判断数据是否发送完
        RET
```

(2) 乙机查询方式接收程序

```
DT_RCV: MOV SCON, #0C0H         ;工作模式 3 、SM2=0
        SETB  REN               ;允许接收
        MOV   PCON, #00H        ;置 SMOD=0
        MOV   TMOD, #20H        ;T1 工作在方式 2
        MOV   TH1, #0FDH        ;装初值
        MOV   TL1, #0FDH
```

```
        SETB   TR1                 ;启动定时器 1
        MOV    R0,♯30H             ;置数据区地址指针
        MOV    R1,♯20              ;接收数据长度
        CLR    RI
LOOP：  JNB    RI,$                ;等待接收数据
        CLR    RI                  ;清 RI
READ：  MOV    A,SBUF              ;读当前接收的数据
        MOV    C,P                 ;根据接收数据计算得出的奇偶校验位送 C
        PUSH   A                   ;暂存 A
        RLC    A                   ;C 移入 A 的 LSB
        MOV    C,RB8               ;接收到的奇偶校验位送 C
        ADDC   A,♯00H              ;将进位标志加到 A 的 LSB
        RRC    A                   ;相加结果的 LSB 移出至 C 中
        JC     LL0                 ;若 C 为 1,说明奇偶校验出现错误,程序返回
        POP    A                   ;否则数据存放到 A 中
        MOV    @R0,A               ;接收的数据存入 R0 指出的单元中
        INC    R0                  ;单元指针加一
        DJNZ   R1,LOOP             ;判断是否接收完毕
LL0：   RET                        ;此处如果返回时 R1 为 0,则表示已全部正常接收,
                                   ;否则错误
```

接收程序中需要说明的是,当出现奇偶校验错误时,程序不再接收接下来的数据而直接返回,此时因为没有接受到预定的数据,R1 是非 0 的。由此,可以在主程序中用 R1 的值来判断数据是否被正确完整地接收。在进行奇偶校验时,将由接收到的数计算出来的奇偶校验位与真正接收到的奇偶校验位(RB8)放在两个字节的最低位处相加。如果相加结果的最低位为 0,则说明这两个奇偶校验位相同,接收到正确的数据,否则是错误的。

3. 串行口中断方式收发数据

例 编写汇编语言程序,在 2 个单片机间完成点对点双机通信。采用中断方式发送和接收数据。串行口设置成工作方式 3,不进行奇偶校验,波特率设置成 9 600 b/s,设晶振频率为 11.059 2 MHz。设发送的数放在 50H 开始的内部 RAM 单元中,共 20 个字节。接收数据放在内部 RAM 的 30H 开始的单元中。

解 (1)中断方式发送数据(为简单起见,串行口的初始化语句省略)

```
        LJMP   DT_SEND
        ORG    0023
        LJMP   SND_INT
        ORG    0100H
DT_SEND:MOV    R0,♯50H             ;数据区地址指针
        MOV    R1,♯20              ;数据长度
        ;此处省略初始化语句,请参照上例的设置
        SETB   TI
```

```
            CLR   TI
            MOV   A, @R0              ;取发送数据
            MOV   SBUF, A            ;发送第一个数据
            SJMP  $                  ;等待中断中发送剩余数据
   ;中断服务程序 **************
   SND_INT :CLR TI                   ;清 TI
            RETI
            DJNZ  R1, LL0            ;发送完数据,则不再发送,直接返回
            MOV   A, @R0             ;否则,取发送数据
            MOV   SBUF, A            ;送串口并开始发送数据
   LL0:     INC   R0                 ;修改发送数据地址指针
            RETI
```

注意,在编写中断方式串行发送程序时,一定要在主程序中将第一个数据发送出去,以便发送完产生中断,在中断中将剩余的数据发送出去。否则,串行中断永远也不会被启动。

(2) 中断方式接收数据(为简单起见,串行口的初始化语句也省略)

```
            LJMP  DT_RCV
            ORG   0023
            LJMP  RCV_INT
            ORG   0100H
   DT_RCV:  MOV   R0, #50H           ;数据区地址指针
            MOV   R1, #20            ;数据长度
            ;此处省略初始化语句,请参照上例的设置
            CLR   RI
            SETB  REN
            SETB  TR1
            SJMP  $                  ;等待串行中断接收数据
   ;中断服务程序 **************
   RCV_INT: MOV   A, SBUF            ;接收到的数据送入 A
            MOV   @R0, A             ;数据存入内部 RAM 单元中
            CLR   RI
            INC   R0                 ;修改发送数据地址指针
   LL0:     RETI
```

注意,在接收程序中不需要对接收的字节数进行计数,因为只要通信没有错误,则对方发送多少数据都会被接收到。

应该特别注意的是,如果串行中断程序中既有发送中断也有接收中断,则在中断服务程序中需要通过判断 RI 和 TI 来确定是接收还是发送的中断,从而进行相应的处理。

6.3.4　单片机串行口与标准 RS－232C 之间的转换电路*

标准的 RS－232C 信号 0 电平为＋3～＋15 V,1 电平为－3～－15 V。单片机的串行口为 TTL 电平或 CMOS 电平,0 电平为 0 V,1 电平为 5 V。显然与标准 RS－232 电平是不兼容的,需要有电平转换芯片。

在过去的相当长一段时间内,电平转换接口芯片 MC1488 和 MC1489 得到广泛应用。它们是 TTL 电平到 RS－232C 总线间进行电平转换的接口芯片。

MC1488:输入 TTL 电平,输出与 RS－232C 兼容,电源电压为±15 V 或±12 V;

MC1489:输入与 RS－232C 兼容,输出为 TTL 电平,电源电压为 5 V。

当前,常用的 TTL 与 RS－232 电平转换接口芯片是 MAX232。该芯片最大优势是,该芯片有两个传输驱动器和两个传输接收器,单芯片可以完成两个串行口的电平双向转换。同时,由于使用所谓电荷泵原理实现电压倍增,除 VCC 外不需要额外配置电源。另外,其外围只需要极少的电子元件。

MAX232 系列收发器的引脚及原理电路如图 6.26 所示。MAX232 系列收发器由电压倍增器、电压反相器、RS－232 发送器和 RS－232 接收器四部分组成。电压倍增器利用电荷充电泵原理,用电容 C1 把＋5 V 电压转换成＋10 V 电压,并存放在 C3 上。第二个电容充电泵用 C2 将＋10 V 电压转换成－10 V 电压,存储在滤波电容 C4 上。因此 RS－232 只需＋5 V 单电源即可。这些芯片的收发性能与 MC1488、MC1489 基本相同,只是收发器路数不同。

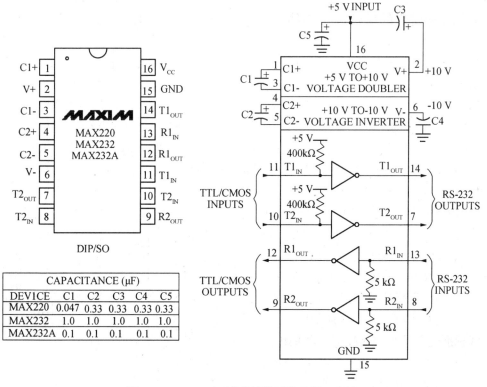

图 6.26　MAX 系列收发器的引脚及原理电路

由于 RS-232 采用非平衡,即单端方式传输信号,所以其共模抑制能力差,再加上双绞线上的分布电容,其传送距离最大为约 15 米,最高速率为 20 Kbps。RS-232 是为点对点(即只用一对收、发设备)通信而设计的,其驱动器负载为 3 kΩ~7 kΩ。所以 RS-232 适合本地设备之间的通信。

单片机串口通信接口电路如图 6.27 所示。

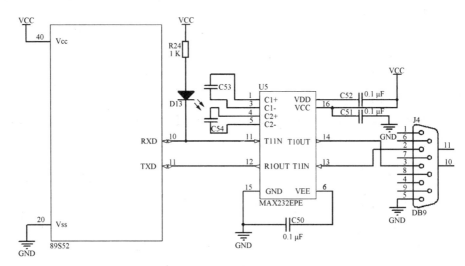

图 6.27 单片机串口通信接口示例电路

6.3.5 几种常用的串行通信总线 **

MCS-51 单片机与异步串行通信接口简单,只要解决电平转换与驱动问题,就可以方便地实现串行通信。

RS-232C、RS-422 与 RS-485 都是串行数据接口标准,最初都是由电子工业协会(EIA)制订并发布的。RS-232 在 1962 年发布,命名为 EIA-232-E,作为工业标准,以保证不同厂家产品之间的兼容,加 C 表示修改的次数,RS 是推荐标准的意思。RS-422 和 RS-485 由 RS-232C 发展而来,它是为弥补RS-232C之不足而提出的。

1. RS-232C 串行接口标准

目前 RS-232C 是 PC 机与通信工业中应用最广泛的一种串行接口,被定义为一种在低速率串行通信中增加通信距离的单端标准。RS-232C采取不平衡传输方式,即所谓单端通信。收、发端的数据信号是相对于信号地。

RS-232C 实际上是串行通信的总线标准。该总线标准定义了 25 条信号线,常采用 25 芯 D型插头座。RS-232C 也有 9 芯 D 型插头座。RS-232C 引脚排列如图 6.28 所示。

25 芯 RS-232C 引脚信号定义如表 6.12

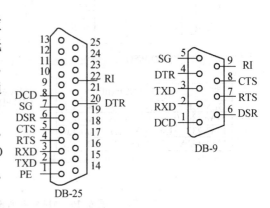

图 6.28 RS-232C 总线引脚排列

所示。

表 6.12　9 芯 RS－232 引脚说明

引　脚	定　义	符　号	引　脚	定　义	符　号
1	保护地	PE	14	辅助通道发送数据	STXD
2	发送数据	TXD	15	发送时钟	TXC
3	接收数据	RXD	16	辅助通道接收数据	SRXD
4	请求发送	RTS	17	接收时钟	RXC
5	清除发送	CTS	18	未定义	
6	数据准备好	DSR	19	辅助通道请求发送	SRTS
7	信号地	SG	20	数据终端准备就绪	DTR
8	接收线路信号检测	DCD	21	信号质量检测	
9	未定义		22	音响指标	RI
10	未定义		23	数据信号速率选择	
11	未定义		24	发送时钟	
12	辅助通道接收线路信号检测	SDCD	25	未定义	
13	辅助通道允许发送	SCTS			

9 芯 RS－232C 引脚信号定义如表 6.13 所示。

表 6.13　9 芯 RS－232 引脚说明

引　脚	定　义	符　号
1	载波检测	DCD
2	接收数据	RXD
3	发送数据	TXD
4	数据终端准备好	DTR
5	信号地	SG
6	数据准备好	DSR
7	请求发送	RTS
8	清除发送	CTS
9	振铃提示	RI

除信号定义外,RS－232C 标准的其他规定还有:

(1) RS－232C 是一种电压型总线标准,它采用负逻辑标准:＋3 V～＋15 V 表示逻辑 0(space);－3 V～－15 V 表示逻辑 1(mark)。噪声容限为 2 V。

(2) 标准数据传送速率有:50,75,110,150,300,600,1200,2400,4800,9600,19200 bit/s。

(3) 采用标准的 25 芯插头座(DB－25)进行连接,因此该插头座也称之为 RS－232C 连接器。

RS-232C 标准中许多信号是为通信业务或信息控制而定义的,在计算机串行通信中主要使用了如下信号:

(1) 数据传送信号:发送数据(TXD)、接收数据(RXD)。

(2) 调制解调器控制信号:请求发送(RTS)、清除发送(CTS)、数据通信设备准备就绪(DSR)、数据终端准备就绪(DTR)。

(3) 定位信号:接收时钟(RXC)、发送时钟(TXC)。

(4) 信号地 GND。

2. RS-422 与 RS-485 串行接口标准**

为改进 RS-232C 通信距离短、速率低的缺点,RS-422 定义了一种平衡通信接口,将传输速率提高到 10 Mb/s,传输距离延长到 4000 英尺(速率低于 100 Kb/s 时),并允许在一条平衡总线上连接最多 10 个接收器。RS-422 是一种单机发送、多机接收的单向、平衡传输规范,被命名为 TIA/EIA-422-A 标准。为扩展应用范围,EIA 又于 1983 年在 RS-422 基础上制定了 RS-485 标准,增加了多点、双向通信能力,即允许多个发送器连接到同一条总线上,同时增加了发送器的驱动能力和冲突保护特性,扩展了总线共模范围,后命名为 TIA/EIA-485-A 标准。由于 EIA 提出的建议标准都是以"RS"作为前缀,所以在通信工业领域,仍然习惯将上述标准以 RS 作前缀称谓。RS-232C 和 RS-422 都是全双工通信,而 RS-485 为半双工。

RS-422、RS-485 与 RS-232 不一样,数据信号采用差分传输方式,也称作平衡传输。它使用一对双绞线,将其中一线定义为 A,另一线定义为 B。通常情况下,发送驱动器 A、B 之间的正电平在 +2~+6 V,是一个逻辑状态,负电平在 -2~-6 V,是另一个逻辑状态。另有一个信号地 C。由于 RS-485 是半双工通信,发送和接受使用同一对双绞线,因此,在 RS-485 中还有一"使能"端,用于使其在发送完数据后输出处于高阻状态,以便于其他节点发送数据。而 RS-422 为全双工通信方式,这个使能端可用可不用。

收、发端通过平衡双绞线将 A、A 与 B、B 对应相连,当在接收端 AB 之间有大于 +200 mV 的电平时,即被判定为正逻辑电平,小于 -200 mV 时为负逻辑电平。接收器接收平衡线上的电平范围通常在 200 mV 至 6 V 之间。

3. I^2C 总线接口

在单片机应用系统中,越来越多的外围器件都配置了同步串行扩展总线接口,如 EPRAM、D/A、A/D、CAN 控制器、以太网接口芯片等。同步串行通信总线的应用也越来越多,很多应用系统已经完全取消了单片机片外并行总线,而大量采用串行接口。目前流行的主要有 I^2C、SPI 等。

I^2C(Inter Integrated Circuit)总线是由 Philips 公司推出的芯片间串行传输总线,以实现集成电路之间的有效控制。目前,Philips 及其他半导体厂商提供了大量的含有 I^2C 总线的外围接口芯片,I^2C 总线已成为广泛应用的工业标准之一。

I^2C 总线系统组成如图 6.29 所示,它以 1 根串行数据线(SDA)和 1 根串行时钟线(SCL)实现了全双工的同步数据传输,高速模式下数据传输速率可达 3.4 Mb/s。

I^2C 总线可以直接连接具有 I^2C 总线接口的单片机,如 8XC552 和 8XC652,也可以挂接各种类型的外围器件,如存储器(PHILIPS 的 PCF8553、PCF8570)、日历/时钟(PHILIPS 的

PCF8583)、A/D(MAX127/128)、D/A(MAX517~519 等)、I/O 口(PCF8574)、键盘、显示器等。

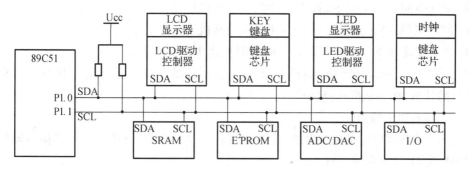

图 6.29　I²C 总线外围扩展结构示意图

采用 I²C 总线设计系统的优点：

(1) 功能框图中的功能模块与实际的外围器件对应，可以使系统设计直接由功能框图快速地过渡到系统样机。

(2) 外围器件直接"挂在"I²C 总线上，不需设计总线接口；增加和删减系统中的外围器件，不会影响总线和其他器件的工作，便于系统功能的改进和升级。

(3) 集成在器件中的寻址和数据传输协议可以使系统完全由软件来定义。

4. SPI 总线接口

SPI(Serial Peripheral Interface)总线是 Motorola 公司提出的一种同步串行外设接口，它可以使微控制器(MCU)与各种外围设备以串行方式进行通信以交换信息。外围设备包括 Flash ROM、网络控制器、LCD 显示驱动器、A/D 转换器和微控制器等。扩展示意图如图 6.30 所示。

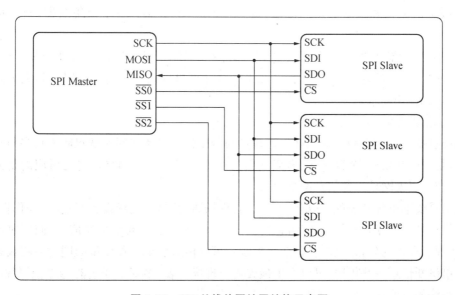

图 6.30　SPI 总线外围扩展结构示意图

SPI 总线使用同步协议传送数据，接收或发送数据时由主机产生的时钟信号控制。SPI接口可以连接多个 SPI 芯片或装置，主机通过选择它们的片选来分时访问不同的芯片。

SPI 总线通信基于主从配置,有以下 4 个信号:

● MOSI(Master Out Slave In):主机发送从机接收;

● MISO(Master In Slave Out):主机接收从机发送;

● SCLK 或 SCK(Serial Clock):串行时钟,由主器件产生;

● $\overline{CS}$(Chip Select for the peripheral):外围器件的片选。有的微控制器设有专用的 SPI 接口的片选,称为从机选择($\overline{SS}$)。

SPI 总线有以下特点:

(1) SPI 的典型应用是单主系统,该系统只有一台主机,从机通常是外围接口器件(如:E2PROM、A/D、日历时钟等);

(2) SPI 系统中,数据的传送软件简单,省去了传输时的地址选通字节;但在扩展器件较多时,连线较多;

(3) 数据传送格式是高位在前,低位在后;

(4) SPI 最高传输数据的速度为 1.05 Mb/s。

5. USB 通用串行总线**

通用串行总线(Universal Serial Bus,USB),简称为"通串线",是一个外部总线标准,用于规范电脑与外部设备的连接和通信,是应用在 PC 领域的接口技术。USB 是在 1994 年底由英特尔、康柏、IBM、Microsoft 等多家公司联合提出的。

USB 采用 4 线电缆(USB3.0 以上为 9 线),其中两根是用来传送数据的串行通道,另两根为下游(Downstream)设备提供电源。USB 系统采用级联星型拓扑,该拓扑由三个基本部分组成:主机(Host),集线器(Hub)和功能设备。主机,也称为根(Root),它做在主板上或作为适配卡安装在计算机上。主机包含有主控制器和根集线器(Root Hub),控制着 USB 总线上的数据和控制信息的流动,每个 USB 系统只能有一个根集线器,它连接在主控制器上。

USB 具有传输速度快(USB2.0 达 480 Mbps,USB3.0 是 5 Gbps)、使用方便、支持热插拔、连接灵活、独立供电等优点。如今,几乎所有计算机外设都具有 USB 接口,大大降低了 RS-232C 的应用需求。

6. 现场总线**

现场总线(Field Bus)是应用在生产现场与测量控制设备之间实现双向串行多节点通信的系统,是一种开放式、全数字化、多点通信的底层测量与控制网络。与之对应的是处于上层的以太网,以太网是一种信息网络。

现场总线本质含义表现在以下六个方面:现场通信网络、现场设备互连、互操作性、分散功能模块和开放式互联网络。现场总线的优点是,实现了全数字化通信,不同厂家产品互操作;实现了真正的分布式控制(分散控制):可以传送多个过程变量的同时可将仪表标识符和简单诊断信息一并传送,可以产生最先进的现场仪表,多变量变送器;提高了测试精度;增强了系统的自治性。

现场总线系统变过去的集中式测控为分布式测控,将测控任务分布安排在每个节点中进行,大大减少了集中式测控系统中的中央测控单元的负担。在这些现场总线中,目前比较主流的有

（1）基金会现场总线（Foundation Fieldbus 简称 FF）

该总线在过程自动化领域得到了广泛的应用。以美国 Fisher-Rousemount 公司为首，联合横河、ABB、西门子、英维斯等 80 家公司制定了 ISP 协议，以 Honeywell 公司为首联合欧洲等地 150 余家公司制定了 WorldFIP 协议，并于 1994 年 9 月合并。

FF Bus 采用 ISO 的开放化系统互联 OSI 模型的 1、2、7 层，即物理层、数据链路层、应用层，另外增加了用户层。FF 分低速 H1 和高速 H2 两种通信速率。前者传输速率为 31.25 Kbit/秒，通信距离可达 1 900 m，可支持总线供电和本质安全防爆环境。后者传输速率为 1 Mbit/秒和 2.5 Mbit/秒，通信距离为 750 m 和 500 m，支持双绞线、光缆和无线收发，协议符号 IEC1158－2 标准。FF 的物理媒介的传输信号采用曼彻斯特编码。

（2）控制器局域网（ControllerAreaNetwork Bus，CAN Bus）

在汽车工业应用相当广泛。由德国 BOSCH 公司推出，后被 ISO 国际标准组织制定为国际标准，得到了 Intel、Motorola、NEC 等公司的支持。

CAN 协议分为两层：物理层和数据链路层。CAN 的信号传输采用短帧结构，传输时间短，具有自动关闭功能，具有较强的抗干扰能力。CAN 支持多主工作方式，并采用了非破坏性总线仲裁技术，通过设置优先级来避免冲突，通信距离最远可达 10 KM/5 Kbit/s，通信速率最高可达 40 M /1 Mbit/s，网络节点数实际可达 110 个。已有很多 51 内核的单片机拥有 CAN 通信接口。

（3）Lonworks

由美国 Echelon 公司推出，并由 Motorola、Toshiba 公司共同倡导形成。它采用 ISO/OSI 模型的全部 7 层通信协议，采用面向对象的设计方法，通过网络变量把网络通信设计简化为参数设置。支持双绞线、同轴电缆、光缆和红外线等多种通信介质，通信速率从 300 bit/s 至 1.5 Mbit/s 不等，直接通信距离可达 2 700 m（78 Kbit/s），被誉为通用控制网络。Lonworks 技术采用的 LonTalk 协议被封装到 Neuron（神经元）的芯片中，并得以实现。采用 Lonworks 技术和神经元芯片的产品，被广泛应用在楼宇自动化、家庭自动化、保安系统、办公设备、交通运输、工业过程控制等行业。Lonworks 设备较为昂贵。

（4）DeviceNet

DeviceNet 基于 CAN 技术，是一种低成本的通信连接，也是一种简单的网络解决方案。DeviceNet 具有的直接互联性，不仅改善了设备间的通信，而且提供了相当重要的设备级现场功能。传输率为 125 Kbit/s 至 500 Kbit/s。每个网络的最大节点为 64 个，其通信模式为：生产者/客户（Producer/Consumer），采用多信道广播信息发送方式。位于 DeviceNet 网络上的设备可以自由连接或断开，不影响网上的其他设备，而且其设备的安装布线成本也较低。

（5）PROFIBUS

PROFIBUS 是德国标准（DIN19245）和欧洲标准（EN50170）的现场总线标准。由 PROFIBUS－DP、PROFIBUS－FMS、PROFIBUS－PA 系列组成。DP 用于分散外设间高速数据传输，适用于加工自动化领域。FMS 适用于纺织、楼宇自动化、可编程控制器、低压开关等。PA 用于过程自动化的总线类型，服从 IEC1158－2 标准。PROFIBUS 支持主-从系统、纯主站系统、多主多从混合系统等几种传输方式。PROFIBUS 的传输速率为 9.6 Kbit/s 至 12 Mbit/s，最大传输距离在 9.6 Kbit/s 下为 1200 m，在 12 Mbit/s 下为200 m。

可采用中继器延长至 10 km,传输介质为双绞线或者光缆,最多可挂接 127 个站点。

7. 以太网

以太网(Ethernet)是一种商用信息网络,目前应用十分普及。它由 Xerox 公司创建并由 Xerox、Intel 和 DEC 公司联合开发,是当今现有局域网采用的最通用的通信协议标准。以太网络使用 CSMA/CD(载波监听多路访问及冲突检测)技术,可以运行在多种类型的介质上,如同轴缆、双绞线和光纤等。以太网包括标准的以太网(10 Mbit/s)、快速以太网}和 10G(10Gbit/s)以太网。它们都符合 IEEE802.3。

以太网有应用广泛、高开放性、通用性强、通信速率高、资源共享能力强、可持续发展潜力大等突出优势。但是,一般认为,以太网由于在实时性、确定性和可靠性等方面的缺点,不太适合用于底层的测控网络。为了提高实时性和可靠性,在解决了 CSMA/CD 技术容易产生冲突的基础上,发展了一些工业以太网,如 Modbus - TCP 和 EtherNet/IP、ProfiNet 等。在未来,工业以太网将是现场总线网络的强大竞争者。

6.4　看门狗及其应用*

在由单片机构成的系统中,由于单片机的工作有可能会受到来自外界电磁场的干扰,造成程序的跑飞,从而陷入死循环,程序的正常运行被打断。所以出于对单片机运行状态进行实时监测的考虑,便产生了一种专门用于监测单片机程序运行状态的芯片,俗称"看门狗"(Watch Dog)。

加入看门狗电路的目的是使单片机可以在程序跑飞的情况下自动重启系统。其工作过程如下:看门狗芯片和单片机的一个 I/O 引脚相连,该 I/O 引脚通过单片机的程序控制,定期往看门狗芯片的这个引脚上送入高电平(或低电平)脉冲,这一过程称为"喂狗"。这一程序语句是分散地放在单片机其他控制语句中间的,一旦单片机由于干扰造成程序跑飞后而陷入某一程序段,进入死循环状态时,给看门狗引脚送电平的程序便不能被执行到。这时,看门狗电路在设定的时间内没有接收到喂狗的信号,就会输出复位信号使单片机复位,程序重新运行。

1. 看门狗定时器寄存器(WDT_CONTR)

目前使用的单片机大都将看门狗电路集成在单片机芯片内,有专门的特殊功能寄存器控制,使用更加方便。以 STC 系列单片机为例,看门狗定时器寄存器在特殊功能寄存器中的字节地址为 E1H,不能位寻址。该寄存器用来管理单片机的看门狗控制部分,包括启停看门狗、设置看门狗溢出时间等。单片机复位时该寄存器不一定全部被清 0,在单片机下载程序软件界面上可设置复位关看门狗或只有停电关看门狗的选择,根据需要开发者可做出适合自己设计系统的选择。其各位的定义如表 6.14 所示。

表 6.14　看门狗定时器寄存器(WDT_CONTR)(E1H)

位序号	D7	D6	D5	D4	D3	D2	D1	D0
位符号	WDT_FLAG	——	EN_WDT	CLR_WDT	IDLE_WDT	PS2	PS1	PS0

WDT_FLAG:看门狗溢出标志位,当溢出时,该位由硬件置 1,可用软件清 0。

EN_WDT:看门狗允许位,当设置为"1"时,启动看门狗。

CLR_WDT：看门狗清"0"位，当设为"1"时，看门狗定时器将重新计数。硬件自动清"0"此位。

IDLE_WDT：看门狗"IDLE"模式位，当设置为"1"时，看门狗定时器在单片机的"空闲模式"计数，当清"0"该位时，看门狗定时器在单片机的"空闲模式"时不计数。

PS2、PS1、PS0：看门狗定时器预分频值，不同值对应预分频数如表6.15 和6.16 所示。

表 6.15　11.0592 M 晶振看门狗定时器预分频值

PS2	0	0	0	0	1	1	1	1
PS1	0	0	1	1	0	0	1	1
PS0	0	1	0	1	0	1	0	1
预分频数	2	4	8	16	32	64	128	256
看门狗溢出时间	71.1 ms	142.2 ms	284.4 ms	568.8 ms	1.137 7 s	2.275 5 s	4.551 1 s	9.102 2 s

表 6.16　12 M 晶振看门狗定时器预分频值

PS2	0	0	0	0	1	1	1	1
PS1	0	0	1	1	0	0	1	1
PS0	0	1	0	1	0	1	0	1
预分频数	2	4	8	16	32	64	128	256
看门狗溢出时间	65.5 ms	131.0 ms	262.1 ms	524.2 ms	1.048 5 s	2.097 1 s	4.194 3 s	8.388 6 s

看门狗溢出时间与预分频数有直接的关系，公式如下：

$$看门狗溢出时间 = (N \times 预分频数 \times 32\,768)/晶振频率$$

上式中 N 表示 STC 单片机的时钟模式，STC 单片机有两种时钟模式。一种为单倍速，也就是12 时钟模式。这种时钟模式下，STC 单片机与其他公司51 单片机具有相同的机器周期，即12 个振荡周期为一个机器周期；另一种为双倍速，又被称为6 时钟模式，在这种时钟模式下，STC 单片机比其他公司的51 单片机运行速度要快一倍。关于单倍速与双倍速的设置在下载程序软件界面上有设置选择。预分频数的值由 PS2、PS1 和 PS0 的组合确定，如表 6.16 所示。晶振频率即为当前系统的时钟频率。

下面通过一个例子来进一步了解使用看门狗的应用编程。在下面的程序中，在单片机上电复位后点亮在 P1.0 口的指示灯（高电平有效），延时一秒后熄灭，然后进入死循环。为了验证看门狗的作用，可以进行对比实验。在死循环中添加或不添加喂狗语句。当添加喂狗语句时，看门狗在规定的时间内重新开始计时，不会引起复位，灯只会点亮一次；当不添加喂狗语句时，在规定时间内得不到喂狗，会引起系统复位。由于反复启动、复位，灯会闪烁。

程序如下

```
ORG   0000H
AJMP  MAIN
ORG   0100H
```

```
MAIN:   MOV  WDT_CONTR, ♯35H        ;启动看门狗,64 分频,溢出时间约 2s
        SETB P1.0
        LCALL DELAY                 ;调用延时 0.5s 子程序
        CLR  P1.0
LOOP:   LCALL DELAY
        WDT_CONTR, ♯35H             ;喂看门狗。作为对照,可删除此语句,观察运
                                      行结果
        SJMP LOOP
        END
```

其中,DELAY 为延时 0.5 秒子程序,本程序中未给出。

 习题六

6-1　51 单片机有几个中断源? 中断服务程序入口地址是多少? 各中断标志是如何产生,又是如何清除的?

6-2　简述单片机的中断处理过程。

6-3　简述 MCS-51 单片机不能响应中断的几种情况。

6-4　试说出单片机响应中断可能的最短时间和最长时间(以机器周期为单位),并解释。

6-5　若都设置为同一级中断,单片机将按什么顺序来查询各中断请求?

6-6　当中断优先级寄存器的内容为 09H,其含义是什么?

6-7　在单片机的 P1.0 引脚上连接一 LED。在 $\overline{INT1}$ 引脚上连接有一按键,按键按下时为低电平。试设计汇编语言程序,使该 LED 闪烁。要求每按下一次按键,LED 闪烁的频率就在 1 Hz 和 2 Hz 两个值之间切换一次。按键输入采用中断方式,闪烁的定时则采用非中断方式。

6-8　TCON 和 TMOD 的各位作用是什么? 它们都可以按位寻址吗?

6-9　定时/计数器的工作方式有几种,各有什么不同?

6-10　简述定时/计数器的初始化步骤。

6-11　试编写汇编语言程序,每 2 s 让连接在 P1.1 口的 LED 闪烁一次。

(1)首先编写延时子程序 DLY1S,采用定时/计数器 T0 和 T1 用中断方式进行 1 s 的延时。采用 T0 延时 50 ms,每 100 ms 由 P1.0 口输出一周期的脉冲信号给 T1(引脚 P1.0 和 T1 是相连的),T1 计数 10 次后即可实现 1 s 的延时。设单片机时钟频率为 12 MHz。

(2)然后在主程序中调用该子程序,实现 LED 闪烁功能。定时/计数器初始化设置在主程序中完成。

6-12　MCS-51 的串行口有哪几种工作方式?

6-13　MCS-51 串口通信波特率发生器的时钟来源有哪些? 波特率如何计算?

6-14　试分别编写单片机串行口发送和接收汇编语言程序,采用查询方式发送一 ASCII 码字符序列。该字符序列存放在单片机内部 RAM 的 20H 开始的单元中,共 20 个字

符。接收的字符放在内部 RAM 的 50H 开始的单元中。波特率设置为 4 800 bps。单片机时钟频率假设为 11. 059 2 MHz。

6 - 15　要利用单片机的串行口收发数据,传送的数据和接收的数据分别在外部数据 RAM 的 3000H 和 4000H 开始的存储单元中,发送的数据字节数在 R1 中。假设串行口都已经初始化。请编写汇编语言程序

（1）中断方式实现数据收发,不进行奇偶校验。

（2）查询方式进行数据收发,需要进行偶校验。在接收程序中若奇偶校验错误,则调用出错处理程序 ERRHIT（假设该程序已存在）,进行出错处理。

6 - 16　试编写汇编语言程序,通过串行口不断将 R6 中的数据发送出去。在单片机引脚 $\overline{INT0}$ 处设置按键,假设按键按下时为低电平。要求,每按一次按键,R6 内容加 1。此后发送的数据会由于 R6 改变而改变。发送数据和得到按键输入都采用中断方式,且 INT0 设置为高优先级,串行中断设置为低优先级。波特率设置为 9 600 bps,设晶振频率为 11. 059 2 MHz。

第七章

单片机系统扩展与接口技术

7.1 系统扩展与接口概述

7.1.1 最小应用系统及其扩展

所谓最小系统,是指一个真正可用的单片机最小配置系统。对于片内带有程序存储器的单片机,只要外接时钟电路和复位电路就能正常工作,这就是一个最小系统,如图7.1(a)所示。对于片内不带有程序存储器的单片机(如80C31)来说,除了外接时钟电路和复位电路外,还需外接程序存储器,才能构成一个最小系统,如图 7.1(b)所示。

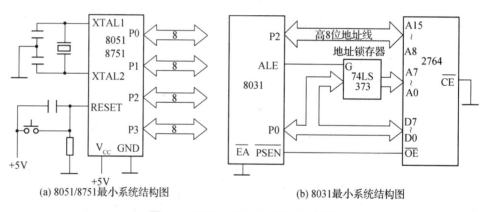

(a) 8051/8751最小系统结构图　　　　(b) 8031最小系统结构图

图 7.1　MCS‑51单片机最小化系统

当单片机内部资源不够,其最小系统不能满足要求时,就需要在片外连接相应的器件,这就是系统的扩展。特别是存储器,片内不够时需要在片外增加存储器芯片,这就是存储器的扩展。

值得指出的是,扩展外部器件可以使用并行总线,也可以使用串行总线。通过串行总线的扩展相对简单,所以本章中所介绍的扩展都是指通过并行口进行的系统扩展。

系统的扩展一般有以下几方面的内容:(1)外部程序存储器的扩展。(2)外部数据存储器的扩展。(3)输入/输出接口的扩展。(4)管理功能器件的扩展(如定时/计数器、键盘/显示器、中断优先级编码器等)。当然,还有其他功能器件,如 A/D、D/A、CAN、TCP/IP 接口等。

通过单片机外部总线的扩展,得到地址总线、数据总线和控制总线这种三总线结构。单片机的各种扩展芯片或接口就是通过这三总线与 CPU 交换数据的。(三总线的形成详见第三章。)

7.1.2　单片机的 I/O 接口

1. I/O 接口的概念

在计算机中,CPU 与外部设备、存储器的连接和数据交换都需要通过接口设备来实现,前者被称为 I/O 接口,而后者则被称为存储器接口。存储器通常在 CPU 的同步控制下工作,接口电路比较简单;而 I/O 设备品种繁多,其相应的接口电路也各不相同,因此,习惯上说的接口是指 I/O 接口。

2. 接口的功能

由于计算机的外围设备品种繁多,其特性差别很大,因此,CPU 在与 I/O 设备进行数据交换时存在以下问题:

速度不匹配:I/O 设备的工作速度要比 CPU 慢许多,而且由于种类的不同,他们之间的速度差异也很大,例如硬盘的传输速度就要比打印机快出很多。

时序不匹配:各个 I/O 设备都有自己的定时控制电路,以自己的速度传输数据,无法与 CPU 的时序取得统一。

信息格式不匹配:不同的 I/O 设备存储和处理信息的格式不同,例如可以分为串行和并行两种;也可以分为二进制格式、ASCII 编码和 BCD 编码等。

信息类型不匹配:不同 I/O 设备采用的信号类型不同,有些是数字信号,而有些是模拟信号,因此所采用的处理方式也不同。

基于以上原因,CPU 与外设之间的数据交换必须通过接口来完成,通常接口有以下一些功能:

(1) 设置数据的寄存、缓冲逻辑,以适应 CPU 与外设之间的速度差异。接口通常由一些寄存器或 RAM 芯片组成,如果芯片足够大还可以实现批量数据的传输;

(2) 能够进行信息格式的转换,例如串行和并行的转换;

(3) 能够协调 CPU 和外设两者在信息的类型和电平的差异,如电平转换驱动器、数/模或模/数转换器等;

(4) 协调时序差异;

(5) 地址译码和设备选择功能;

(6) 设置中断和 DMA 控制逻辑,以保证在中断和 DMA 允许的情况下产生中断和 DMA 请求信号,并在接受到中断和 DMA 应答之后完成中断处理和 DMA 传输。(DMA 知识请参阅接下来的内容)

3. 接口的控制方式

CPU 通过接口对外设进行控制的方式有以下几种:

(1) 程序查询方式

这种方式下,CPU 通过 I/O 指令询问指定外设当前的状态,如果外设准备就绪,则进行数据的输入或输出,否则 CPU 等待,循环查询。

这种方式的优点是结构简单,只需要少量的硬件电路即可,缺点是由于 CPU 的速度远远高于外设,因此通常处于等待状态,工作效率很低。

（2）中断处理方式

在这种方式下，CPU 不再被动等待，而是可以执行其他程序，一旦外设为数据交换准备就绪，可以向 CPU 提出服务请求。CPU 如果响应该请求，便暂时停止当前程序的执行，转去执行与该请求对应的服务程序。完成后，再继续执行原来被中断的程序。

中断处理方式的优点是显而易见的，它不但为 CPU 省去了查询外设状态和等待外设就绪所花费的时间，提高了 CPU 的工作效率，还满足了外设的实时要求。但需要为每个 I/O 设备分配一个中断请求号和相应的中断服务程序。此外还需要一个中断控制器（I/O 接口芯片）管理 I/O 设备提出的中断请求，例如设置中断屏蔽、中断请求优先级等。

此外，中断处理方式的缺点是每传送一个字符都要进行中断，启动中断控制器，还要保留和恢复现场以便能继续原程序的执行，花费的工作量很大。这样，如果需要大量数据交换，系统的性能会很低。

（3）DMA（Direct Memory Access，直接存储器存取）传送方式

DMA 最明显的一个特点是它不是用软件而是采用一个专门的控制器来控制内存与外设之间的数据交流，无须 CPU 介入，大大提高 CPU 的工作效率。

在进行 DMA 数据传送之前，DMA 控制器会向 CPU 申请总线控制权，CPU 如果允许，则将控制权交出。因此，在数据交换时，总线控制权由 DMA 控制器掌握，在传输结束后，DMA 控制器将总线控制权交还给 CPU。在其他方式下，每传递一个数据都要经过 CPU，而 DMA 则不需要，这样大大提高了数据传输速度，适合大块数据的传输。

4. 对 I/O 端口的编址

和 CPU 与存储器之间交换数据一样，CPU 与 I/O 设备之间传输数据也需要指定 I/O 口的端口地址。值得注意的是，MCS-51 将外部数据存储器与 I/O 口进行统一编址，亦即，将它们设置在同一地址空间内，具有相同的读写指令。对于 CPU 来说，对存储器的读写和对 I/O 端口的读写是没有分别的。这种编址方式叫做统一编址。

Q46　什么是存储器与 I/O 口的统一编址与独立编址？

统一编址：外设接口中的 I/O 口与主存单元一样看待，每个端口占用一个存储单元的地址，将主存的一部分划出来用作 I/O 口的地址空间。8051 系列采用的是这种方式。

独立编址：I/O 地址与存储地址分开独立编址，I/O 口地址不占用存储空间的地址范围，这样，在系统中就存在了另一种与存储地址无关的 I/O 地址，CPU 也必须具有专用与输入输出操作的 I/O 指令和逻辑控制。8080 系列采用是这种方式。

7.2　存储器的扩展

7.2.1　存储器扩展概述

1. MCS-51 单片机的扩展能力

根据 MCS-51 单片机总线宽度（16 位），在片外可扩展的存储器最大容量为 64 KB，地

址为 0000H～FFFFH。因为 MCS-51 单片机对片外程序存储器和数据存储器的操作使用不同的指令和控制信号,所以允许两者的地址空间重叠,故片外可扩展的程序存储器与数据存储器分别为 64 KB。为了配置外围设备而需要扩展的 I/O 口与片外数据存储器统一编址,即占据相同的地址空间。因此,片外数据存储器连同 I/O 口总的扩展容量是 64 KB。

2. 扩展存储器所需芯片数目的确定

若所选存储器芯片字长与单片机字长一致,则只需扩展容量。所需芯片数目按下式确定:

$$芯片数 = \frac{系统扩展容量}{存储器芯片容量}$$

若所选存储器芯片字长与单片机字长不一致,则不仅需扩展容量,还需扩展字长。所需芯片数目按下式确定:

$$芯片数目 = \frac{系统扩展容量}{存储器芯片容量} \times \frac{系统字长}{存储器芯片字长}$$

注意:字长是存储器每一个单元的位数,即数据的长度。

3. 单片存储器的扩展方法

不论何种存储器芯片,其引脚都呈三总线结构,与单片机连接都是三总线对接。

控制线连接:对于程序存储器,由于是只读性质的,一般来说,通过读操作控制线($\overline{OE}$)读出存储器的代码。存储器设置的输出允许(Output Enable,$\overline{OE}$)引脚,需与单片机的$\overline{PSEN}$引脚相连;对于数据存储器,由于需要进行读写操作,因此芯片都配有$\overline{OE}$和$\overline{WE}$引脚,意为输出允许和写入允许,需将单片机的$\overline{RD}$和$\overline{WR}$分别与之连接。$\overline{RD}$连$\overline{OE}$,$\overline{WR}$连$\overline{WE}$。

数据线连接:存储器芯片数据线的数目由芯片的字长决定。1 位字长的芯片数据线有 1 根;4 位字长的芯片数据线有 4 根;8 位字长的芯片数据线有 8 根。绝大多数存储器的数据线是 8 位,连接时只需要将存储器芯片的数据线(一般编号为 D0～D7)与单片机的数据总线(P0.0～P0.7)按由低位到高位的顺序依次相接即可。

地址线连接:无论是程序存储器还是数据存储器都有地址总线,其地址总线数量是由其容量决定的,地址总线从 A0 开始连续编号。如容量为 8 KB 的存储器有 13 根地址线,地址线编号分别为 A0～A12,芯片本身的地址范围为 0000000000000B～1111111111111B。被扩展存储器的地址线应与单片机扩展的地址线从低到高对应连接。

4. 多片存储器的扩展方法

对于多片存储器芯片,所有的存储器芯片的地址线都按照从低到高的顺序与单片机地址线对接。所有存储器数据总线也都按顺序连接到单片机扩展的数据线上。控制线也对应连接。

前面述及,当单片机外部扩展总线上只连接有一片数据存储器或/和一片程序存储器时,扩展方法比较简单。只需要按照上述方法连线即可。但是,当在同一地址空间(数据存储器地址空间或程序存储器地址空间)连接多片存储器芯片时,由于存储器芯片的地址线往往小于扩展总线的 16 根地址线,所以处于高位的地址线将没有对应的存储器地址线相连,处于空闲状态。而低位地址线由于连接了多个存储器,这样,当单片机给出一个地址时,将有多个存储器的某一单元与之对应,读出数据就会产生错误。解决的办法是,将单片机的高位剩余未用的地址线通过直接连接或译码输出连接的方式,接到各存储器的片选端($\overline{CE}$或$\overline{CS}$),通过高位地址来选择唯一的存储器芯片的某一单元。

用高位地址线去选择唯一的存储器芯片,有下列两种方法:

(1)线选法

线选法就是将剩余的高位地址线分别与每个存储器的片选端相连,这种连接称为线选。而通过低位地址线对每个芯片内的统一存储单元进行寻址称为字选。

(2)译码法

译码法编址就是利用地址译码器对扩展的未用高位地址线进行译码,以译码输出作为存储器芯片的片选信号。这种方法可将地址划分为连续的地址空间块,避免了地址的间断。

译码法仍用低位地址线对每片内的存储单元进行寻址(字选),而高位地址线经过译码器译码后输出作为各芯片的片选信号。常用的地址译码器是 3/8 译码器 74LS138。译码法又分为完全译码与部分译码。

译码器使用全部剩余的地址线,地址与存储单元一一对应,这种方法称为完全译码。

译码器使用部分剩余地址线,地址与存储单元不是一一对应,这种译码称为部分译码。部分译码会大量浪费寻址空间,对于要求存储器空间大的微机系统,一般不采用。但对于单片机系统,由于实际需要的存储容量不大,采用部分译码可简化译码电路。

例如,剩余地址线为 4 根,如果将这四根地址线进行 4—16 译码,这就是完全译码;只用到 3 根(或更少),进行 3—8 译码,就是部分译码。

线选法会造成存储器空间的浪费和存储单元的不连续;部分译码虽然能够实现存储空间的连续,但同样浪费存储空间;完全译码则能够完全利用所有地址空间,存储单元也是连续的。要理解以上结论,请参照下面的例子,如图 7.2 所示。

译码地址线					与存储器芯片连接的地址线										
A15	A14	A13	A12	A11	A10	A9	A8	A7	A6	A5	A4	A3	A2	A1	A0
·	0	1	0	0	×	×	×	×	×	×	×	×	×	×	×

图 7.2 地址译码关系图

Q47 什么叫译码器,3—8 译码器功能是什么?

译码是编码的逆过程,它的功能是将具有特定含义的二进制码进行辨别,并转换成控制信号。具有译码功能的逻辑电路称为译码器(decoder)。

译码器可分为两种类型,一种是将一系列代码转换成与之一一对应的有效信号。这种译码器可称为唯一地址译码器,它常用于计算机中对存储器单元地址的译码。其将每一个地址代码转换成一个有效信号,从而选中对应的单元;另一种是将一种代码转换成另一种代码,所以也称为代码变换器,如显示译码器。

单片机地址译码用到的译码器主要有 2—4 译码器、3—8 译码器等。其中 3—8 译码器最为常用。下表为 3—8 译码器的真值表

G1	G2A	G2B	C	B	A	Y0	Y1	Y2	Y3	Y4	Y5	Y6	Y7
X	1	X	X	X	X	1	1	1	1	1	1	1	1
X	X	1	X	X	X	1	1	1	1	1	1	1	1
0	X	X	X	X	X	1	1	1	1	1	1	1	1
1	0	0	0	0	0	0	1	1	1	1	1	1	1
1	0	0	0	0	1	1	0	1	1	1	1	1	1
1	0	0	0	1	0	1	1	0	1	1	1	1	1
1	0	0	0	1	1	1	1	1	0	1	1	1	1
1	0	0	1	0	0	1	1	1	1	0	1	1	1
1	0	0	1	0	1	1	1	1	1	1	0	1	1
1	0	0	1	1	0	1	1	1	1	1	1	0	1
1	0	0	1	1	1	1	1	1	1	1	1	1	0

其中,C、B、A 为输入的二进制编码,Y0 - Y7 为译码输出,每一个编码对应一个输出端为 0,只有该输出端能选中与之相连的芯片。

7.2.2　程序存储器的扩展举例

单片机扩展常用的存储器类型是 EPROM 芯片,本节主要介绍它的扩展的例子。

2716 是常用 EPROM 芯片中容量最小的(更小的已很少采用),有 24 条引脚,如图 7.3 所示。其中有 3 根电源线(VCC、V_{PP}、GND)、11 根地址线(A0～A10)、8 根数据输出线(O0～O7),其他 2 根为片选端$\overline{CE}$和输出允许端$\overline{OE}$。Vpp 为编程电源端,在正常工作(读)时,也接到＋5 V。大容量的 EPROM 芯片有 2732、2764、27128、27256,它们的引脚功能基本与 2716 类似,在图 7.3 中一并列出了它们两侧的引脚分布。

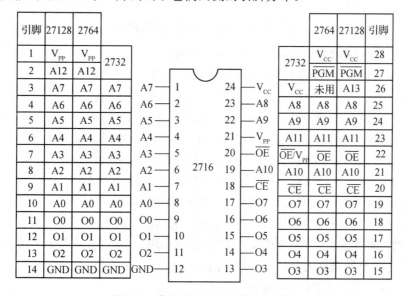

图 7.3　常用 EPROM 芯片的引脚图

下面分三种情况说明程序存储器的扩展方法。

（1）单片程序存储器的扩展

例 用一片 EPROM2764 存储器扩展 8031 片外程序存储器。

解 2764 是 8 KB×8 位程序存储器，芯片的地址引脚线有 13 条，依次和单片机的地址线 A0～A12 相接。由于不采用地址译码器，所以高 3 位地址线 A13、A14、A15 不连接，故有 $2^3=8$ 个重叠的 8 KB 地址空间。因只用一片 2764，其片选信号 $\overline{CE}$ 可直接接地（该芯片使能）。其连接电路如图 7.4 所示。

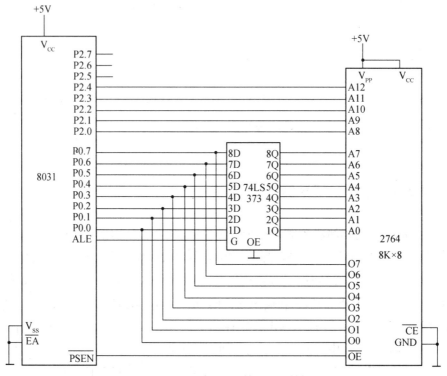

图 7.4　2764 与 8031 的扩展连接图

图 7.4 所示连接电路的 8 个重叠的地址范围为：

0000000000000000～0001111111111111，即 0000H～1FFFH；

0010000000000000～0011111111111111，即 2000H～3FFFH；

0100000000000000～0101111111111111，即 4000H～5FFFH；

0110000000000000～0111111111111111，即 6000H～7FFFH；

1000000000000000～1001111111111111，即 8000H～9FFFH；

1010000000000000～1011111111111111，即 A000H～BFFFH；

1100000000000000～1101111111111111，即 C000H～DFFFH；

1110000000000000～1111111111111111，即 E000H～FFFFH。

地址重叠的原因是，由于高 3 位地址线没有用到，因此，不管高三位地址成何种编码，都会选中低 13 位地址所选择的存储器芯片中的相应单元。

（2）部分译码多片程序存储器扩展

例 使用两片 2764 扩展 16 KB 的程序存储器，采用线选法选中芯片。

解　扩展连接图如图 7.5 所示。

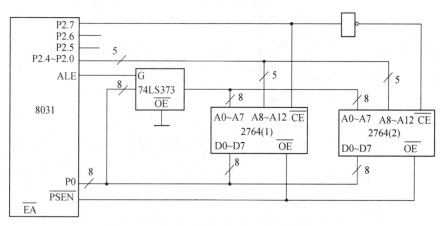

图 7.5　用两片 2764 EPROM 的扩展连接图

图中以 P2.7 作为第一片的片选,而 P2.7 通过反相器与第二片相连,这表面上是线选法,实际上是部分译码。因为可以认为 P2.7 这种连接方式是 1－2 译码。当 P2.7＝0 时,选中 2764(1);当 P2.7＝1 时,选中 2764(2)。因两根线(A13、A14)未用,故两个芯片各有 $2^2＝4$ 个重叠的地址空间。它们分别为:

左片:0000000000000000～0001111111111111,即 0000H～1FFFH;

0010000000000000～0011111111111111,即 2000H～3FFFH;

0100000000000000～0101111111111111,即 4000H～5FFFH;

0110000000000000～0111111111111111,即 6000H～7FFFH;

右片:1000000000000000～1001111111111111,即 8000H～9FFFH;

1010000000000000～1011111111111111,即 A000H～BFFFH;

1100000000000000～1101111111111111,即 C000H～DFFFH;

1110000000000000～1111111111111111,即 E000H～FFFFH。

（3）地址译码多片程序存储器扩展

例 3　要求用 2764 芯片扩展 8031 的片外程序存储器,分配的地址范围为 0000H～3FFFH。

解　本例要求的地址空间是唯一确定的,所以要采用全译码方法。由分配的地址范围可知:扩展的容量为 16 KB,2764 为 8 KB×8 位,故需要 2 片。为此画出译码关系如下所示:

P2.7	P2.6	P2.5	P2.4	P2.3	P2.2	P2.1	P2.0	P0.7	P0.6	P0.5	P0.4	P0.3	P0.2	P0.1	P0.0
A15	A14	A13	A12	A11	A10	A9	A8	A7	A6	A5	A4	A3	A2	A1	A0
0	0	0	×	×	×	×	×	×	×	×	×	×	×	×	×
0	0	1	×	×	×	×	×	×	×	×	×	×	×	×	×

其中的第 1 行、第 2 行分别对应第 1 片、第 2 片译码器输入线的状态。由此知,选用 74LS138 译码器时,其输出 $\overline{Y0}$ 应接在第 1 片的片选线上,$\overline{Y1}$ 应接在第 2 片的片选线上。扩展连接如图 7.6 所示。

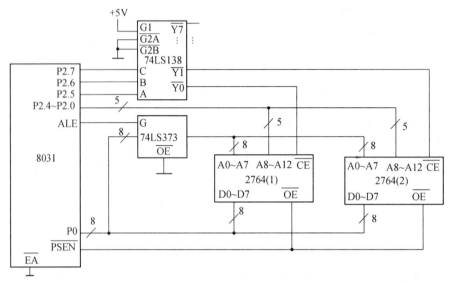

图 7.6 用两片 2764 EPROM 的扩展连接图

第 1 片的地址范围应为 0000H～1FFFH；

第 2 片的地址范围应为 2000H～3FFFH；

可以看出，这种连接方式下，地址是连续的。依此方法扩展 8 片 2764，将 $\overline{Y0}$～$\overline{Y7}$ 分别连接到 8 片 2764 的片选端，则可形成完整的地址连续的 64 KB 存储空间。

7.2.3 数据存储器的扩展

1. 数据存储器芯片

单片机中一般采用静态 RAM 作为数据存储器。常用于单片机扩展的静态数据存储器芯片有 2114（1 K×4 位）、6116（2 K×8 位）、6264（8 K×8 位），引脚图如图 7.7 所示。

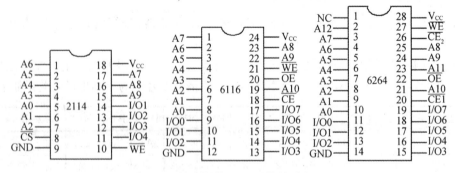

图 7.7 常用静态 RAM 芯片的引脚图

6264 有 2 个片选控制 $\overline{CE1}$、$\overline{CE2}$，其作用是两个信号同时为低电平才能选中芯片。动态 RAM 虽然集成度高、成本低、功耗小，但需要刷新电路，单片机扩展中不如静态 RAM 方便，所以目前单片机的数据存储器扩展仍以静态 RAM 芯片为多。然而，现在的动态随机存储器 iRAM 的刷新电路一并集成在芯片内，扩展使用与静态 RAM 一样方便。这种芯片有

2186、2187 等，它们都是 8 K×8 位存储器，引脚图如图 7.8 所示。2186 与 2187 的不同仅在于前者的引脚 1 是刷新联络信号端，后者的引脚 1 是刷新选通端。

图 7.8　iRAM 芯片的引脚图

数据存储器的 $\overline{OE}$、$\overline{WE}$ 信号线分别为输出允许和写允许控制端。2114 只有一个读/写控制端 $\overline{WE}$，当 $\overline{WE}=0$ 时，是写允许；当 $\overline{WE}=1$ 时，是输出允许。

2. 数据存储器的扩展举例

数据存储器与单片机的扩展连接除芯片的输出允许信号 $\overline{OE}$ 应与单片机的 $\overline{RD}$ 控制信号相接、写允许信号 $\overline{WE}$ 与 $\overline{WR}$ 相接外，其他信号线的连接与程序存储器相同。

例　采用 2114 芯片在 8031 片外扩展 1 KB 数据存储器。

解　因 2114 为 1 K×4 位的静态 RAM 芯片，所以需要 2 片进行位扩展。扩展连接电路如图 7.9 所示。因为两个芯片相同地址的 4 位单元组合起来作为单片机系统的 8 位单元，所以片选信号线要并接在一起，即两片同时选中。本例采用并接于地的方法。

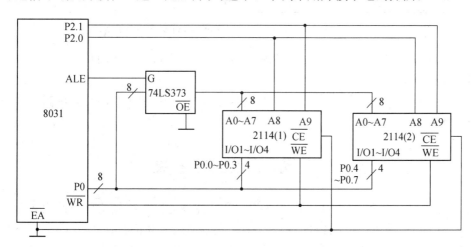

图 7.9　用两片 2114 EPROM 的扩展连接

7.2.4　兼有片外程序存储器和片外数据存储器的扩展举例

例　采用 2764 和 6264 芯片在 8051 片外分别扩展 24 KB 程序存储器和数据存储器。扩展连接电路如图 7.10 所示。

从图中可以看出,各有一片 2764 和一片 6264 的片选端并接在一根译码输出线上。即有 2764 和 6264 芯片相同的地址单元将会同时选通,这不会发生地址冲突,因为两种芯片的控制信号是不一样的。

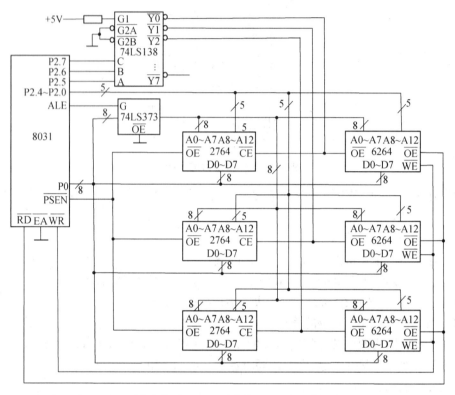

图 7.10　兼有片外 ROM,又有片外 RAM 的扩展连接图

三片 2764 分配的地址由上至下依此分别为 0000H～1FFFH、2000H～3FFFH、4000H～5FFFH。

三片 6264 分配的地址由上至下依此分别为 0000H～1FFFH、2000H～3FFFH、4000H～5FFFH。

7.3　输入/输出接口扩展*

51 单片机共有 4 个并行 I/O 口,但这些 I/O 口并不能完全提供给用户使用。对于片内有 ROM/EPROM 的单片机(如 80C51/87C51),在不使用外部扩展时,才允许这 4 个 I/O 口作为用户 I/O 口使用。然而大多数应用系统都需要外部扩展,51 单片机可提供给用户使用的 I/O 口就只有 P1 口和 P3 部分线了。因此,在过去大部分的 51 单片机应用系统中,都需要进行 I/O 口扩展。

值得指出的是,由于串行口利用很少的连线,各种性能优良的串行接口又得到蓬勃发展,所以,目前很多应用系统中已不再需要扩展并行的 I/O 口了。为了避免布线复杂,有的甚至尽量避免利用并行口的扩展,但了解并行口的扩展方法还是必要的。

7.3.1　I/O 口扩展概述

1. MCS-51 单片机 I/O 口扩展的基本特性

单片机应用系统中的 I/O 口扩展方法与单片机的 I/O 口扩展性能有关。

(1) 在 MCS-51 单片机应用系统中，扩展的 I/O 口采取与数据存储器相同的编址方法。所有扩展的 I/O 口或通过扩展 I/O 口连接的外围设备均与片外数据存储器统一编址。所以，除了利用串行口的移位寄存器工作方式(方式 0)扩展 I/O 口外，其他任何一种 I/O 口扩展，都要占用一些片外 RAM 地址。

(2) 扩展 I/O 口的硬件相依性。在单片机应用系统中，I/O 口的扩展不是目的，而是为外部通道及设备提供一个输入、输出通道。因此，I/O 口的扩展总是为了实现某一测控及管理功能而进行的。例如连接键盘、显示器、驱动开关控制、开关量监测等。这样，在 I/O 口扩展时，必须考虑与之相连的外部硬件电路特性，如驱动功率、电平、干扰抑制及隔离等。

(3) 扩展 I/O 口的软件相依性。根据选用不同的 I/O 口扩展芯片或外部设备时，扩展 I/O 口的操作方式不同，因而应用程序应有不同，如入口地址、初始化状态设置、工作方式选择等。

2. I/O 口扩展用芯片

MCS-51 单片机应用系统中 I/O 口扩展用芯片主要有通用 I/O 口芯片和 TTL、CMOS 锁存器、缓冲器电路芯片两大类。过去，通用 I/O 口芯片选用 Intel 公司的芯片，其接口最为简捷可靠，如 8255、8155 等。但是值得指出的是，当年红极一时的 8255、8155 也已渐渐淡出，所以，下面章节中介绍的 8255、8155 作为扩展级的阅读材料。

采用 TTL 或 CMOS 锁存器、三态门电路作为 I/O 扩展芯片，也是单片机应用系统中经常采用的方法。这些 I/O 口扩展用芯片具有体积小、成本低、配置灵活的特点。一般在扩展 8 位输入或输出口时十分方便。可以作为 I/O 扩展的 TTL 芯片有 74LS373、74LS277、74LS244、74LS273、74LS367 等。在实际应用中，根据芯片特点及输入、输出量的特征，应选择合适的扩展芯片。

3. I/O 口扩展方法

根据扩展并行 I/O 口时数据线的连接方式，I/O 口扩展可分为总线扩展方法、串行口扩展方法和 I/O 口扩展方法。

(1) 总线扩展方法。扩展的并行 I/O 芯片，其并行数据输入线取自 MCS-51 单片机的 P0 口。这种扩展方法只分时占用 P0 口，并不影响 P0 口与其他扩展芯片的连接操作，不会造成单片机硬件的额外开销。因此，在 MCS-51 单片机应用系统的 I/O 扩展中广泛采用这种扩展方法。

(2) 串行口扩展方法。这是 MCS-51 单片机串行口在方式 0 工作状态下所提供的 I/O 口扩展功能。串行口方式 0 为移位寄存器工作方式，因此接上串入并出的移位寄存器可以扩展并行输出口，而接上并入串出的移位寄存器则可扩展并行输入口。这种扩展方法只占用串行口，而且通过移位寄存器的级联方法可以扩展数量众多的并行 I/O 口。对于不使用串行口的应用系统，可使用这种方法。但由于数据的输入输出采用串行移位的方法，传输速度较慢。

(3) 通过单片机片内 I/O 口的扩展方法。这种扩展方法的特征是扩展芯片的输入输出数据线不通过 P0 口,而是通过其他片内 I/O 口。即扩展片外 I/O 口的同时也占用片内 I/O 口,所以使用较少,但在 MCS-51 单片机扩展 8243 时,为了模拟 8243 的操作时序,不得不使用这种方法。

7.3.2 8255 可编程并行 I/O 口扩展**

8255A 是单片机应用系统中广泛被采用的可编程外部 I/O 口扩展芯片。它有 3 个 8 位并行 I/O 口,每个口有 3 种工作方式。

1. 芯片引脚及其内部结构

8255A 芯片的引脚如图 7.11 所示,引脚信号如表 7.1 所示。

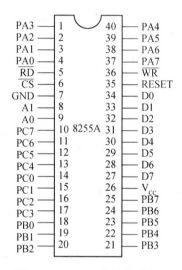

图 7.11 8255A 芯片的引脚图

表 7.1 8255A 芯片的引脚信号说明

引脚信号	引脚号	引脚名称与功能
V_{CC}	26	电源的 +5 V 端
GND	7	电源的 0 V 端
RESET	35	复位信号输入端,使内部各寄存器清除,置 A,B,C 口为输入端
$\overline{WR}$	36	写信号输入端。从单片机输出数据或控制字到 8255A
$\overline{RD}$	5	读信号输入端。用于单片机从 8255A 输入数据或状态信息
$\overline{CS}$	6	片选端,低电平有效。
A1,A0	8、9	地址总线的最低 2 位。用于决定端口地址。
D7~D0	27~34	双向数据总线
PA7~PA0	37~40 1~4	A 口的 8 位 I/O 引脚
PB7~PB0	25~18	B 口的 8 位 I/O 引脚
PC7~PC0	10~13 17~14	C 口的 8 位 I/O 引脚

8255A 芯片的内部结构如图 7.12 所示。

8255A 的内部组成可分为 4 部分：

(1) 数据总线缓冲器：是一个 8 位的双向三态驱动器,用于与单片机的数据总线相连。

(2) 读/写控制逻辑：根据单片机的地址信息（A1、A0）与控制信息（$\overline{RD}$、$\overline{WR}$、RESET），控制片内数据、CPU 控制字、外设状态信息的传送。

(3) 控制电路：根据 CPU 送来的控制字使所管 I/O 口按一定方式工作。对 C 口甚至可按位实现"置位"或"复位"。控制电路分为两组：A 组控制电路控制 A 口及 C 口的高 4 位（PC7～PC4），B 组控制电路控制 B 口及 C 口的低 4 位（PC3～PC0）。

(4) 三个并行 I/O 端口：A 口可编程为 8 位输入,或 8 位输出,或双向传送；B 口可编程为 8 位输入,或 8 位输出,但不能双向传送；C 口分为两个 4 位口,用于输入或输出,也可用作 A 口、B 口的状态控制信号。

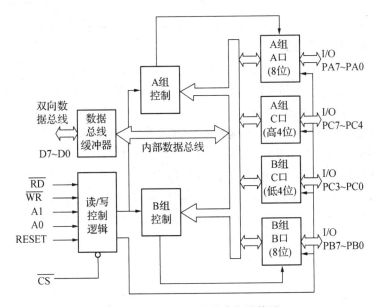

图 7.12　8255A 芯片的内部结构图

2. 8255 的操作方式

8255A 的全部工作状态是通过读/写控制逻辑和工作方式选择来实现的,见表 7.2 所示。

(1) 读/写控制逻辑操作选择

表 7.2　8255 的口操作状态

A1	A0	$\overline{RD}$	$\overline{WR}$	$\overline{CS}$	输入操作（读）
0	0	0	1	0	A 口→数据总线
0	1	0	1	0	B 口→数据总线
1	0	0	1	0	C 口→数据总线

（续表）

A1	A0	$\overline{RD}$	$\overline{WR}$	$\overline{CS}$	输入操作（读）
输出操作（写）					
0	0	1	0	0	数据总线→A 口
0	1	1	0	0	数据总线→B 口
1	0	1	0	0	数据总线→C 口
1	1	1	0	0	数据总线→控制口
禁止操作					
×	×	×	×	1	数据总线为三态
1	1	0	1	0	非法状态
×	×	1	1	0	数据总线为三态

（2）8255 的 3 种工作方式

方式 0（基本输入/输出方式）：这种工作方式不需要任何选通信号。A 口、B 口及 C 口的两个 4 位口中任何一个端口都可以由程序设定为输入或输出。作为输出口时，输出数据被锁存；作为输入口时，输入数据不锁存。

方式 1（选通输入/输出方式）：在这种工作方式下，A、B、C 三个口分为两组。A 组包括 A 口和 C 口的高 4 位，A 口可由编程设定为输入口或输出口，C 口的高 4 位则用来作为 A 口输入/输出操作的控制和同步信号；B 组包括 B 口和 C 口的低 4 位，B 口可由编程设定为输入口或输出口，C 口的低 4 位则用来作为 B 口输入/输出操作的控制和同步信号。A 口和 B 口的输入数据或输出数据都被锁存。方式 1 下的逻辑组态关系如图 7.13 所示。

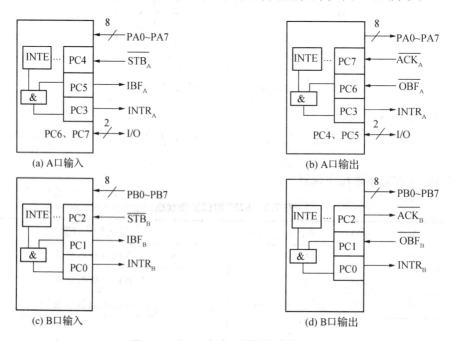

图 7.13　8255 方式 1 逻辑组态关系图

方式 2(双向传送方式):在这种工作方式下,A 口可用于双向传送,C 口的 PC3～PC7 用来作为输入/输出的控制同步信号。应该注意的是,只有 A 口允许用作双向传送,这时 B 口和 PC0～PC2 则可编程为方式 0 或方式 1 下工作。方式 2 下的逻辑组态关系如图 7. 14 所示。

图 7.13 和图 7.14 中各状态控制信号的意义如下:

$\overline{OBF}$:输出缓冲器满信号。当其为低时,8255A 告知外设有数据可供输出。它由 $\overline{WR}$ 上升沿置为有效低电平,而由 $\overline{ACK}$ 使它恢复为高电平。

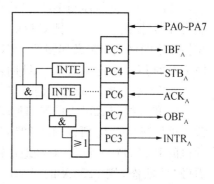

图 7. 14　8255 方式 2 逻辑组态图

IBF:输入缓冲器满信号。当其为高时,8255A 告知外设数据已输入完毕。它由 $\overline{STB}$ 置为有效高电平,而由 $\overline{RD}$ 上升沿使其复位。

$\overline{ACK}$:外设应答信号。当其为低时,外设已将数据自 8255A 取走。

$\overline{STB}$:外设来的选通信号。当其为低时,将外设数据输入 8255A。

INTR:中断请求信号。使其有效的逻辑关系如图 7.13 所示。在输入时,由 $\overline{RD}$ 下降沿清除;在输出时,由 $\overline{WR}$ 下降沿清除。

INTE:中断允许信号。$INTE_A$ 与 $INTE_B$ 可通过对 C 口相应位置位或复位来控制,置位时允许中断,复位时禁止中断。

(3) 8255A 的编程控制字

8255A 的编程选择是通过对控制口输入控制字的方式实现的。控制字有方式选择控制字和 C 口置位/复位控制字。

方式选择控制字:其格式与定义如图 7.15(a)所示。

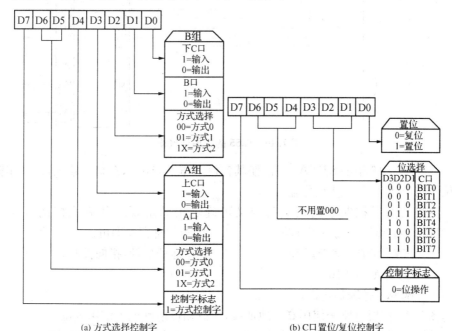

(a) 方式选择控制字　　　　　　　　　　(b) C口置位/复位控制字

图 7.15　8255A 控制字的格式与定义

C 口置位/复位控制字:C 口具有位操作功能,把一个置位/复位控制字送入 8255A 的控制寄存器(控制口),就能把 C 口的某一位置 1 或清 0 而不影响其他位的状态。C 口置位/复位控制字的格式与定义如图 7.15(b)所示。例如:将 07H(00000111B)写入控制寄存器后,8255A 的 PC3 位置 1;写入 08H 时,PC4 清零。

3. 51 单片机与 8255A 的接口方法

51 单片机与 8255A 的接口逻辑很简单,其接口电路如图 7.16 所示。因 8255A 芯片内部无地址锁存能力,所以图中 8255A 的片选信号$\overline{\text{CS}}$及端口地址选择线 A1、A0 分别由 51 单片机的 P0.7、P0.1 和 P0.0 经地址锁存器后提供。如果把没有参与选址的地址线的状态都看做"1"状态,则 8255A 的 A、B、C 口及控制口地址分别为 FF7CH、FF7DH、FF7EH、FF7FH。当然,各口都有重复地址,即上述地址也可用其他的地址替换。8255A 的复位端与 51 单片机的复位端相连,都接到 51 单片机的复位电路上。

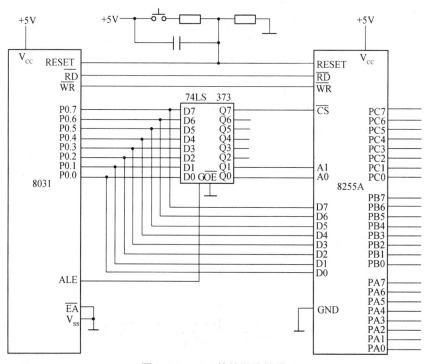

图 7.16　8255 的扩展连接图

例　试对图 7.16 中的 8255A 编程,使其各口工作于方式 0,A 口作输入,B 口作输出,C 口高 4 位作输出,C 口的低 4 位作输入。

解　由方式选择控制字的格式与定义可确定出满足要求的方式控制字应为 91H(10010001B)。对 8255A 编写程序将 91H 写入它的控制寄存器即可。

```
MOV  DPTR, ＃0FF7FH            ;DPTR 作地址指针,指向控制口
MOV  A, ＃91H
MOVX  @DPTR, A
```

因为图 7.16 扩展电路未使用高位地址线,所以端口地址也可使用 8 位。

例　试按图 7.16 扩展电路,写出自 8255A 的 B 口输出单片机中 R7 内容与自 8255 的 A 口输入数据到单片机 R3 的程序。

解 使用 8 位地址,8255A 的 A、B、C 口及控制口地址分别为 7CH、7DH、7EH、7FH。则实现所要求功能的程序为

```
MOV  R0,♯7FH          ;R0 作地址指针,指向控制口
MOV  A,♯91H           ;
MOVX @R0,A            ;方式控制字送控制寄存器
MOV  R0,♯7DH          ;R0 指向 B 口
MOV  A,R7             ;
MOVX @R0,A            ;R7 的内容输出到 B 口
DEC  R0               ;使 R0 指向 A 口
MOVX A,@R0            ;从 A 口输入数据到累加器 A
MOV  R3,A             ;把输入数据送存到 R3 中
```

注意,由于单片机高位地址未使用,故不管地址的高 8 位为何值都不会影响本例数据的读写。但如果单片机还扩展有其他 RAM 或 I/O 口,则应注意是否有地址冲突问题。

7.3.3 8155 可编程并行 I/O 口扩展**

8155 芯片含有 256×8 位静态 RAM,两个可编程的 8 位 I/O 口,一个可编程的 6 位 I/O 口,一个可编程的 14 位定时/计数器。8155 芯片具有地址锁存功能,与 MCS-51 单片机接口简单,曾经是单片机应用系统中广泛使用的芯片。

1. 8155 的结构与引脚

8155 的逻辑结构如图 7.17(a)所示,引脚分布如图 7.17(b)所示。

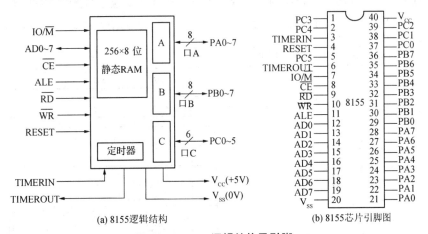

(a) 8155逻辑结构 (b) 8155芯片引脚图

图 7.17 8155 逻辑结构及引脚

AD0～AD7 为地址数据总线,单片机和 8155 之间的地址、数据、命令、状态信息都是通过这个总线口传送的。

ALE 为地址锁存信号输入线,在 ALE 的下降沿将单片机 P0 口输出的低 8 位地址信息以及 $\overline{CE}$、IO/$\overline{M}$ 的状态都锁存到 8155 内部寄存器。

IO/$\overline{M}$ 为 RAM/IO 口选择线。当 IO/$\overline{M}$=0 时,对 8155 的 RAM 进行读/写,AD0～AD7 上的地址为 8155 中 RAM 单元地址;当 IO/$\overline{M}$=1 时,对 8155 的 I/O 口进行操作,AD0～

AD7 上的地址为 I/O 口地址。

$\overline{CE}$ 为片选信号线。

$\overline{RD}$、$\overline{WR}$ 为读、写控制信号线。

2. 8155 的 RAM 和 I/O 口编址

8155 在单片机应用系统中是按外部数据存储器统一编址的,地址为 16 位,其高 8 位地址由片选线 $\overline{CE}$ 提供,低 8 位地址为片内地址。当 IO/$\overline{M}$=0 时,对 RAM 进行读/写,RAM 低 8 位地址为 00H~FFH;当 IO/$\overline{M}$=1 时,对 I/O 口进行读/写,I/O 口及定时器由 AD0~AD2 进行编址。其编址如表 7.3 所示。

表 7.3　8155 内部端口编址

AD7	AD6	AD5	AD4	AD3	AD2	AD1	AD0	端口
×	×	×	×	×	0	0	0	命令状态寄存器(命令/状态口)
×	×	×	×	×	0	0	1	PA 口
×	×	×	×	×	0	1	0	PB 口
×	×	×	×	×	0	1	1	PC 口
×	×	×	×	×	1	0	0	定时器低 8 位
×	×	×	×	×	1	0	1	定时器高 8 位

3. 8155 的工作方式与基本操作

8155 的 A 口、B 口可工作于基本 I/O 方式或选通方式,C 口可作为输入/输出口,也可以作为 A 口、B 口选通方式工作时的状态控制信号线。工作方式选择是通过对 8155 内部命令寄存器设定控制字来实现的。三个口可组合工作于 4 种方式下。命令字的格式及定义如图 7.18 所示。

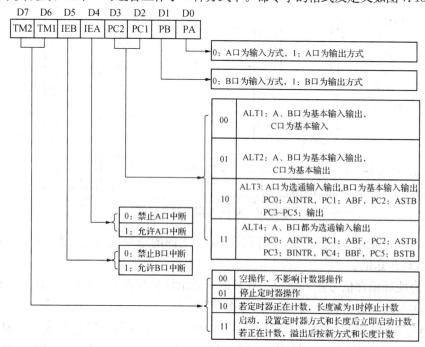

图 7.18　8155 命令控制寄存器格式

基本 I/O 工作方式:当 8155 编程设定为 ALT1、ALT2 时,A、B、C 口均为基本输入/输出方式。该方式不需要任何状态选通信号。

选通 I/O 工作方式:当 8155 被设定为 ALT3 时,A 口为选通 I/O,B 口为基本 I/O;当设定为 ALT4 时,A、B 口均为选通 I/O 工作方式。选通方式的状态控制信号的逻辑组态如图 7.19 所示。

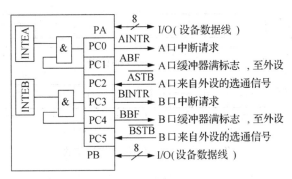

图 7.19 8155 选通方式信号逻辑组态

图 7.19 中各信号的含义如下:

BF:输出缓冲器满信号。缓冲器有数据时,BF 为高电平,否则为低电平。分 ABF 和 BBF。

$\overline{STB}$:外设来的选通信号。当其为低时,将从外设输入数据。

INTR:中断请求信号。当 8155 的 A 口或 B 口缓冲器接收到外设输入的数据或外设从缓冲器中取走数据时,INTR 变为高电平(仅当命令寄存器相应中断允许位为 1),向单片机请求中断,单片机对 8155 的相应 I/O 口进行一次读/写操作,INTR 变为低电平。

I/O 状态查询:8155 有一个状态寄存器,锁定 I/O 口和定时器的当前状态,供单片机查询用。状态寄存器和命令寄存器共享一个地址。因此,可以认为 8155 的 00H 口是命令/状态寄存器,对其写入时作为命令寄存器,写入的是命令;而对其读出时,作为状态寄存器,读出的是当前 I/O 和定时器的状态。状态寄存器的格式如图 7.20 所示,它们表示了 I/O 作为选通输入/输出的状态以及定时器的工作状态。

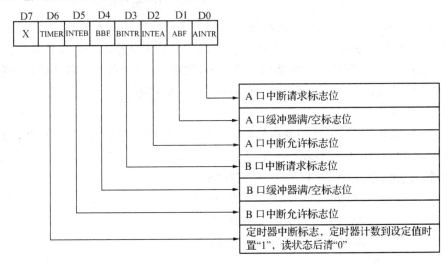

图 7.20 8155 状态寄存器格式

4. 8155 内部的定时/计数器

8155 片内有一个 14 位减法计数器,可对输入脉冲进行减 1 计数。外部有两个定时器引脚端 TIMERIN、TIMEROUT。TIMERIN 为外部计数脉冲输入端;TIMEROUT 为定时器输出端,可输出各种脉冲波形。定时器的高 6 位、低 8 位计数器和输出方式由 04H、05H 口寄存器确定。其格式如图 7.21 所示。

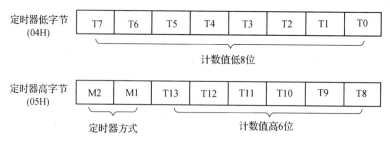

图 7.21   8155 定时器寄存器格式

定时器有 4 种输出方式,可输出 4 种脉冲波形,如图 7.22 所示。

定时器高字节 D7 D6的值		输出方式	定时器输出波形
0	0	单个方波	
0	1	连续方波	
1	0	单个脉冲	
1	1	连续脉冲	

图 7.22   8155 定时器方式及输出波形

任何时候都可以设置定时器的长度和工作方式,然后将启动命令写入命令寄存器(00H),即使计数器已经计数,在写入启动命令后仍可改变定时器的工作方式。如果写入定时器的计数常数为奇数,方波输出不对称。如计数常数 N 为奇数,则定时器输出的方波在 $(N+1)/2$ 个脉冲周期内为高电平,$(N-1)/2$ 个脉冲周期内为低电平。

8155 定时器在计数过程中,计数器的值并不直接表示外部输入的脉冲,计数器终值为 2,初值为 2~3FFFH 之间。若作为外部事件计数,由计数器状态求输入事件脉冲的方法如下:停止计数器计数,分别读出计数器的两个字节,取低 14 位计数值。若为偶数,则右移一位,即为输入脉冲;若为奇数,则右移一位,再加上计数初值的 1/2 的整数部分。

5. 8155 与单片机的扩展连接

图 7.23 所示是 8155 与 51 单片机的扩展。在图中连接状态下,8155 所占的地址为:

RAM 地址范围:7E00H～7EFFH

I/O 端口地址:命令/状态口　　　　　7F00H

　　　　　　　PA 口　　　　　　　　7F01H

　　　　　　　PB 口　　　　　　　　7F02H

　　　　　　　PC 口　　　　　　　　7F03H

　　　定时器低字节　　　　　　　　7F04H

定时器高字节　　　　　　　　　7F05H

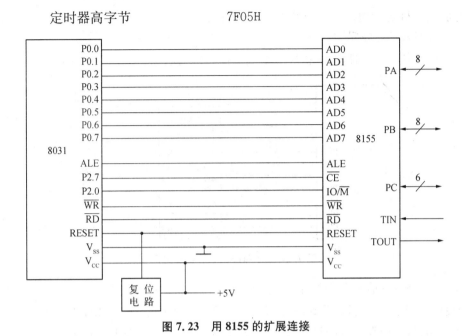

图 7.23　用 8155 的扩展连接

下面对 8155 扩展的编程举个例子。

例　使 8155 用作 I/O 口和定时器工作方式，A 口定义为基本输入方式，B 口为基本输出方式，定时器为方波发生器，对输入脉冲进行 24 分频（8155 中定时器最高计数频率为 4 MHz），则相应的程序如下：

```
MOV    DPTR, ♯7F04H        ;DPTR 指向定时器低字节
MOV    A, ♯18H             ;计数器常数 18H＝24
MOVX   @DPTR, A            ;计数常数低 8 位装入计数器低字节
INC    DPTR                ;使 DPTR 指向定时器高字节
MOV    A, ♯40H             ;置定时器方式为连续方波输出
MOVX   @DPTR, A            ;装计数器高字节值
MOVX   DPTR, ♯7F00H        ;使 DPTR 指向命令/状态口
MOV    A, ♯0C2H            ;C2H→A
MOVX   @DPTR, A            ;向命令/状态口送方式控制字,并启动定时器
```

7.3.4　用 TTL 芯片扩展简单的 I/O 接口

在 MCS-51 单片机应用系统中，采用 TTL 或 CMOS 锁存器、三态门芯片，通过 P0 口可以扩展各种类型的简单输入/输出口。P0 口是系统的数据总线口，通过 P0 口扩展 I/O 口时，P0 口只能分时使用，故输出时接口应有锁存功能；输入时，视数据是常态还是暂态的不同，接口应能三态缓冲，或锁存选通。

不论是锁存器，还是三态门芯片，都只具有数据线和锁存允许及输出允许控制线，而无地址线和片选信号线。而扩展一个 I/O 口，相当于一个片外数据存储单元。单片机对 I/O

口的访问,要以确定的地址,用 MOVX 指令来进行。

1. 用锁存器扩展输出口

图 7.24 是用一片 74LS377 扩展一个 8 位输出口的示例。

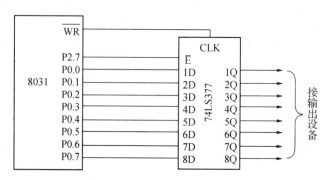

图 7.24　用 74LS377 扩展输出口

74LS377 是带有输出允许控制端的 8D 锁存器,有 8 个输入端(1D～8D),8 个输出端(1Q～8Q),1 个时钟控制端 CLK,1 个锁存允许端$\overline{E}$。当$\overline{E}$＝0 时,CLK 的上升沿将 8 位 D 输入端的数据打入锁存器,这时锁存器将保持 D 端输入的 8 位数据。在图中 CLK 与$\overline{WR}$相连,作为写(输出)控制端;$\overline{E}$与单片机的地址选择线 P2.7 相连,作为寻址端。如此连接的输出口地址是 P2.7＝0 的任何 16 位地址。当然,7FFFH 可作为该口地址。对该口的输出操作如下:

```
MOV   DPTR, ♯7FFFH      ;使 DPTR 指向 74LS377 输出口
MOV   A, ♯data          ;输出的数据要通过累加器 A 传送
MOVX  @DPTR, A          ;向 74LS377 扩展口输出数据
```

值得指出的是,由于 P2.7＝0 的任何 16 位地址都是对这个端口的操作,因此,外部数据存储器的 0000H～7FFFH 的地址空间被这个端口占用。

2. 用锁存器扩展输入口

对于快速外部设备输出的数据,可视为暂态数据。单片机扩展输入口时应用锁存器,否则数据将可能丢失。图 7.25 是用一片 74LS373 扩展一个 8 位输入口的示例。

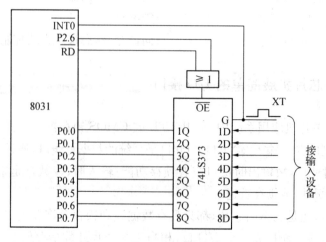

图 7.25　用 74LS373 扩展输入口

图 7.25 中，外设向 CPU 发送数据采用的是中断方式（当然也可以采用查询方式）。此时，应有一个选通信号连到 74LS373 的锁存端上，在选通信号的下降沿将数据锁存，同时向单片机发出中断申请。在中断服务程序中，从 P0 口读取锁存器中的数据。单片机的地址线 P2.6 和 $\overline{RD}$ 相"或"形成一个既有寻址作用又有读控制作用的信号线与 74LS373 的输出允许控制端相接。由此可见，74LS373 的端口地址为只要 P2.6＝0 的任何 16 位地址。BFFFH 可以作为该口的地址。若单片机从扩展的输入口 74LS373 输入的数据送入片内数据存储器中首地址位 50H 的数据区，则其相应的中断系统初始化及中断服务程序如下：

中断系统初始化程序：

```
PINT:   SETB  IT0        ;外部中断 0 选择为下降沿触发方式
        SETB  EA         ;开系统中断
        MOV   R0,＃50H    ;R0 作地址指针,指向数据区首址
        SETB  EX0        ;外部中断 0 中断允许
        ……
```

中断服务程序：

```
INT0:   MOV   DPTR,＃0BFFFH  ;使 DPTR 指向 74LS373 扩展输入口
        MOVX  A,@DPTR       ;从 74LS373 扩展输入口输入数据
        MOV   @R0,A         ;输入数据送数据区
        INC   R0            ;指针加 1
        RETI
```

同理，由于 P2.6＝0 的所有外部数据存储器地址空间都被这个端口占用，其地址范围是 0000H～3FFFH 以及 8000H～BFFFH。

3. 用三态门扩展输入口

对于慢速外设输出的数据，可视为常态数据（如开关量）。单片机扩展输入口时，可采用三态缓冲器芯片。图 7.26 是用一片三态缓冲器 74LS244 扩展一个 8 位输入口的示例。

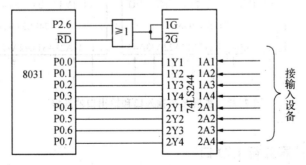

图 7.26 用 74LS244 扩展输入口

图 7.26 中，74LS244 用作 8 位输入口，所以将 $\overline{1G}$，$\overline{2G}$ 并接当做一个三态门控制端用。P2.6 和 $\overline{RD}$ 相"或"形成一个既有寻址作用又有读控制作用的信号与三态门控制端相接。从这个接口电路输入数据时使用以下指令即可：

```
        MOV   DPTR,＃0BFFFH
```

```
MOVX  A, @DPTR
```

4. 扩展多个输入、输出口举例

前述三种 I/O 口扩展都是一个 8 位口扩展,用一条地址线进行寻址,每个扩展口都有许多重叠的地址。此外,也可使用多片锁存器或三态门来扩展多个 I/O 口,可用地址译码进行寻址。图 7.27 是用两片 74LS377 和两片 74LS244 分别扩展两个输出口和两个输入口的示例。图中采用 74LS138 译码器的输出作为扩展口的寻址与读/写控制。

该扩展中各个端口占用的地址空间读者可以按照前面的思路自行分析一下。

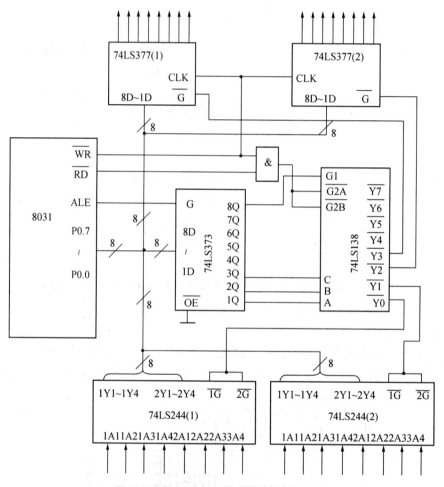

图 7.27 扩展多个输入口和输出口的连接

7.3.5 用串行口扩展并行 I/O 口

MCS-51 单片机的串行口在方式 0(移位寄存器方式)下,使用移位寄存器芯片可以扩展一个或多个并行 I/O 口。扩展的硬件连接及编程请参照串行口相关章节。

7.4 键盘*

7.4.1 键盘概述

按键是一种输入开和关两种状态的器件。通常,按键所用开关为机械弹性开关,当按下键帽时,按键内的复位弹簧被压缩,动片触点与静片触点相连,键盘的两个引脚被接通;松手后,复位弹簧将动片弹开,使动片与静片触点脱离接触,键盘的两个引脚被断开。

在理想状态下,按键引脚电平的变化如图 7.28(a)所示。但实际上,由于机械触点的弹性作用,一个按键开关从开始接上至接触稳定要经过数 ms 的抖动时间。抖动时间的长短与按键的机械特性有关,一般为 5～10 ms,在这段时间里会连续产生多个脉冲;在断开时也不会一下子断开。按键抖动电压波形如图 7.28(b)所示。所以在按盘设计时要考虑防抖动问题。

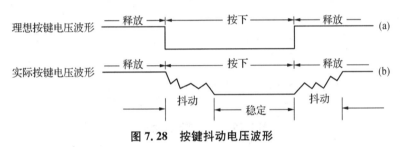

图 7.28 按键抖动电压波形

键盘是由一组按键开关所组成开关阵列。如今,键盘有多种形式,除机械键盘外还有塑料薄膜式键盘、导电橡胶式键盘、静电电容键盘等。

按键开关所组成的键盘可分为两种形式:独立式按键键盘和矩阵式按键键盘。

从有无编码来说,键盘又有编码键盘与非编码键盘两种。主要区别是:编码键盘本身带有实现接口主要功能所需的硬件电路,不仅能自动检测被按下的键并完成去抖动防串键等功能,而且能提供与被按键功能对应的键码(如 ASCⅡ码)送往单片机。8279 就是一种用于编码键盘和显示的综合集成电路;而非编码键盘只简单的提供按键开关的行列矩阵,有关键的识别、键码的输入与确定以及去抖动等功能则由软件完成。

1. 键盘输入中要解决的问题

键盘输入中主要解决三个问题:一是判断是否有键按下;二是消除按键抖动的影响,以免产生错误信号;三是判断按键是否松开。

(1)按键的确认

按键的确认就是判断按键是否闭合,反映在电压上就是和按键相连的引脚呈现出高电平还是低电平。如果是高电平,则表示没有闭合;如果是低电平,则表示闭合。所以通过检测电平的高低状态,就能确认是否有键按下。

(2)按键抖动的消除

为了确保一次按键动作只确认一次按键,必须消除机械开关的抖动影响。消除按键的抖动,通常有硬件、软件两种消除方法。

一般在按键较多时,常采用软件的方法消除抖动。即在第一次检测到有按键被按下时,执行一段延时 12～15 ms(因为机械按键由按下到稳定闭合的时间为 5～10 ms)的子程序后,再确认该键电平是否仍保持为闭合状态电平。如果保持为闭合状态电平就可以确认真正有键按下,从而消除抖动的影响。

(3)防串键

防串键是为了解决多键同时按下或者前一键没有释放而又有新键按下时产生的问题。

2. 独立按键式键盘

独立按键键盘就是各按键相互独立,每个按键各接一根输入线,如图 7.29 所示。

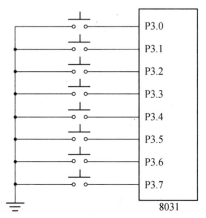

图 7.29 独立按键式键盘

独立按键式键盘一根输入线上的按键是否被按下,不会影响其他输入线上的工作状态。因此,通过检测输入线的电平状态 就可以很容易判断哪个按键被按下了。独立按键电路配置灵活,软件结构简单。但每个按键需要占用一根输入口线,在按键数量较多时,输入口浪费较大,故此种键盘适用于按键较少的场合。

3. 矩阵式按键键盘

矩阵式按键键盘由若干行线和列线组成连线矩阵,每个按键位于行列的交叉点上,其结构如图 7.30 所示。其中 0～3 为行线 4～7 为列线。一个 N 行×M 列的结构可以构成一个含有 N×M 个按键的键盘。与独立式按键键盘相比,要节省很多的 I/O 口。

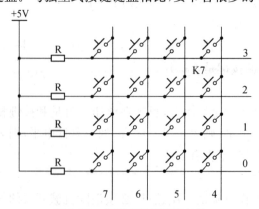

图 7.30 矩阵式按键键盘结构

独立式按键识别非常简单,而矩阵式按键的识别方法相对较复杂,分为 2 种:行扫描法和线反转法

(1) 行扫描法

每根行线依次输出低电平信号(该行线为低时,其他行线为高),如果该行线所连接的键没有按下的话,则列线所接的端口得到的是全"1"信号;如果有键按下的话,则得到非全"1"信号。如图中的 K7 号按键按下时,只有行扫描到 1011B(3～0 号线)时列才为非全 1 状态,这时列的值为 1110B(7～4 号线)。由行扫描值与读出的列的值可唯一确定按键的位置。

为了防止双键或多键同时按下,往往从第 0 行一直扫描到最后 1 行,若只发现 1 个闭合键,则为有效键,否则全部作废。

(2) 线反转法

线反转法也是识别闭合键的一种常用方法。该法比行扫描速度快,但在硬件上要求行线与列线都外接上拉电阻。

先将行线作为输出线,列线作为输入线,行线输出全"0"信号,读入列线的值。如果读入的列的值非全 1,则有键按下,闭合键所在的列线上对应的位则为 0;然后将行线和列线的输入输出关系互换,并且将刚才读到的列线值从列线所接的端口输出,再读取行线的输入值。这时,闭合键所在的行线对应的位也应为 0。这样,当一个键被按下时,必定可读到一对唯一的行列值。这对值中,和闭合按键对应的位为 0,其他为 1。例如,图中 K7 号按键按下时,对应的行的值为 1011B(3～0 号线),列为 1110B(7～4 号线)。

4. 键盘编码芯片

74C922 是一种专门用于最多 16 键的键盘编码的 CMOS 芯片。按键扫描的时钟可以由外部提供,或由外部接电容来实现。其特点是

(1) 可提供单刀单投开关(SPST)所构成开关阵列的编码;

(2) 加一外部电容在 OSC 脚可提供对键盘进行扫描的时钟;

(3) 内部已有上拉电阻,容许开关闭合时导通电阻高达 50 kΩ;

(4) 内部具备开关消除抖动电路;

(5) 内部具有一缓存器可记忆住最后一次按键;

(6) 3 V—15 V 宽电源电压范围。

另外,在有较多 LED 数码管显示时,也可用 Intel8279 通用可编程序的键盘、显示接口芯片。8279 是可编程的键盘、显示接口芯片。它既具有按键处理功能,又具有自动显示功能。8279 内部有键盘 FIFO(先进先出栈)/传感器、双重功能的 8 * 8＝64B RAM,键盘控制部分可控制 8 * 8＝64 个按键或 8 * 8 阵列方式的传感器。该芯片能自动消抖并具有双键锁定保护功能。显示 RAM 容量为 16 * 8,即显示器最大配置可达 16 位数码管显示。不过,现在的单片机应用系统已经很少采用这种芯片了。

HT82 K628A 键盘编码芯片则主要用于 PC 机的键盘,可以进行 100 多键的编码,这里不作介绍。

7.4.2 键盘编程举例*

1. 独立式键盘编程

独立式按键的编程比较简单,在中断的一章中举过例子,这里不再赘述。

2. 矩阵键盘编程

例 试编制一个汇编语言子程序 GET_KEY,等待一个 4×4 矩阵式键盘的按键。用扫描方法获得按键输入。有按键按下后将键值放在 R7 中返回。

电路图如图 7.31 所示。

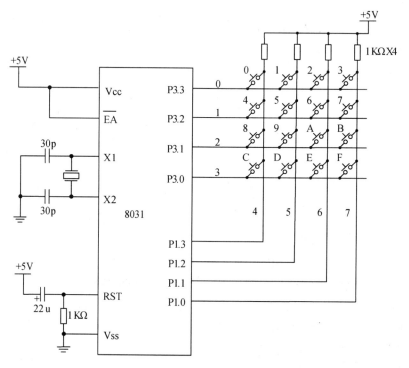

图 7.31 键盘编码电路图

解 程序流程图如图 7.32 所示。

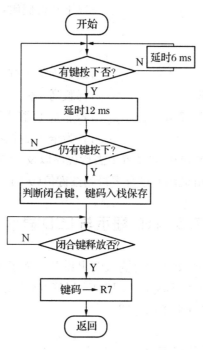

图 7.32 按键扫描流程图

汇编语言编写的键盘扫描子程序如下:

```
GET_KEY:MOV  R3, #0EH            ;列扫描输出初始状态,最低位为 0
SCAN:   MOV  A, R3               ;为本次扫描准备扫描字
        SETB  C
        RLC  A
        ANL  A, #0FH
        CJNE  A, #0FH,LL1
        MOV  A, #0EH             ;若扫描字为 0FH,则重新赋值为 0EH
LL1:    MOV  R3, A               ;保存扫描字至 R3 保存
        MOV  P3, A               ;扫描字送往 P3
        LCALL  DELAY6            ;延时 6ms
        MOV  A, P1               ;读入状态 P1
        ANL  A, #0FH             ;屏蔽高 4 位
        CJNE  A, #0FH, LL2       ;若非全 1,进入读键码程序
        SJMP  SCAN               ;若全 1,继续扫描
LL2:    LCALL  DELAY6            ;延时 12 ms,避开按键抖动时间
        LCALL  DELAY6
        MOV  A, P1               ;再次读入 P1 状态
        ANL  A, #0FH             ;屏蔽高 4 位
        CJNE  A, #0FH,SCAN       ;若仍非全 1,进入形成键码程序
        SJMP  SCAN               ;否则,舍弃本次读键值,继续扫描
```

```
LL3:    SWAP  A                      ;以下获得键码,存入 R7 中
        ORL   A, R3
        MOV   R7, A
LL4:    MOV   A, P1                  ;以下为等待按键释放程序
        ANL   A, ♯0FH                ;屏蔽高 4 位
        CJNE  A, ♯0FH,LL4            ;若非全 1,继续等待按键释放
        RET                          ;若为全 1,返回
```

程序中每 6 ms 扫描一次键盘,并设置了去抖程序以及等待按键释放的程序。获得的键码在 R7 中。在主程序中可由键码通过查表得到按键值(0～F)

7.5 LED 显示与 LCD 显示*

键盘和显示是单片机人机交互重要输入输出设备。为了节约成本,单片机的显示主要采用发光二极管(Light Emition Display,LED)数码管,高档场合也采用液晶(Liquid Crystal Display,LCD)显示。下面将分别予以介绍。

7.5.1 数码管工作原理及显示码

1. LED 数码管结构

LED 数码管显示器由 8 个发光二极管中的 7 个长条形发光二极管(称 7 笔段)按 a、b、c、d、e、f、g 顺序组成"8"字形,另一个点形的发光二极管 dp 放在右下方,用来显示小数点用,如图 7.33(a)所示。

数码管按内部连接方式又分为共阳极数码管和共阴极数码管两种。内部 8 个 LED 的阳极连在一起,称为共阳极数码管,如图 7.33(b)所示;内部 8 个 LED 的阴极连在一起称为共阴极数码管,如图 7.33(c)所示。

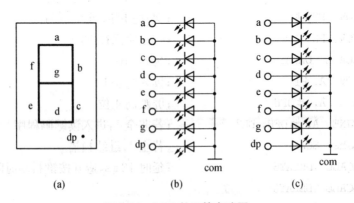

图 7.33 LED 数码管电路图

七段数码管引脚如图 7.34 所示,外部有 10 个引脚,其中 3、8 引脚连通,作为公共端。若数码管为共阳极数码管,则 3、8 脚接电源正极;数码管为共阴极数码管,则 3、8 引脚接地。

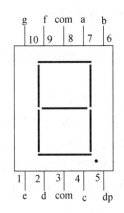

图 7.34　七段数码管引脚

市面上也有多数码管集成在一块的,为用户带来了方便。如 4 位共阳极数码管 LG5641,其管脚图由图 7.35 所示。数字引脚1~4 是数码管的位选信号接入端,其分别是 4 个数码管的共阳极端;字母引脚a~f和 dp 引脚是数码管的段选信号接入端。

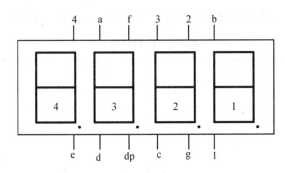

图 7.35　4 位数码管的管引脚图

2. 数码管工作原理

从 LED 数码管结构可以看出,不同笔段的组合就可以构成不同的字符,例如当笔段 b、c 被点亮时,就可以显示数字 1;又如当笔段 a、b、c 被点亮时,就可以显示数字 7;当笔段 a、b、c、d、e、f、g 都被点亮时,就可以显示数字 8。只要控制 7 个发光二极管按一定的要求亮与灭,就能显示出十六进制 0~F。

数码管的显示方式分为静态显示和动态(扫描)显示两种。

静态显示是每个数码管在显示期间一直处于显示状态的一种显示方式。为了满足每个数码管显示不同字符的要求,每个数码管的段码引脚都是独立地与显示驱动的 I/O 引脚连接的,每个数码管需要占用 8 根 I/O 线。除非显示的数码管只有一个,否则很少采用这种方式。

动态显示实际上是每个数码管轮流进行显示的一种扫描显示方式。当要显示多个字符时,往往是将每个数码管的 8 个 LED 非公共端 a、b、c、d、e、f、g、dp 对应相连,并连接到单片机输出段码的 I/O 口上,每个数码管的公共端则分别单独连接到单片机的另外的 I/O 口上。每一时刻只能有一个数码管在显示,其他的处于熄灭状态。这时,虽然显示的段码同时出现在所有数码管的相应管脚上,但由于只有某一数码管的公共端是使能的(共阴是低电平使能,共阳是高电平使能),所以只有这个数码管在显示。通过控制这些数码管以较高的时间间隔轮流扫描显示,由于视觉暂留的作用,人们就觉得每个数码管都在同时进行显示了。编程时要注意,扫描的速度较慢时数码管会出现闪烁的现象。

3. 数码管显示码

数码管显示码是表述二进制数与数码管所显示字符的对应关系的。例如,从图7.33(b)共阳极数码管可以看出,由于8个发光二极管的阳极已连在一起接到电源正极,所以,只要其负端a、b、c、d、e、f、g通过一电阻接地,发光二极管就会亮。

如果将负端接电源正极,由于两端都接到电源正极,没有电位差,所以就没有电流流过,发光二极管不会亮。0和1即代表电平的高低,可以组成8位二进制数,与8个发光二极管的负端a、b、c、d、e、f、g相对应,如表7.4所示。

例如,如果想让数码管显示0,只要将dp和g两个发光二极管置高电平,而其他6个发光二极管置低电平即可。

在表7.4中正好与0相对应的是11000000B,用16进制码表示为C0H。再如想让数码管显示8,查表可知,与8相对应的是10000000B,用16进制码表示为80H,在程序中输入数据10000000B,与输入80H是同样效果,前者是8的二进制码,后者是8的16进制码。

表7.4 数码管显示表

字符	dp	g	f	e	d	c	b	a	共阳段码	共阴段码
0	1	1	0	0	0	0	0	0	C0H	3FH
1	1	1	1	1	1	0	0	1	F9H	06H
2	1	0	1	0	0	1	0	0	A4H	5BH
3	1	0	1	1	0	0	0	0	B0H	4FH
4	1	0	0	1	1	0	0	1	99H	66H
5	1	0	0	1	0	0	1	0	92H	6DH
6	1	0	0	0	0	0	1	0	82H	7DH
7	1	1	1	1	1	0	0	0	F8H	07H
8	1	0	0	0	0	0	0	0	80H	7FH
9	1	0	0	1	0	0	0	0	90H	6FH
A	1	0	0	0	1	0	0	0	88H	77H
B	1	0	0	0	0	0	1	1	83H	7CH
C	1	1	0	0	0	1	1	0	C6H	39H
D	1	0	1	0	0	0	0	1	A1H	5EH
E	1	0	0	0	0	1	1	0	86H	79H
F	1	0	0	0	1	1	1	0	8EH	71H

4. 数码管的驱动

数码管的显示,除了满足逻辑要求外,还应该注意需要有足够的驱动电流。但一般单片机的 I/O 口是不足以驱动数码管的,为此,常常需要设计简单的驱动电路。这些简单的驱动电路经常由 74LS164、4094、74LS374、7407、ULN2003、BIC8718 外加三极管和电阻组成,成本低廉。如图 7.36 所示。图中用 4 个三极管的集电极连分别接 4 个数码管的共阴极,以提供必要的驱动电流。单片机通过 74LS164 扩展了 2 个并行口用于显示。

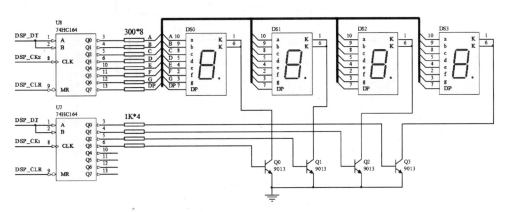

图 7.36 一种简单驱动电路

但是,为了缩短开发周期,同时节省 PCB 制版的空间,也常采用更方便使用的 LED 驱动控制专用芯片,如 TM1640 等。TM1640 内部集成有 MCU 数字接口、数字锁存器、LED 高压驱动等电路。TM1640 与单片机只需要采用简单的两线串行接口就可以完成数据交换,应用十分方便。TM1640 的管脚图如图 7.37 所示。引脚 DIN 和 SCLK 与单片机相连,分别输入数据和时钟信号。引脚 SEG1～SEG8 为数码管的段选信号输出端,引脚 GRID1～GRID16 为数码管的字选信号输出端,即可以连接 16 个数码管显示。当然,还有前面提到的 Intel8279 综合键盘显示芯片等。

1	GRID12	GRID11	28
2	GRID13	GRID10	27
3	GRID14	GRID9	26
4	GRID15	GRID8	25
5	GRID16	GRID7	24
6	VSS	GRID6	23
7	DIN	GRID5	22
8	SCLK	GRID4	21
9	SEG1	GRID3	20
10	SEG2	GRID2	19
11	SEG3	GRID1	18
12	SEG4	VDD	17
13	SEG5	SEG8	16
14	SEG6	SEG7	15

图 7.37 TM1640 管脚图

5. 数码管显示程序

例 如图 7.38 所示,一个共阳极数码管,与单片机的 P0 口连接。要求在数码管上以 1s 的间隔循环显示数字 0-9。设单片机晶振为 12 MHz。

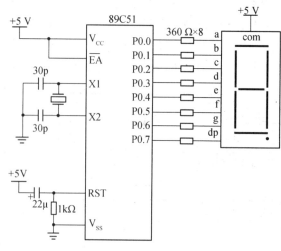

图 7.38　一位数码管显示电路

解　汇编语言编写的源程序如下：

```
START:   MOV  R0，#0              ;存入开始显示的数字
         MOV  DPTR，#D_CODE        ;表入口首地址送 DPTR
LOOP:    MOV  A，R0
         MOVC  A，@A+DPTR.         ;取得显示码
         MOV  P0，A                ;送数码管显示
         ACALL  DELAY             ;调用延时 1s 子程序
         INC  R0                  ;显示数值加 1
         CJNE  R0，#0AH,LOOP
         MOV  R0，#0
         LJMP  LOOP               ;重新设定显示值
;0～9 显示码表 ****************
D_CODE：DB  C0H，F9H，A4H，B0H，99H
         DB  92H，82H，F8H，80H，90H
         END                      ;程序结束
```

程序中省略了 DELAY 子程序。

7.5.2　液晶显示工作原理

1. LCD 概念

液晶显示器(Liquid Crystal Display,缩写:LCD)主要原理是以电流刺激液晶分子产生点、线、面并配合背部灯管构成画面。

液晶显示模块已作为很多电子产品的显示器件,如在计算器、万用表、电子表及很多家用电子产品中都可以看到,显示的主要是数字、专用符号和图形。

在单片机系统中,液晶显示器作为输出器件有以下几个优点:

（1）显示质量高

由于液晶显示器每一个点在收到信号后就一直保持那种色彩和亮度,恒定发光,而不像阴极射线管显示器(CRT)那样需要不断刷新亮点。因此,液晶显示器画质高且不会闪烁。

（2）数字式接口

液晶显示器都是数字式的,和单片机系统的接口更加简单可靠,操作更加方便。

（3）体积小、重量轻

液晶显示器是通过显示屏上的电极控制液晶分子状态来达到显示的目的,在重量上比相同显示面积的传统显示器要轻得多。

（4）功耗低

相对而言,液晶显示器的功耗主要消耗在其内部的电极和驱动 IC 上,因而耗电量比其他显示器要少得多。

但是它也存在一个致命的缺点,其使用的温度范围很窄,通用型液晶正常工作温度范围为 0℃～+55℃,即使是宽温级液晶,其正常工作温度范围也仅有 -20℃～+70℃。因此在设计产品的时候,务必考虑周全,选取合适的液晶。

2. LCD1602 工作原理

各种型号的液晶显示器通常按照显示字符的个数和行数,或者液晶点阵的行数、列数来命名的。所谓 1602 是指显示的内容为 16 * 2,即可以显示两行,每行 16 个字符,类似的命名还有 0801,0802,1601 等等。实物 LCD1602 如图 7.39 和 7.40 所示。

图 7.39　LCD1602 液晶显示屏(正面)

图 7.40　LCD1602 液晶显示屏(反面)

1602 字符型 LCD 通常有 14 条引脚线或 16 条引脚线。16 脚 LCD 多出来的 2 条线是背光电源线 VCC(15 脚)和地线 GND(16 脚)。其控制原理与 14 脚的 LCD 完全一样。其中1602 管脚示意图如图 7.41 所示,引脚说明见表 7.5。

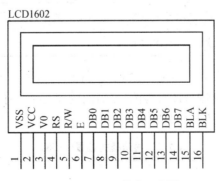

图 7.41　1602 管脚示意图

表 7.5　LCD1602 引脚说明

引脚	符号	功能说明
1	VSS	一般接地
2	VCC	接电源(＋5 V)
3	V0	液晶显示器对比度调整端,接正电源时对比度最弱,接地电源时对比度最高(使用时可以通过一个 10 K 的电位器调整对比度)。
4	RS	RS 为寄存器选择,高电平时选择数据寄存器、低电平时选择指令寄存器。
5	R/W	R/W 为读写信号线,高电平时进行读操作,低电平时进行写操作。
6	E	E(或 EN)端为使能(enable)端
7	DB0	低 4 位三态、双向数据总线 0 位(最低位)
8	DB1	低 4 位三态、双向数据总线 1 位
9	DB2	低 4 位三态、双向数据总线 2 位
10	DB3	低 4 位三态、双向数据总线 3 位
11	DB4	高 4 位三态、双向数据总线 4 位
12	DB5	高 4 位三态、双向数据总线 5 位
13	DB6	高 4 位三态、双向数据总线 6 位
14	DB7	高 4 位三态、双向数据总线 7 位(最高位)(也是 busy flag)
15	BLA	背光电源正极
16	BLK	背光电源负极

busy flag(DB7):在此位为 1 时,LCD 忙,将无法再处理其他的指令要求,见表 7.6 所示。

表 7.6　寄存器选择控制表

RS	R/W	操作说明
0	0	写入指令寄存器(清除屏等),D0~D7 为指令码,此时 E 引脚上应为高电平脉冲
0	1	读 busy flag(DB7),以及读取计数器(DB0~DB6)值,此时 E 应为 1
1	0	写入数据寄存器(显示各字型等),D0~D7 为数据,此时 E 引脚上应为高电平脉冲
1	1	从数据寄存器读取数据,此时 E 应为 1

读取状态字时,注意 D7 位。D7＝1,禁止读写操作;D7＝0,允许读写操作;所以对控制器每次进行读写操作前,必须进行读写检测(见后面的读写子程序)。

各种设置命令如表 7.7、7.8、7.9 所示。

表 7.7　显示模式设置(0x38)

指令码								功能
0	0	1	1	1	0	0	0	设置 16×2 显示,5×7 点阵,8 位数据接口

表 7.8 清零设置

指令码	功能
01H	显示清屏:1. 数据指针清 0 2. 所有显示清 0
02H	显示回车:数据指针清 0

表 7.9 显示开/关及光标设置

指令码								功能
0	0	0	0	1	D	C	B	D=1 开显示;D=0 关显示 C=1 显示光标;C=0 不显示光标 B=1 光标闪烁;B=0 光标不闪烁
0	0	0	0	0	1	N	S	N=1 当读或写一个字符后地址指针加一,且光标加一 N=0 当读或写一个字符后地址指针减一,且光标减一 S=1 当写一个字符,整屏显示左移(N=1)或右移(N=0),以得到光标不移动而屏幕移动的效果。 S=0 当写一个字符,整屏显示不移动
0	0	0	1	0	0	0	0	光标左移
0	0	0	1	0	1	0	0	光标右移
0	0	0	1	1	0	0	0	整屏左移,同时光标跟随移动
0	0	0	1	1	1	0	0	整屏右移,同时光标跟随移动

7.6 A/D 与 D/A 接口功能的扩展**

7.6.1 信号转换概述

现实世界的大部分信号都是以模拟信号的形式存在的,如声音、振动、温度、压力、速度、加速度等。但单片机内部处理的只能是数字信号,要计算机能处理这些信息,就需要一个模拟量与数字量之间的相互转换的接口电路或器件。完成模拟量转换成数字量的电路称为模数转换器(Analog to Digital Converter),简称 ADC 或 A/D;完成数字量转换成模拟量的电路称为数模转换器(Digital to Analog Converter),简称 DAC 或 D/A。

7.6.2 模数转换器(ADC)接口举例

A/D 转换器芯片种类很多,按其转换原理分为逐次逼近式、双重积分式、量化反馈式和并行式 A/D 转换器等。近年来出现的 Σ-Δ 型 A/D 转换器,由于其高分辨率等特点,而得到越来越广泛的应用;按其分辨率可分为 8~24 位的 A/D 转换器芯片。目前最常用的是逐次逼近式和双重积分式。

逐次逼近式转换器的常用产品有 ADC0801~ADC0805 型 8 位 MOS 型 A/D 转换器、ADC0808/0809 型 A/D 转换器,AD574 型快速 12 位 A/D 转换器。双重积分式转换器的常用产品有 ICL7106/ICL7107/ICL7126 等。

A/D 转换器与单片机接口具有硬、软件相依性。一般而言,A/D 转换器与单片机的接口主要考虑的是数字量输出线的连接、ADC 启动方式、转换结束信号处理方法以及时钟的连接等。

ADC0809 是 8 位逐次比较式 A/D 转换芯片,具有 8 路模拟量输入通道,如图 7.42。

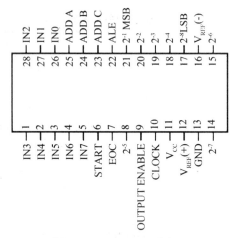

图 7.42　ADC0809 引脚图

8 路模拟开关用于选通 8 个模拟通道,允许 8 路模拟量分时输入,并共用一个 A/D 转换器进行转换。IN0～IN7 为 8 路模拟量输入端,模拟量输入电压的范围是 0～5 V,对应的数字量为 00H～FFH,转换时间为 100 μs。ADDA、ADDB、ADDC 为通道地址线,用于选择通道。其通道寻址如表 7.10 所示。

ALE 是通道地址锁存器信号,其上出现脉冲上升沿时,把 ADDA、ADDB、ADDC 地址状态送入地址锁存器中。$V_{REF}(+)$、$V_{REF}(-)$ 为基准电源,在精度要求不太高的情况下,供电电源就可用作基准电源。START 是启动引脚,其上的高电压平脉冲启动一次新的 A/D 转换。EOC 是转换结束信号,可用于向单片机申请中断或供单片机查询。CLK 是时钟端,典型的时钟频率为 640 kHz。D0～D7 是数字量输出,图中对应引脚 2^{-8}～2^{-1}。

表 7.10　ADC0809 通道地址选择表

ADDC	ADDB	ADDA	选通的通道
0	0	0	IN0
0	0	1	IN1
0	1	0	IN2
0	1	1	IN3
1	0	0	IN4
1	0	1	IN5
1	1	0	IN6
1	1	1	IN7

从图 7.43 中可以看出,在进行 A/D 转换时,通道地址应先送到 ADDA～ADDC 输入端。然后在 ALE 输入端加一个正跳变脉冲,将通道地址锁存到 ADC0809 内部的地址锁存器中,这样对应的模拟电压输入就和内部变换电路接通。为了启动,必须在 START 端加一个正脉冲信号。变换工作就开始进行,标志 ADC0809 正在工作的状态信号 EOC 由高电平变为低电平。一旦变换结束,EOC 信号就又由低电平变成高电平,此时只要 OE 端加一个高电平,即可打开数据线的三态缓冲器从 D0～D7 数据线读得一次变换后的数据。

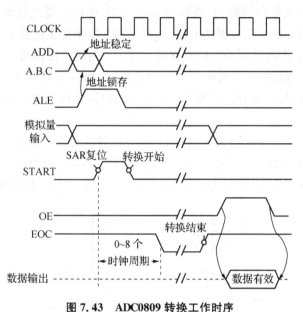

图 7.43　ADC0809 转换工作时序

图 7.44 为 8031 与 ADC0809 的一种典型连接关系。其中 AD0809 的 A、B、C 端也可接 373 的输出 A0～A2。但读写 ADC 时所用的地址不一样。

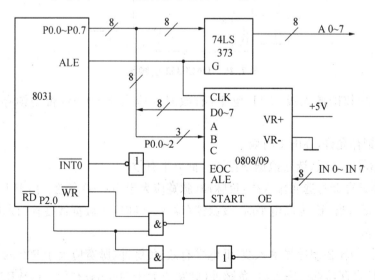

图 7.44　ADC0809 与单片机的接口连接图

7.6.3 数模转换器(DAC)接口举例

就数据线来说,D/A 转换器与单片机的接口要考虑到两个问题:一是位数,当高于 8 位的 D/A 转换器与 8 位数据总线的 51 单片机接口时,51 单片机的数据必须分时输出,这时必须考虑数据分时传送的格式和输出电压的"毛刺"问题;二是 D/A 转换器的内部结构,当 D/A 转换器内部没有输入锁存器时,必须在单片机与 D/A 转换器之间增设锁存器或 I/O 接口。最常用的连接是 8 位带锁存器的 D/A 转换器和 8 位单片机的接口,这时只要将单片机的数据总线直接和 D/A 转换器的 8 位数据输入端一一对应连接即可。

就地址线来说,一般的 D/A 转换器只有片选信号,而没有地址线。这时单片机的地址线采用全译码或部分译码,经译码器输出控制片选信号,也可由某一位 I/O 线来控制片选信号。

就控制线来说,D/A 转换器主要有片选信号、写信号及启动信号等,一般由单片机的有关引脚或译码器提供。一般来说,写信号多由单片机的写信号控制;启动信号常为片选信号和写信号的合成。DAC0832 是 20 脚双列直插式封装芯片(如图 7.45)。其引脚功能定义如下。

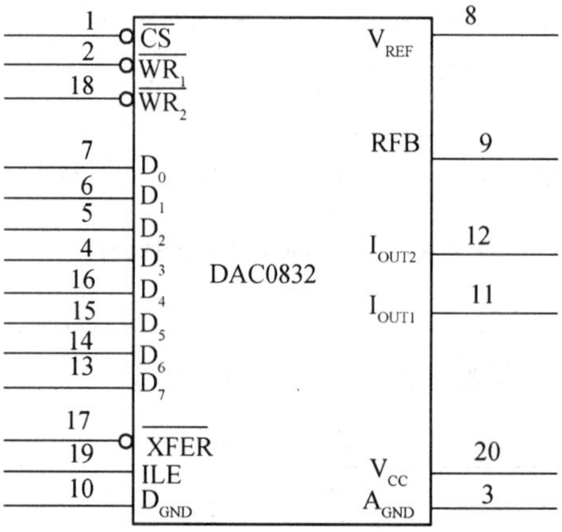

图 7.45 DAC0832 引脚图

D0~D7:8 位数据输入线,TTL 电平,有效时间应大于 90 ns(否则锁存器的数据会出错)。

ILE:输入锁存允许,高电平有效。

$\overline{CS}$:片选信号输入线(选通数据锁存器),低电平有效。

$\overline{WR1}$:数据锁存器写选通输入线,负脉冲(脉宽应大于 500ns)有效。由 ILE、$\overline{CS}$、$\overline{WR1}$ 的逻辑组合产生 $\overline{LE1}$,当 $\overline{LE1}$ 为高电平时,数据锁存器状态随输入数据线变换,$\overline{LE1}$ 的负跳变时将输入数据锁存。

$\overline{XFER}$:数据传输控制信号输入线,低电平有效,负脉冲(脉宽应大于 500 ns)有效。

$\overline{WR2}$:DAC 寄存器选通输入线,负脉冲(脉宽应大于 500 ns)有效。由 $\overline{WR2}$、$\overline{XFER}$ 的逻辑组合产生 $\overline{LE2}$,当 $\overline{LE2}$ 为高电平时,DAC 寄存器的输出随寄存器的输入而变化,$\overline{LE2}$ 的负跳变时将数据锁存器的内容打入 DAC 寄存器并开始 D/A 转换。

I_{OUT1}：电流输出端 1，其值随 DAC 寄存器的内容线性变化。

I_{OUT2}：电流输出端 2，其值与 I_{OUT1} 值之和为一常数。

R_{fb}：反馈信号输入线，改变 R_{fb} 端外接电阻值可调整转换满量程精度。

V_{cc}：电源输入端，V_{cc} 的范围为 $+5\,V\sim+15\,V$。

V_{REF}：基准电压输入线，V_{REF} 的范围为 $-10\,V\sim+10\,V$。

AGND：模拟信号地。

DGND：数字信号地。

DAC0832 与单片机的接口由 8 条数据输入线、两个写信号线 $\overline{WR1}$ 和 $\overline{WR2}$、片选信号 $\overline{CS}$、允许输入锁存信号 ILE 传送控制信号 $\overline{XFER}$ 组成。由于 DAC0832 具有两级 8 位数据锁存器，因此可有以下三种工作状态：

（1）直通方式：将 $\overline{CS}$、$\overline{WR1}$、$\overline{WR2}$ 和 $\overline{XFER}$ 信号直接接地，ILE 信号引脚接高电平时，$\overline{LE1}$ 和 $\overline{LE2}$ 都为高电平，芯片处于直通状态。此时，8 位数字量一旦达到 DI0～DI7 输入线上，就立即进行 D/A 转换并输出结果。在这种工作方式下，不能直接和 51 单片机的 P0 数据线相连接，考虑将它的数据线直接挂在 51 单片机的 P1 口线上，采用 MOV P1,A 指令将累加器 A 中的数字量直接送到 DAC 转换器中，即可完成一次 D/A 转换。这种方式很少采用。

（2）单缓冲方式：此方式是两个锁存器中的任一处于直通方式，另一工作于受控状态。一般是将 DAC 锁存器处于直通状态，即将 $\overline{WR2}$ 和 $\overline{XFER}$ 信号直接接地。此时，只要数据一写入 DAC 芯片，就立即进行转换。这种方式在不要求多个模拟通道同步输出时可采用。

（3）双缓冲方式：两个锁存器都处于受控状态，此时单片机要对 DAC 芯片进行两步写操作，将数据写入输入锁存器（$\overline{LE1}=1$），将输入锁存器的内容写入 DAC 锁存器（$\overline{LE2}=1$）。这种方式的优点是数据接收和启动转换可异步进行，可在 D/A 转换的同时，进行下一数据的接收，以提高转换速度，还可以实现多个模拟输出通道同时进行转换。

图 7.46 为 8051 单片机与 DAC0832 一种典型连接关系图。

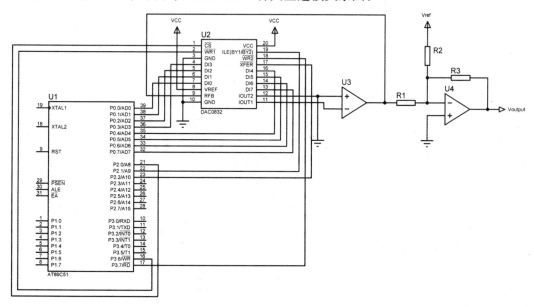

图 7.46　DAC0832 与单片机接口逻辑图

7-1 简述单片机系统的扩展主要包括哪些内容。

7-2 简述计算机的接口基本功能。

7-3 在实现存储器扩展时,线选法和译码法有什么区别? 什么是完全译码,什么又是部分译码,其各有什么特点?

7-4 单片机在同时扩展数据存储器和程序存储器时,使用的是同一地址总线和数据总线,但它们又不会产生冲突,这是为什么?

7-5 单片机的片外扩展了一片 EPROM 芯片,型号为 2732,其地址线分别与单片机的相应地址线相连,单片机剩下的高位地址线悬空。请问,这种连接方式有多少个重叠的地址空间? 请分别写出其重叠空间的地址范围。

7-6 用 8031 构成应用系统,编写的程序汇编后产生了 46KB 的二进制代码。请问,需要在片外扩展多少片 2764? 需不需要使用地址译码器? 为什么?

7-7 单片机需要在片外扩展程序存储器,要求地址范围是 2000H～5FFFH,用几片 2732? 如何连接?

7-8 对于矩阵式按键键盘,进行按键检测和识别时,什么是行扫描法,什么是线反转法?

7-9 试设计一个单片机的 3×4 矩阵式键盘电路,并编写获得按键键值的汇编语言子程序 GT_KEY,将键码(一个字节表示)返回到 R1 中。

7-10 试设计用两片 74LS377 和两片 74LS244 扩展 8051 的两个 8 位输出口和两个 8 位输入口的扩展连接电路图。

7-11 试用 8051 的 P1 和 P2 口设计一个 6 位数码管的显示电路。

第八章
单片机 C51 程序语言及其程序设计

8.1 C51 的由来

C51 是用于开发 MCS-51 系列单片机应用系统而使用的高级程序设计语言，它是在标准 C 语言的基础上，结合 51 的特点，对相关原 C 语言内容进行增删修改后发展而来的。它虽然继承了 C 语言的大部分数据结构、语法规则、程序结构等，但是两者是有很大区别的，因此用 C51 来区别标准的 C。

由于属于高级语言，因此，用 C51 比用汇编语言进行应用程序开发具有明显的优势：

用汇编语言设计 51 单片机应用程序时，必须考虑存储器结构，尤其要考虑其片内数据存储器与特殊功能寄存器的正确、合理使用以及按实际地址处理端口数据。要由程序员自己来正确安排各种全局变量、静态变量、自动变量在单片机数据存储器中的位置等。对于较大型的程序，这是十分复杂而艰巨的工作。但对于 C51，开发者甚至可以在对单片机内部结构和存储器结构不太熟悉、对处理器的指令集没有深入了解的情况下编写出应用程序。

但是，要使编译器产生充分利用单片机资源、执行效率高、适合 51 单片机目标硬件的程序代码，对数据类型和变量的定义就必须与单片机的存储结构相关联。否则，编译器就不能正确地映射定位。

另外，在利用 C51 进行编程时，再也不能像在一台 PC 机上用 C 语言编程那样慷慨地使用存储器资源和随心所欲地进行编程了。必须注意到单片机内部资源的宝贵性和控制实时性的应用特点，考虑产生的可执行代码运行时所占用的系统资源。从这个角度来说，没有对单片机硬件资源、体系结构和指令系统的充分了解，就不能设计出实用、高质量的 C51 单片机应用程序。

用 C51 语言编写的应用程序必须经过单片机 C51 语言编译器转换成 51 单片机可执行的机器语言程序。所以，C51 语言编译器是 C51 语言应用程序开发设计中必不可少的开发工具。C51 语言编译器的好坏直接影响到生成代码的效率、大小和可靠性。

C51 集成开发环境可以输入、编译、仿真、调试 C51 源程序。目前应用比较广泛的是 Franklin C51 和 Keil C51 开发环境 μVision。尤其是 Keil 公司的 μVision，它是目前使用最广泛的单片机开发环境。目前最新版本是 μVision4。

Keil C51 的 μVision 集成开发环境是 Keil 公司针对 MCS-51 系列单片机推出的基于 Windows 环境，以高效率 C 语言为基础的集成开发平台。Keil C51 从最初的 V5.20 版一直发展到 V9.52 版本。当然以后将会有更高的版本。其主要包括 C51 交叉编译器、A51 宏汇编器、BL51 连接定位器等工具。它内嵌的仿真调试软件可以让用户采用模拟仿真和实时在线仿真两种方式对目标系统进行开发。

8.2 C51 区别于 C 的特别说明*

本节所述内容都是与标准 C 有较大区别甚至 C 中没有的内容,要正确使用 C51 就必须熟练掌握这些区别于标准 C 的 C51 内容。

8.2.1 C51 数据类型及在 MCS‑51 中的存储方式

1. C51 数据类型

Keil C51 编译器具体支持的数据类型有:位型(bit)、无符号字符(unsigned char)、有符号字符(singed char)、无符号整型(unsigned int)、有符号整型(signed int)、无符号长整型(unsigned long)、有符号长整型(signed long)、浮点型(float)和指针类型等。

Keil C51 具体支持的基本数据类型及其长度、数域如表 8.1 所示。除了这些类型外,还可以将基本类型组合成复杂数据结构。

表 8.1 Keil C51 的数据类型

数据类型	位/bit	字节数/byte	值的范围
bit	1	1/8	0,1
signed char	8	1	$-128 \sim +127$
unsigned char	8	1	$0 \sim 255$
signed short	16	2	$-32768 \sim +32767$
unsigned short	16	2	$0 \sim 65535$
signed int	16	2	$-32768 \sim +32767$
unsigned int	16	2	$0 \sim 65535$
signed long	32	4	$-2147483648 \sim +2147483647$
unsigned long	32	4	$0 \sim 4294967295$
float	32	4	$+1.175494E-38 \sim +3.402823E+38$
sbit	1		0 或 1
sfr	8	1	$0 \sim 255$
sfr16	16	2	$0 \sim 65535$

应该特别指出的是,虽然 Keil C51 支持表 8.1 列出的所有数据类型,但在 51 单片机中,只有 bit 和 unsigned char 两种直接支持机器指令。对于 C51 这样的高级语言,不管使用何种数据类型,虽然从字面上看其操作十分简单,但实际上 C51 编译器要用一系列机器指令对其进行复杂的数据类型处理,特别是当使用浮点变量时,将明显地增加运算时间和程序的长度。当程序必须保证运行精度时,C51 使用相应的子程序库,并把它们加到程序中去。许多不熟练的程序员在编写 C51 程序时,往往会使用大量的、不必要的变量类型,这导致 C51 编

译器相应地增加所调用的库函数的数量,以处理大量增加的变量类型。这最终会使程序变得过于庞大,造成机器存储器资源浪费,运行速度减慢,甚至会在连接(link)时出现因程序过大而装不进代码区的情况。一条总的原则,在保证计算精度满足要求的情况下尽量使用低精度的数据类型。优先使用顺序是 char、short、int、long、float。

2. C51 数据类型在单片机中的存储方式

下面说明表 8.1 所列数据类型在 51 系列单片机中的存储方式。

位变量(bit):与 MCS-51 硬件特性操作有关的可以定义成位变量。位变量必须定位在 MCS-51 单片机片内 RAM 的位寻址空间中。

字符变量(char):字符变量的长度为 1 byte 即 8 位。这很合适 MCS-51 单片机,因为 MCS-51 单片机每次可处理 8 位数据。对于无符号变量(unsigned char)的值域范围是 0～255。对于有符号字符变量(signed char),最具有重要意义的位是最高位上的符号标志位。此位为 1 代表"负",为 0 代表"正"。有符号字符变量和无符号字符变量在表示 0～127 的数值时,其含义是一样的,都是 0～0x7F。负数一般用补码表示,即用 11111111 表示-1,用 11111110 表示-2 等。当进行乘除法运算时,符号问题就变得十分复杂,而 C51 编译器会自动地将相应的库函数调入程序中来解决这个问题。

整型变量(int):整型变量的长度为 16 位。与 8080 和 8086 CPU 系列不同,MCS-51 系列单片机将 int 型变量的高位字节数存放在低地址字节中,低位字节数存放在高地址字节中。有符号整型变量(signed int)也使用最高位作符号标志位,并使用二进制补码表示数值。可直接使用几种专用的机器指令来完成多字节的加、减、乘、除运算。

整型变量值 0x1234 以图 8.1 所示的方式存放在内存中。长整型变量(long int)值 0x12345678 以图 8.2 所示的方式存放在内存中。

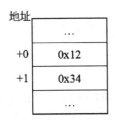

图 8.1　整型数的存储结构　　　图 8.2　长整型变量的存储结构

浮点型变量(float):浮点型变量为 32 位,占 4 个字节,许多复杂的数学表达式都采用浮点变量数据类型。应用符号位表示数的符号,用阶码和尾数表示数的大小。

用它们进行任何数学运算都需要使用由编译器决定的各种不同效率等级的库函数。Keil C51 的浮点型变量数据类型是 IEEE-754 标准的单精度浮点型数据,在十进制中具有 7 位有效数字。

符号位是最高位,尾数为低 23 位,内存中按字节存储顺序如下:

字节地址	+0	+1	+2	+3
内容	SEEEEEEE	EMMMMMMM	MMMMMMMM	MMMMMMMM

其中,S 为符号位,"0"表示正,"1"表示负;E 为阶码,占用 8 位二进制数,存放在两个字

节中。阶码 E 是以 2 为底的指数再加上－127,这样避免了出现负的阶码值,而指数是可正可负的。阶码 E 的正常取值范围是 1～254,从而实际指数的取值范围是－126～127。M 为尾数的小数部分,用 23 位二进制数表示,存放在 3 个字节中,尾数的整数部分总为 1,因此不用保存,它是隐含存在的。小数点位于隐含的整数位"1"的后面。一个浮点数的数值范围是 $(-1)S \times 2^{E-127} \times (1.M)$。例如,浮点数－12.5＝0xC1480000,它按图 8.3 所示方式存于内存中。

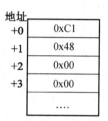

图8.3 浮点数的存储结构

在内存中的存放格式如下:

字节地址	+0	+1	+2	+3
内容	11000001	01001000	00000000	00000000

值得注意的是,浮点型数据除了有正常数值之外,还可能出现非正常数值。根据 IEEE 标准,当浮点型数据取以下数值(十六进制数)时,即为非正常值:

0xFFFFFFFF　　NaN(非正常数)

0x7F80000　　＋INF(正无穷大)

0xFF80000　　－INF(负无穷大)

由于 51 单片机不包括捕获浮点运算错误的中断向量,因此用户必须根据可能出现的错误条件,用软件来进行适当的处理。

在编写程序时,如果使用 signed 和 unsigned 两种数据类型,那么就得使用两种格式类型的库函数,这将使占用的存储空间成倍增长。因此,如果只强调程序的运算速度而不进行负数运算,则最好采用无符号(unsigned)格式。基于同样的原因,也应尽可能使用位变量。有符号字符变量虽然也只占用 1 个字节,但需要进行额外的操作来测试代码的符号位,这无疑会降低代码的效率。

在编程时,为了书写方便,经常使用简化的缩写形式来定义变量的数据类型。其方法是在源程序开头使用 ♯ define 语句。例如:

　　♯define uchar unsigned char

　　♯define uint unsigned int

这样在编程中,就可以用 uchar 代替 unsigned char,用 uint 代替 unsigned int 来定义变量。

8.2.2　C51 数据的存储类型与 MCS - 51 存储结构

51 单片机虽然存储空间非常有限,但是存储器结构和种类却比 8086 要复杂很多。51 单片机中,程序存储器与数据存储器严格分开。数据存储器又分为片内、片外两个独立的寻址空间,特殊功能寄存器与片内 RAM 统一编址。这是 51 单片机与一般微机存储器结构的显著区别。正因为如此,C51 中必须定义不同的存储类型来指定变量所在的存储空间。C51 存储类型与 51 单片机实际存储区的对应关系见表 8.2。

表 8.2　C51 存储类型与 MCS - 51 存储空间的对应关系

存储类型	与存储空间的对应关系
code	程序存储器区,64 KB,通过 MOVC @A+DPTR 访问
data	直接寻址的片内数据存储区,128 B,地址空间为 00H～7FH
bdata	可位寻址的片内数据存储区,允许位和字节混合寻址,16 B
idata	间接寻址的片内数据存储区,256 B,可以访问整个内部数据 RAM 地址空间 00H～FFH
pdata	分页寻址片外数据存储区,256 B,通过 MOVX @Ri 访问(i=0,1)
xdata	片外数据存储区,64 KB,通过 MOVX @DPTR 访问

带存储类型的变量的一般定义格式如下:

数据类型　　存储类型　　变量名

其中,存储类型是表 8.2 所列的某一种。变量的定义包括了存储器类型的指定,指定了变量存放的位置。C51 存储类型及其数据长度和值域范围如表 8.3 所示。

表 8.3　C51 存储类型及其数据长度和值域

存储类型	长度/bit	长度/byte	值域范围
data	8	1	0～255
idata	8	1	0～255
pdata	8	1	0～255
xdata	16	2	0～65535
code	16	2	0～65535

下面举例说明 C51 存储类型。

(1) code:当使用 code 存储类型定义数据时,C51 编译器会将其定位在程序存储器空间,对 code 区的访问和对 xdata 区的访问时间是一样的。程序存储器空间的对象在编译的时候初始化。下面是 code 存储类型声明的例子:

unsigned char code tab[16]={0x00,0x01,0x02,0x03,0x04,0x05,0x06,0x07,0x08,
0x09,0x10,0x11,0x12,0x13,0x14,0x15};

char code text[]="enter password";

（2）data：使用 data 存储类型定义数据时，C51 编译器会将其定位在片内数据存储器空间，并采用直接寻址方式寻址。虽然片内 RAM 存储区能快速存取数据，但它的容量非常有限，所以临时性数据和频繁使用的数据应选择 data 存储类型。用 data 定义的变量是用直接寻址的方式访问的。

标准变量和用户自定义变量都可存储在 data 区中。值得注意的是，data 区中除了包含变量外，还包含了堆栈和寄存器组。C51 使用默认的寄存器来传递参数。另外，要定义足够大的堆栈空间，当内部堆栈溢出的时候，程序可能会出现看似莫名其妙的复位，其实际原因是 51 系列微处理器没有硬件报错机制，堆栈溢出只能以这种方式表示出来。下面是几个 data 存储类型声明的例子：

```
unsigned char data system_status＝0;

unsigned int data unit_id[8];

char data inp_str[16];
```

（3）bdata：使用 bdata 存储类型定义数据时，C51 编译器将其定位在片内数据存储器空间的位寻址区。编译器不允许在 bdata 段中定义 float 和 double 类型的变量。定义之后，这个变量就可进行位寻址。存储状态信息是十分有用的，因为它可以单独地使用变量的每一位。

（4）idata：idata 存储类型对应间接寻址的片内全部数据存储空间（256B），idata 区也可存放使用比较频繁的变量和临时性数据。同样是在片内 RAM 在定义变量，但 idata 方式定义的变量是通过寄存器间址的方式寻址的。与外部存储器寻址相比，它生成的指令执行周期和代码长度都比较短。

下面是几个 idata 存储类型声明的例子：

```
unsigned char idata system_status＝0;

unsigned int idata unit_id[8];

char idata inp_str[16];
```

（5）pdata 和 xdata：当使用 xdata 存储类型定义常量和变量时，C51 编译器会将其定位在片外数据存储器空间，该空间的最大寻址范围为 64 KB。片外数据存储器主要用于存放不常使用的变量值、待处理的数据或准备发往另一台计算机的数据。在使用外部数据存储器空间中的数据时，必须用指令将它们全部传送到单片机片内数据存储空间，数据处理完后，再将结果返回到外部数据存储器中。

pdata 存储类型属于 xdata 类型，但它可用工作寄存器 R0 或 R1 间接分页访问，即由 R0 或 R1 提供 8 位的页内地址，其高 8 位地址（页面地址）被保存在 P2 口中，多用于 I/O 操作。因为对 pdata 寻址只需要装入 8 位地址，而对 xdata 寻址需装入 16 位地址，所以对 pdata 寻址比对 xdata 寻址要快，应尽量把外部数据存储在 pdata 区中。

下面是一个定义 pdata 和 xdata 存储类型变量的例子：

```
＃include＜ reg51.h＞

unisgned char pdata inp_reg1;

unsigned char xdata inp_reg2;

void main(void)
```

```
{
    inp_reg1 = P1;
    inp_reg2 = P3;
}
```

应该注意的是,定义变量时,也可省略存储器类型定义关键词,这时按编译时使用的存储器模式来规定默认的存储类型,确定变量的存储空间。存储模式决定无明确存储类型说明的变量的存储类型和参数传递区。

下面说明三种存储器模式对变量的影响。

(1) SMALL 模式

在此模式下默认的存储类型为 data,参数及局部变量定位于直接寻址片内数据存储区(最大 128B),对于变量访问的效率很高。在 SMALL 模式下,所有对象(包括堆栈)都必须嵌入片内 RAM。确定堆栈的大小很关键,因为实际使用的堆栈空间大小是由不同函数嵌套的深度决定的。

(2) COMPACT 模式

在此模式下,默认的存储类型为 pdata,参数及局部变量定位于分页片外部数据存储区,通过@R0 或@R1 间接寻址,对变量访问的速度要比 SMALL 模式慢一些,栈空间位于片内数据存储区中。

(3) LARGE 模式

在此模式下,默认的存储类型为 xdata,参数及局部变量定位于片外部数据存储区,使用数据指针 DPTR 进行寻址,用此数据指针访问外部数据存储器的效率较低,尤其是当变量为 2 个字节或更多字节时,该模式的数据访问机制会产生比 SMALL 和 COMPACT 更长的代码。

例如,若有定义语句为 char var,则在定义变量时缺省存储类型说明符,编译器会自动选择默认的存储类型,默认的存储类型由 SMALL、COMPACT 和 LARGE 存储模式限制。在 SMALL 存储模式下,var 被定位在 data 存储区;在 COMPACT 存储模式下,var 被定位在 pdata 存储区;在 LARGE 存储模式下,var 被定位在 xdata 存储区。

另外再提一点,C51 允许在变量定义之前指定存储类型,定义 data char a 与定义 char data a 是等价的,但应尽量使用后者。

8.2.3 特殊功能寄存器的 C51 定义

C51 中的特殊功能寄存器的名称是可以直接被引用的,但引用前必须在 include 中加入 reg52. h 头文件(不同的厂家可能提供不同的头文件内容和文件名称)。

MCS - 51 单片机中,除了程序计数器 PC 和 4 组工作寄存器组外,其他所有的寄存器均为特殊功能寄存器(SFR),分散在片内 RAM 区的高 128 字节中,地址范围为 80H～FFH。SFR 中有 11 个寄存器具有位寻址能力,它们的字节地址都能被 8 整除,即字节地址是以 8 或 0 为尾数的。

为了能直接访问这些 SFR,Keil C51 提供了一种自主形式的定义方法,这种定义方法与标准 C 语言不兼容,只适用于对 MCS－51 系列单片机进行 C51 语言编程。特殊功能寄存器 C51 定义的一般语法格式如下:

　　sfr　sfr_name ＝　int_constant;

　　"sfr"是定义语句的关键字,其后必须跟一个 MSC－51 单片机真实存在的特殊功能寄存器名,"＝"后面必须是一个整型常数,不允许带有运算符的表达式,是特殊功能寄存器"sfr_name"的字节地址,这个常数值的范围必须在 SFR 地址范围内,位于 0x80～0xFF。

　　例如:

　　sfr　P0＝0x80;　　　　　　　/* P0,地址为 80H */
　　sfr　P1＝0x90;　　　　　　　/* P1,地址为 90H */
　　sfr　SCON＝0x98;　　　　　　/* 串口控制寄存器地址 98H */
　　sfr　TMOD＝0x89;　　　　　　/* 定时/计数器方式控制寄存器地址 89H */

　　由上面的例子可见,用 sfr 定义特殊功能寄存器和定义 char,int 等类型的变量相似。

　　在新的 MCS－51 系列产品中,SFR 在功能上经常组合为 16 位值,当 SFR 的高字节地址直接位于低字节之后时,对 16 位 SFR 的值可以直接进行访问。例如 52 子系列的定时/计数器 2 就是这种情况。为了有效地访问这类 SFR,可使用关键字"sfr16"来定义,其定义语句的语法格式与 8 位 SFR 相同,只是"＝"后面的地址必须用 16 位 SFR 的低字节地址,即低字节地址作为"sfr16"的定义地址。

　　例如:

　　sfr16　T2 ＝ 0xCC;　　　　/* 定时/计数器 2:T2 低 8 位地址为 CCH,T2 高 8 位地址为
　　　　　　　　　　　　　　　　CDH */

　　这种定义适用于所有新的 16 位 SFR,但不能用于定时/计数器 0 和 1。

　　对于位寻址的 SFR 中的位,定义可位寻址的特殊功能寄存器的语法格式有 3 种,C51 的扩充功能支持特殊位的定义,像 SFR 一样不与标准 C 兼容,使用"sbit"来定义位寻址单元。

　　第一种格式:sbit　bit_name ＝ sfr_name^int_constant;

　　"sbit"是定义语句的关键字,后跟一个寻址位符号名(该位符号名必须是 MCS－51 单片机中规定的位名称),"＝"后的"sfr_name"必须是已定义过的 SFR 的名字,用于提供可寻址位的基址。"^"后的整型常数是寻址位在特殊功能寄存器"sfr_name"中的位号,必须是 0～7 范围中的数。例如:

　　sfr　PSW＝0xD0;　　　　　　/* 定义 PSW 寄存器地址为 D0H */
　　sbit　OV＝PSW^2;　　　　　　/* 定义 OV 位为 PSW.2,地址为 D2H */
　　sbit　CY＝PSW^7;　　　　　　/* 定义 CY 位为 PSW.7,地址为 D7H */

　　第二种格式:sbit　bit_name ＝ int_constant^int_constant;

　　"＝"后的 int_constant 为寻址地址位所在的特殊功能寄存器的字节地址,"^"符号后的 int_constant 为寻址位在特殊功能寄存器中的位号。例如:

　　sbit　OV＝0xD0^2;　　　/* 定义 OV 位地址是 D0H 字节中的第 2 位 */
　　sbit　CY＝0xD0^7;　　　/* 定义 CY 位地址是 D0H 字节中的第 7 位 */

　　第三种格式:sbit　bit_name ＝ int_constant;

　　"＝"后的 int_constant 为寻址位的绝对位地址。例如:

```
sbit  OV=0xD2;                    /* 定义 OV 位地址为 D2H */
sbit  CY=0xD7;                    /* 定义 CY 位地址为 0D7H */
```

特殊功能位代表了一个独立的定义类,不能与其他位定义和位域互换。

打开头文件 reg52.h 会发现,本节中类似的语句是头文件中的主要内容。正因为在头文件中对 SFR 及其某些位进行了全部定义,才使得在 C51 编程中可以非常方便地直接引用单片机的所有 SFR 名称和 SFR 中的位名称。

如 P1=0;RS1=0;等。

8.2.4 MCS‐51 并行接口的 C51 定义

MCS‐51 系列单片机的 4 个 I/O 口(P0～P3)在 reg51.h 中以 SFR 的形式进行了定义,如

```
sfr P0=0x80 ;                    /* 定义端口 0,地址为 80H */
sfr P1=0x90 ;                    /* 定义端口 1,地址为 90H */
```

但是,MCS‐51 单片机的片外 I/O 口与片外数据存储器是统一编址的,它是当作数据存储器中的一个单元或几个单元来看待的。

使用 C51 进行编程时,MCS‐51 片外扩展的 I/O 可以在一个头文件中定义,也可以在程序中(一般在开始的位置)进行定义。其定义采用 #define 语句进行。

例如,将 PORTA 定义为外部 I/O 口,地址为 FFC0H,长度为 8 位。

```
#include <absacc.h>
#define  PORTA  XBYTE[0xFFC0]
```

absacc.h 是 C51 中绝对地址访问函数的头文件,XBYTE 是 C51 提供的用于绝对地址定义的宏。采用以上方法寻址是通过包含绝对地址访问头文件 absacc.h 实现的。定义后就可以在 C51 程序中使用,如

```
PORTA=0x80;                      /* 由已定义端口 PORTA 输出数据 0x80 */
```

通过这种方式就可对某指定地址的 I/O 端口(当然也可以是数据存储器单元)读写数据了。一旦在头文件或程序中对这些片外 I/O 口进行定义后,在程序中就可以自由使用变量名与其实际地址进行联系,以便使程序员能用软件模拟 MCS‐51 的硬件操作了。这在使用 I/O 端口时非常有用。

8.2.5 位变量的 C51 定义

(1) 位变量 C51 定义。使用 C51 编程时,定义了位变量后,就可以用定义了的变量来表示 MCS‐51 的位寻址单元。

位变量的 C51 定义的一般语法格式如下:

位类型标识符(bit) 位变量名;

例如:

```
bit  direction_bit;              /* 把 direction_bit 定义为位变量 */
```

```
bit    look_pointer;                /* 把 look_pointer 定义为位变量 */
```

（2）函数可包含类型为"bit"的参数，也可以将其作为返回值。例如：

```
bit    func(bit b0,bit b1)          /* 变量 b0,b1 作为函数的参数 */
    {
            return (b1);            /* 变量 b1 作为函数的返回值 */
    }
```

注意，使用（♯pragma disable）或包含明确的寄存器组切换（using n）的函数不能返回位值，否则编辑器将会给出一个错误信息。

（3）对位变量定义的限制。位变量不能定义成一个指针，如不能定义：bit ＊ bit_pointer。不存在位数组，如不能定义：bit b_array[ ]。

在位定义中，允许定义存储类型，位变量都被放入一个位段，此段总位于 MCS‐51 片内的 RAM 区中。因此，存储类型限制为 data 和 idata，如果将位变量的存储类型定义成其他存储类型都将编译出错。

例　先定义变量的数据类型和存储类型：

```
bdata   int   ibase;                /* 定义 ibase 为 bdata 整型变量 */
bdata   char   bary[4];             /* bary[4]定义为 bdata 字符型数组 */
```

然后可使用"sbit"定义可独立寻址访问的对象位：

```
sbit   mybit0 = ibase^0;            /* mybit0 定义为 ibase 的第 0 位 */
sbit   mybit15 = ibase^15;          /* mybit0 定义为 ibase 的第 15 位 */
sbit   Ary07 = bary[0]^7;           /* Ary07 定义为 abry[0]的第 7 位 */
sbit   Ary37 = bary[3]^7;           /* Ary37 定义为 abry[3]的第 7 位 */
```

对象 ibase 和 bary 也可以字节寻址：

```
ary37＝0;                           /* bary[3]的第 7 位赋值为 0 */
bary[3]＝'a';                       /* 字节寻址,bary[3] 赋值为'a' */
```

sbit 定义要求位寻址对象所在字节基址对象的存储类型为"bdata"，否则只有绝对的特殊位定义（sbit）是合法的。"^"操作符后的最大值依赖于指定的基类型，对于 char/uchar 而言是 0～7，对于 int/uint 而言是 0～15，对于 long/ulong 而言是 0～31。

8.2.6　C51 构造数据类型

1. 基于存储器的指针

基于存储器的指针以存储器类型为参量，它在编译时才被确定。因此，为指针选择存储器的方法可以省掉，以便这些指针的长度为一个字节（idata ＊，data ＊，pdata ＊）或 2 个字节（code ＊，xdata ＊）。编译时，这类操作一般被"行内"（inline）编码，而无需进行库调用。

基于存储器的指针定义举例：

```
char   xdata   *px;
```

在 xdata 存储器中定义了一个指向字符型（char）的指针变量 px。指针自身在默认存储区（决定于编译模式），长度为 2 个字节（值为 0～0xFFFF）。

```
char  xdata  * data  pdx;
```

除了明确定义指针位于 MCS-51 内部存储区（data）外，其他与上例相同，它与编译模式无关。以上定义指出，指针变量位于 xdata 区，而指针本身位于 data 区。

```
struct  time
{
    char  hour;
    char  min;
    char  sec;
    struct time xdata  * pxtime;
}
```

在结构 time 中，除了其他结构成员外，还包含有一个具有和 time 相同的指针 pxtime，time 位于外部数据存储器（xdata），指针 pxtime 具有两个字节长度。

```
struct time idata * ptime;
```

这个声明定义了一个位于默认存储器中的指针，它指向结构 time，time 位于 idata 存储器中，结构成员可以通过 MCS-51 的@R0 或@R1 进行间接访问，指针 ptime 为 1 个字节长。

```
ptime->pxtime->hour = 12;
```

使用上面的关于 struct time 和 struct idata * ptime 的定义，指针"pxtime"被从结构中间接调用，它指向位于 xdata 存储器中的 time 结构。结构成员 hour 被赋值为 12。

2. 一般指针

一般指针包括 3 个字节：1 个字节存储类型和 2 个字节偏移地址，即：

地址	+0	+1	+2
内容	存储器类型	偏移地址高位字节	偏移地址低位字节

其中，第一字节代表了指针的存储器类型，存储器类型编码如下：

存储器类型	idata	xdata	pdata	data	code
值	1	2	3	4	5

例如，以 xdata 类型的 0x1234 地址为指针可以表示如下：

地址	+0	+1	+2
内容	0x02	0x12	0x34

当用常数作指针时，必须注意正确定义存储器类型和偏移量。

例如，将常数值 0x41 写入地址为 0x8000 的外部数据存储器。

```
#define XBYTE ((char *)0x20000L)
XBYTE[0x8000] = 0x41;
```

其中，XBYTE 被定义为(char *)0x20000L，0x20000L 为一般指针，其存储类型为 2，偏移量为 0000H，这样 XBYTE 成为指向 xdata 零地址的指针。而 XBYTE[0x8000]则是外部数据存储器的 0x8000 绝对地址。

8.2.7 C51 的中断函数

C51 编译器允许用 C51 创建中断服务程序,编译器自动产生中断向量和程序指针的入栈及出栈代码。中断函数定义的格式为:

函数类型　函数名 interrupt n using m

其中:interrupt 和 using 都是关键词,n 是中断号,就是单片机中断的对应编号,如 T0 的中断号是 1。m 是所选择的寄存器组,取值范围是 0－3,用于选定中断服务函数中使用的工作寄存器组。定义中断函数时,关键词 using 和后面的 m 可省略不用。如果不用,则默认使用主程序中的寄存器组,一般为第 0 组。这时,编译器在中断服务程序中自动添加了对工作寄存器的保护现场的指令。

在设计中断服务函数时应该注意:

(1) 让中断服务程序做最少量的工作。这样做,首先系统对中断的反应面更宽了,有些系统如果丢失中断或对中断反应太慢将产生十分严重的后果。这时有充足的时间等待中断是十分重要的。其次它可使中断服务程序的结构简单,不容易出错。

中断服务程序的设计对系统的成败有至关重要的作用,要仔细考虑各中断之间的关系和每个中断执行的时间,特别要注意那些对同一个数据进行操作的中断服务程序。

(2) 中断函数不能传递参数。

(3) 中断函数没有返回值。所以函数类型设置成 void

(4) 中断函数调用其他函数,则要保证使用相同的寄存器组,否则容易出错。

Q48 *C51 中断函数中使用 using 关键词的作用是什么?*

C51 编译器会在中断服务程序中自动添加一些现场保护语句,像 ACC、B、DPH、DPL、PSW 是会被保存入栈的。如在中断服务程序中用到工作寄存器组 R0~R7,则 C51 编译时也需要自动加入保护工作寄存器组的语句。但是,C51 中设置了关键词 using,让程序员在编程时选择在中断服务程序中使用的工作寄存器组。其目的是,让用户在中断程序中设置不同于主程序的工作寄存器组,这样即使在主程序和中断程序中都用到这些寄存器,也不会有问题。这时,C51 当然不会也不需要在中断服务程序中添加额外的保护工作寄存器组的语句了,只需要简单的一条切换工作寄存器组的语句。中断返回前再切换回原工作器组。

值得注意的是,在中断服务程序中不要选择与主程序中一样的工作寄存器组。因为这样会出现严重问题。这是因为,编译程序在对中断函数进行编译时,遇到 using 关键词,就不再添加保护工作寄存器组的语句了。但是用户由于用 using 选择了与主程序中相同的工作寄存器组,编译程序又没有采取措施保护,当然会出问题了。

Q49 *C51 编译时优化级别如何选择?*

开发环境中的 Code Optimization 栏就是用来设置 C51 的优化级别的。共有 9 个优化级别,高优化级别中包含了前面所有的优化级别。现将各个级别说明如下:

0 级优化:

常数折叠：只要有可能，编译器就执行将表达式化为常数数字的计算，其中包括运行地址的计算。

简单访问优化：对 8051 系统的内部数据和位地址进行访问优化。

跳转优化：编译器总是将跳转延至最终目标上，因此跳转与跳转之间的命令被删除。

1 级优化：

死码消除：无用的代码段被消除。

跳转否决：根据一个测试回溯，条件跳转被仔细检查，以决定是否能够简化或删除。

2 级优化：

数据覆盖：适于静态覆盖的数据和位段被鉴别并标记出来。连接定位器 BL51 通过对全局数据流的分析，选择可静态覆盖的段。

3 级优化：

"窥孔"优化：将冗余的 MOV 命令去掉，包括不必要的从存储器装入对象及装入常数的操作。另外如果能节省存储空间或者程序执行时间，复杂操作将由简单操作所代替。

4 级优化：

寄存器变量：使自动变量和函数参数尽可能位于工作寄存器中，只要有可能，将不为这些变量保留数据存储器空间。

扩展访问优化：来自 IDATA、XDATA、PDATA 和 CODE 区域的变量直接包含在操作之中，因此大多数时候没有必要将其装入中间寄存器。

局部公共子式消除：如果表达式中有一个重复执行的计算，第一次计算的结果被保存，只要有可能，将被用作后续的计算，因此可从代码中消除繁杂的计算。

CASE/SWITCH 语句优化：将 CASE/SWITCH 语句作为跳转表或跳转串优化。

5 级优化：

全局公共子式消除：只要有可能，函数内部相同的子表达式只计算一次。中间结果存入一个寄存器以代替新的计算。

简单循环优化：以常量占据一段内存的循环再运行时被优化。

6 级优化：

回路循环：如果程序代码能更快更有效地执行，程序回路将进行循环。

7 级优化：

扩展入口优化：在适合时对寄存器变量使用 DPTR 数据指针，指针和数组访问被优化以减小程序代码和提高执行速度。

8 级优化：

公共尾部合并：对同一个函数有多处调用时，一些设置代码可被重复使用，从而减小程序代码长度。

9 级优化：

公共子程序块：检测重复使用的指令序列，并将它们转换为子程序。C51 甚至会重新安排代码以获得更多的重复使用指令序列。

当然，优化级别并非越高越好，应该根据具体要求适当选择。

8.3 C51 编程举例**

1. 用外部中断输入 8 位并行数据

例 将前面的用外部中断输入 8 位并行数据的功能改由用 C51 语言程序来实现。单片机 P0 端口连接到 8 个波段开关上，另有一按键连接到 $\overline{INT0}$ 引脚上，见图 6.4。波段开关每设定好一组状态后，按下按键 S，申请中断。中断程序中将 8 个波段开关的状态读进变量 k_stat 中。用 C51 进行编程。

解 程序如下：

```
#include <reg52.h>            //头文件中包含了对 51 特殊功能寄存器的全部定义
#define unchar unsigned char   //宏定义
#define unint unsigned int
uchar k_stat;                 //全局变量 k_stat 的定义
void main()
{
    IT0 = 0;                  //外部中断 0 采用边沿触发方式
    EA = 1;                   //中断允许
    EX0 = 1;                  //开外部中断 0
    while(1);                 //等待中断
}

void int0()  interrupt 0 using 1  //中断函数。每次 Key 下降沿读取 P0 口状态
{
    k_stat=P0;
}
```

2. 使用定时器计数器输出方波

例 将前面实现的功能用 C51 程序实现。使用定时/计数器 1，采用中断方式，在 P1.0 引脚上输出 1 kHz 方波。设单片机时钟频率为 12.000 MHz。

解 程序如下

```
#include<reg52.h>
void Init_Timer0(void) ;      //函数原型说明
sbit   OUT=P1^0;              //定义 OUT 输出端口
void main()                  //主程序
{
    Init_Timer0();
    while(1);                 //等待中断
}
```

```c
void Init_Timer0(void)                        //定时器初始化子程序
{
    TMOD |= 0x01;                             //使用模式1,16位定时器
    TH0=(unsigned char)((65536-500)/256);    //按12 MHz晶振计算,指令周期1 μs
                                              //定时500 μs
    TL0=(65536-500)%256;                     //1 ms方波半个周期500 μs,
                                              //故需要定时500 μs
    EA=1;                                     //总中断打开
    ET0=1;                                    //定时器中断打开
    TR0=1;                                    //定时器开启
}
void Timer0_isr(void) interrupt 1 using 1     //定时器中断子程序
{
    TH0=(65536-500)/256;                     //按12 MHz晶振计算,指令周期1 μs
                                              //定时500 μs
    TL0=(65536-500)%256;                     //1 ms方波半个周期500 μs,
                                              //故需要定时500 μs
    OUT=~OUT;                                 //输出端取反
}
```

3. 查询方式双机通信

例 编写 C51 程序,在 2 个单片机间完成点对点双机通信。采用查询方式发送和接收数据。串行口设置成工作方式 3、奇校验,波特率设置成 9 600 b/s,设晶振频率为 11.059 2 MHz。设发送的字符串存放在数组 snd_arry 中,共 20 个字节。

解

(1)发送端程序

```c
#include <reg52.h>
void serial_init(void);                       //函数原型说明
unsigned char idata snd_arry[20];
void main()
{
    unsigned char idata i;
    serial_init();
    TI=0;
    for(i=0;i<20;i++)
    {
        ACC=snd_arry[i];
        TB8 = P;
```

```
        SBUF＝ACC;
        while(TI＝＝0);
        TI＝0;
    }
}
void serial_init(void)                          //串口初始化函数
{
    TMOD＝0x20;                                  //定时器1工作于方式2
    TH1＝0xfd;
    TL1＝0xfd;                                    //波特率为9600
    PCON＝0;
    SCON＝0x50;                                   //串口工作于方式1
    TR1＝1;                                       //开启定时器
    TI＝0;
    RI＝0;
}
```

（2）接收端程序

接收端的程序不妨以子程序的形式出现。编写 rcv_data()子程序，接收正确时，返回 0，接收数组的指针 rcv_ptr 指向数组末位；否则返回 1。

```
unsigned char rcv_data(unsigned char ＊crv_ptr)
{
    REN＝1;                                       //允许接收
    for(i＝0;i＜20;i＋＋)
    {
        while(RI ＝ ＝0);                          //等待接收数据
         ＊rcv_ptr＝SBUF;
        RI＝0;
        ACC＝＊rcv_ptr;
        rcv_ptrtt;
        if(P ＝ ＝ RB8)
        continue;
        else
        return  1;
    }
    return 0;
}
```

4. 读取键值 C51 程序

例　试编制一个 C51 函数 get_key(),等待一个 4×4 矩阵式键盘的按键。用扫描方法获得按键输入。有按键按下后返回键码。硬件如图 7.31。

解　程序如下

```
#define uchar unsigned char
#define uint  unsigned int
void delay(uint i);                    //延时
uchar get_key(void)                    //键盘扫描函数,使用行列反转扫描法
{
    uchar scan_cd=0x01;                //列扫描输出初始状态,最低位为 0
    uchar key_dt;
    do
    {
        if(scan_cd<<1 == 0)            //形成新的扫描码(将用到低 4 位)
        scan_cd =0x1;
        P3=~ scan_cd ;                 //扫描码取反后送 P3 口
        delay_6 ms();
        key_dt=P1;                     //读取行线值
        if((key_dt & 0x0f)= =0x0f)     //有键按下吗?
        continue;                      //否
        delay_6 ms();                  //有键按下,则延时 12 ms 去抖
        delay_6 ms();
        key_dt=P1;                     //延时后再次读取行线值
        if((key_dt & 0x0f)= =0x0f)     //确实有键按下吗?
        continue;                      //否,则继续扫描
        ~key_dt;                       //是,则形成键码
        key_dt=(key_dt & 0x0f) | ((scan_cd<<4)& 0xf0)
        while((P1 &0x0f) ! = 0x0f);    //等待按键释放
        return key_dt;                 //返回键码
    }while(1);
}
```

说明,本程序返回的键码与 7.4.2 中例子返回的键码正好是取反的关系。

5. LCD1602 显示编程

利用前面介绍的 LCD1602,编写一个 C51 显示程序,在屏幕第一行第一个字符处显示单个字符 A。硬件如图 8.4 所示。

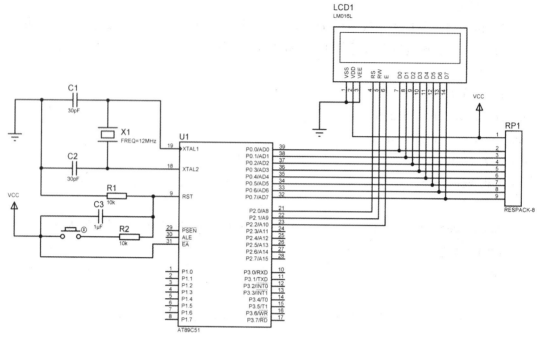

图 8.4　液晶显示电原理图

按照上述要求,编程的步骤如下:

(1) 定义 LCD1602 管脚,包括 RS,R/W,E 这些管脚分别接在单片机哪些 I/O 口上;

(2) 显示初始化,设置显示方式、延时、清理显示缓冲、设置显示模式;

(3) 设置显示地址(写显示字符的位置);

(4) 写显示字符的编码(如图 8.5)。

图 8.5　LCD 显示效果

/ ＊＊＊＊＊＊＊＊＊＊＊＊＊＊＊＊＊＊＊＊ 一个简单的 LCD1602 显示程序 ＊＊＊＊＊＊＊＊＊＊＊＊＊＊＊＊＊＊＊＊ /

```
#include<reg52.h>
#define uchar unsigned char          //宏定义
sbit rs=P2^0;                        //rs 为指令、数据选择端,定义为为 P2.0
sbit rw=P2^1;                        //rw 为读、写选择端,定义为 P2.1
sbit en=P2^2;                        //en 使能端,定义为 P2.2
void delay(int z)                    //延时程序,11.0592 M 晶振延时 z ms
{
```

```c
    int   x, y;
    for (x=z;x>0;x--)
    for (y=110;y>0;y--);
}
void write_com(uchar com)              //写命令函数
{
    rs=0;                              //指令寄存器工作
    rw=0;                              //写指令
    en=0;                              //使能端清零
    P0=com;                            //P0 口输出指令
    delay(5);                          //数据缓冲,防止指令误读
    en=1;                              //使能端置位
    delay(5);                          //写操作时,下降沿使能
    en=0;                              //en 清零,写指令操作完成
}
void write_data(uchar date)            //写数据函数
{
    rs=1;                              //数据寄存器工作
    rw=0;                              //写指令
    en=0;                              //使能端清零
    P0=date;                           // P0 口输出指令
    delay(5);                          //数据缓冲,防止指令误读
    en=1;                              //使能端置位
    delay(5);                          //写操作时,下降沿使能
    en=0;                              //使能端清零、写数据操作完成
}
void main()
{
    write_com(0x38);                   //设置 16×2 显示,5×7 点阵,8 位数据
    write_com(0x01);                   //显示清 0,数据指针清 0
    write_com(0x06);                   //写一个字符后地址指针加 1
    write_com(0x0c);                   //设置开显示,不显示光标
    write_com(0x80);                   //将数据指针定位到第一行第一个字处
    write_data('A');                   //写入显示的字符 A
    while(1);                          //程序死循环,停止向下执行
}
```

以上是一个完整的可以编译并执行的 C51 源程序。

习题八

8-1　简述 C51 程序语言与标准 C 语言的区别?

8-2　C51 有哪些数据类型?

8-3　C51 有哪些存储类型? 各对应哪些存储空间?

8-4　设单片机时钟为 12 MHz,请编写 C51 程序,利用定时器 1 的方式 1,以中断方式在 P1.6 口产生 100 Hz 的方波。

8-5　在单片机的 P1.0 引脚上连接一 LED,在 $\overline{INT1}$ 引脚上连接有一按键,按键按下时为低电平。试编写 C51 语言程序,使该 LED 闪烁。要求每按下一次按键,LED 闪烁的频率就在 1 Hz 和 2 Hz 两个值之间切换一次。按键输入采用中断方式,闪烁的定时则采用非中断方式。

8-6　试编写 C51 程序,每 2 s 让连接在 P1.1 口的 LED 闪烁一次。

(1) 首先编写延时子程序 delay_1 s,采用定时/计数器 T0 和 T1 用中断方式进行 1 s 的延时。采用 T0 延时 50 ms,每 100 ms 由 P1.0 口输出一周期的脉冲信号给 T1,T1 计数 10 次后即可实现 1 s 的延时。设单片机时钟频率为 12 MHz。

(2) 然后在主程序中调用该子程序,实现 LED 闪烁功能。定时计数器初始化设置在主程序中完成。

8-7　试分别编写单片机串行口发送和接收的 C51 程序,发送一 ASCII 码字符串。该字符串序列存放在数组 String1 中,共 20 个字符,接收的字符放在数组 String2 中。波特率设置为 4 800 bps。单片机时钟频率假设为 11.059 2 MHz。分别进行下列程序设计

(1) 中断方式实现数据收发,不进行奇偶校验。

(2) 查询方式进行数据收发,需要进行偶校验。在接收程序中若奇偶校验错误,则调用出错处理函数 Err_hit(假设该函数已存在),进行出错处理。

8-8　试编写 C51 程序,用中断方式连续不断将变量 snd_data(假设为 unsigned char 类型)中的数据重复发送出去。又在单片机引脚 $\overline{INT0}$ 处设置一按键,并假设按键按下时为低电平。要求,每按一次按键,snd_data 内容加 1。此后发送的数据会由于 snd_data 改变而改变。按键的输入也采用中断方式,且 INT0 中断设置为高优先级,串行中断设置为低优先级。波特率设置为 9 600 bps,设晶振频率为 11.059 2 MHz。

第九章
单片机的应用系统开发平台及程序调试 *

边学习边动手实践对于单片机初学者来说非常重要,可以使初学者快速入门。熟悉如何搭建开发环境进行应用系统的开发是学习单片机和进行单片机应用系统开发的必经环节。本章将着重介绍单片机开发的软、硬件环境和开发过程。

9.1　应用系统开发平台的建立

学习单片机和开发单片机应用系统,首先要创建一个开发平台。开发平台包括硬件平台和软件平台两个部分。

9.1.1　硬件平台

单片机应用系统开发的硬件平台包括计算机、仿真器/开发板/实验板、目标应用系统硬件等。

（1）计算机

单片机开发对计算机的要求不高,只要能正常运行 Windows 操作系统的计算机即可。

（2）仿真器/开发板/实验板

单片机应用系统的开发使用最多的是仿真器如图 9.1 所示。仿真器可以替代目标应用系统中的单片机（MCU）,仿真其运行。仿真器运行起来和实际的目标处理器一样,但是增加了其他功能,使用户能够通过桌面计算机或其他调试界面来观察单片机中的程序执行过程和中间数据,并控制单片机的运行。借助集成开发软件环境（如 Keil）,使用仿真器可以对单片机程序进行单步跟踪调试,也可以使用断点、全速等调试手段,可观察各种变量、RAM及寄存器的实时数据,跟踪程序的执行情况等。同时还可以对硬件电路进行实时的调试。利用仿真器可以迅速找到并排除程序中的逻辑错误,大大缩短单片机开发的周期。

图 9.1　仿真器

仿真器是计算机与欲调试的目标应用系统之间的中间环节和桥梁,通过 RS-232 串行口或 USB 接口与计算机连接,其另外一头的仿真头插入到目标系统中的单片机芯片插座上,替换其单片机芯片,从而模拟目标系统的单片机运行。当然仿真插头上的各引脚功能与仿真的单片机完全一致。计算机上运行的软件开发环境可以支持仿真器对目标系统进行仿真和各项调试。

为满足初学者和产品开发者迅速学会掌握单片机技术,很多厂家会生产单片机实验板,也称为单片机开发板或单片机学习板等,如图9.2所示。常配套有连接线、MCU 芯片、流水灯、点阵显示、ds18b20 温度检测、彩色 TFT 液晶屏、SD 卡、游戏开发(推箱子游戏)、收音机、mp3 解码等。有的公司还提供实验程序源代码,包含汇编源程序、C 语言源程序等。

单片机的实验板一般通过串行口或 USB 口与计算机相连。

目前,已有不少 MCU 采用了一种 JTAG 边界扫描接口,如 ARM 等。市场上相应也出现了 JTAG 仿真器如图9.3所示。这种仿真器比较简单,其与计算机也是通过 USB 连接,其另外一端通过 JTAG 接口与目标系统中的 MCU 相连。程序可以下载到目标系统中执行,并进行调试。这种方式硬件简单、调试方便。

图 9.2　单片机开发板

图 9.3　JTAG 仿真器

Q50　什么是 JTAG 接口?

JTAG(Joint Test Action Group,即联合测试工作组)是一种国际标准测试协议(IEEE 1149.1 兼容),主要用于芯片内部测试。现在多数的高级器件都支持 JTAG 协议,如 DSP、FPGA 器件等。

JTAG 最初是用来对芯片进行测试的,JTAG 的基本原理是在器件内部定义一个 TAP(Test Access Port;测试访问口),通过专用的 JTAG 测试工具对内部节点进行测试。JTAG 测试允许多个器件通过 JTAG 接口串联在一起,形成一个 JTAG 链,能实现对各个器件分别测试。如今,JTAG 接口还常用于实现 ISP(In-System Programmer,在系统编程),对 FLASH 等器件进行编程。

JTAG 编程方式是在线编程,传统生产流程中先对芯片进行预编程然后再装到板上,简化的流程则是先固定器件到电路板上,再用 JTAG 编程,从而大大加快工程进度。JTAG 接口可对 DSP 芯片内部的所有部件进行编程。

9.1.2　单片机集成开发系统软件

单片机集成开发系统软件,是指用来在计算机上编写、汇编、编译和仿真、调试单片机程序的集成软件。这种软件比较多,如 Keil 公司的 μ Vision 就是比较好的 MCS - 51 单片机集成开发系统软件。单片机的程序开发流程如图 9.4 所示。

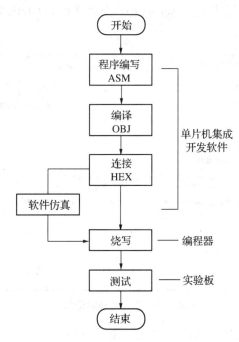

图 9.4　单片机的程序开发流程

单片机的程序开发流程是:编写程序→编译→连接→(软件仿真)→烧写→测试。

(1)用编辑软件编写程序。任何开发软件环境都会提供编辑软件,用来编写、修改源程序。使用汇编语言编写的程序文件名后缀(即扩展名)是. ASM,编写的程序称为汇编语言源程序。例如,汇编语言源程序 Test. ASM,其中,Test 是文件名(可任意),. ASM 是扩展名(必须用)。用 C51 语言编写的程序后缀名是. C,称为 C51 源程序。

(2)将源程序用编译软件进行编译,生成扩展名为. OBJ 的文件,如 Test. OBJ。

(3)用连接软件进行连接,生成扩展名为. HEX 的文件,如 Test. HEX。

(4)通过编程器(烧录器)将扩展名为. HEX 的可执行文件烧写到单片机应用系统的程序存储器内。在写入单片机之前还可以进行软件仿真,即在软件上模拟单片机程序运行情况,以便进行调试和修改。一般来说,在用仿真器将程序调试完成后,须通过一种叫编程器或烧录器的东西将. HEX文件写入目标系统中的单片机中。但是,现在的单片机可直接将代码下载到单片机的 flash 中,大都不需要编程器了。

以上是单片机经过拆解的开发步骤。利用开发环境进行单片机应用系统开发时,集成软件实际上可以自动连续地完成对编写的源程序进行编译、连接、形成目标代码等动作,并在应用系统上仿真运行该程序,用户可对程序进行反复修改和调试。最终程序调试成功后,形成的. HEX 文件烧写到应用系统的程序存储器中,应用系统就可独立运行了。

9.1.3　Keil C51 的安装

安装 Keil μVision3 集成开发环境的步骤如下

（1）将 Keil C51 解压到某个目录下,如果不需要解压则跳过这一步。

（2）在第（1）步解压目录下找到 setup. exe 安装文件,双击该文件即可开始安装,如图 9.5所示。

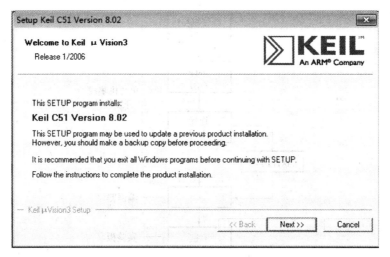

图 9.5　安装向导对话框

（3）单击"Next"命令按钮,这时会出现如图 9.6 所示的安装协议,选择"I agree to all the terms of the preceding License Agreement"。

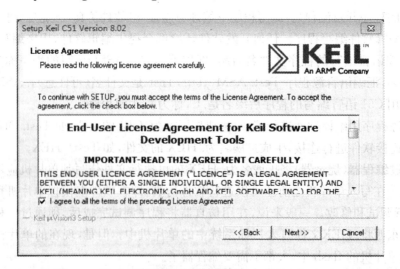

图 9.6　安装协议

（4）单击"Next"命令按钮,这时会出现如图 9.7 所示的安装路径设置对话框。默认路径是 C:\KEIL,也可以选择安装在自己设置的目录里。

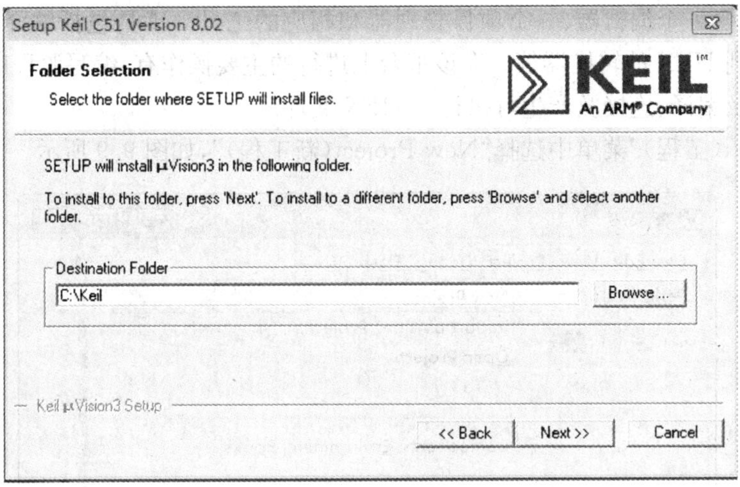

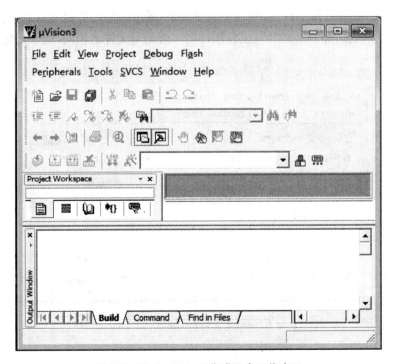

图 9.7　安装路径设置对话框

安装完毕后单击"Finish"按钮加以确认,此时可以在桌面上看到 Keil μVision3 的快捷图标。

9.2　单片机程序调试

9.2.1　使用汇编语言编写程序

双击桌面的 Keil 快捷图标进入如图 9.8 所示的 Keil μVision3 集成开发环境。

图 9.8　Keil μVision3 集成开发工作窗口

该平台包含一个编辑器、一个项目管理器和相应的工具。工具包括编译器、连接/定位器、目标代码到 HEX 的转换器等。在该平台上进行的主要操作有:编写源程序、建立工程项目文件、汇编及编译、连接及产生可执行的 HEX 文件。

在"Project(工程)"菜单中选择"New Project(新工程)",如图 9.9 所示。

图 9.9　选择新工程项目

单击"New Project(新工程)",便出现如图 9.10 所示的保存工程项目对话框,在文件名里要填写新工程名称,如"Test02b",工程项目名一般是与文件名相同,便于记忆。

图 9.10　保存工程项目对话框

单击"保存"按钮后，便弹出选择单片机型号对话框。作为举例，这里在对话框的列表中选择"Atmel"（公司名）。单击 Atmel 前面的"＋"号后，会展现出所有该公司生产的单片机型号，从中选定"AT89C51"型号，如图 9.11 所示。

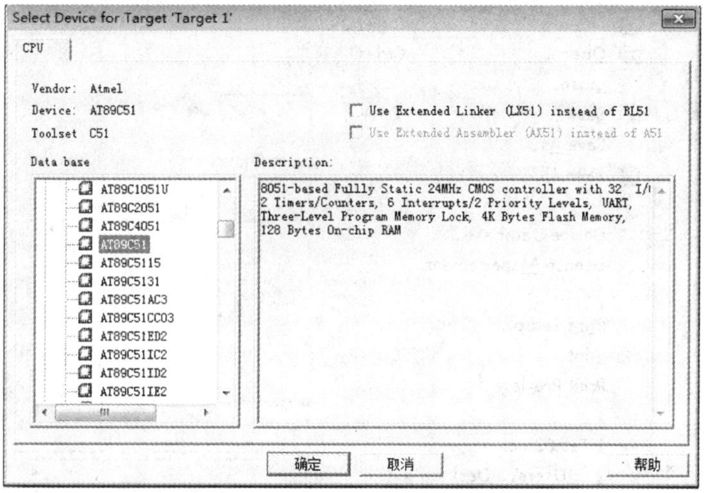

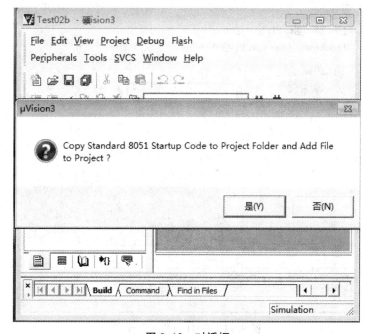

图 9.11　选择单片机型号对话框

　　单片机型号确定后，出现如图 9.12 所示对话框，"Copy Standord 8051 Startup Code to Project Folder and Add File to Project?"如果是采用 C 语言编程，推荐选择"是（Y）"按钮。

　　其实无论选是还是否，代码中都将包含该文件。该文件的作用是初始化内外部 RAM 使其清零，另外还初始化堆栈指针 SP 等。如果上述提示框选"否"，对那些 RAM 清零将采用默认的方式。如果想改变 RAM 清零区域（假如希望复位时某些 RAM 不被清零时会很有用），可以选"是"，这样该文件的一个副本将添加到项目，可以根据需要改写此文件。

图 9.12　对话框

在"File"菜单下选择"New"菜单项新建源文件,如图 9.13 所示。

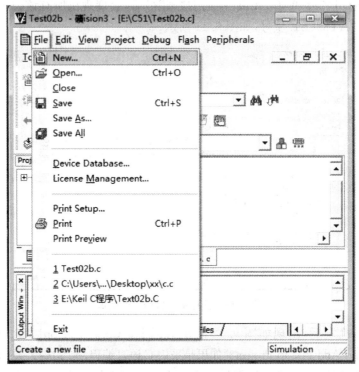

图 9.13 选择"New"选项

单击"New"选项出现如图 9.14 所示的 Text1 文本编辑窗口。此时,可在 Text1 中编写程序,如图 9.15 所示。

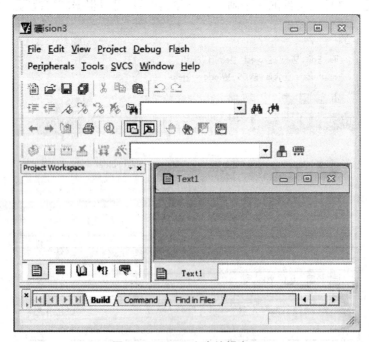

图 9.14 Text1 文本编辑窗口

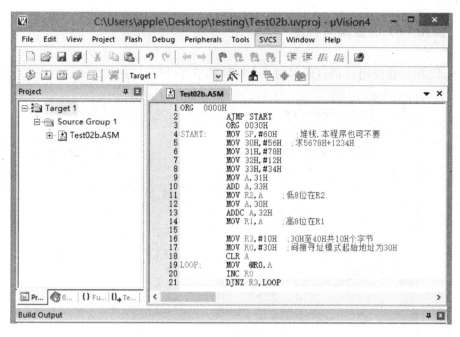

图 9.15　在 Text1 中编写汇编源程序

图中所示程序是使用汇编语言编写的一个简单的单片机程序。

接着选择"File"→"Save As",如图 9.16 所示,填写文件名并保存在设定的目录中。假设目录设置为"F:\程序\C51",填写的文件名为"Test02b.ASM"。文件名可任意,但对于汇编语言程序,后缀必须是.ASM,然后单击"保存"按钮。

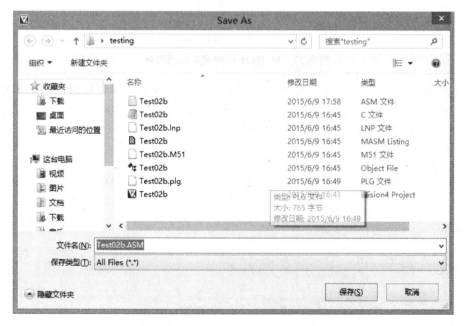

图 9.16　在 Text1 中编写汇编源程序

9.2.2 使用 C51 语言编写程序

图 9.17 所示是使用 C 语言编写的一个简单的单片机程序。

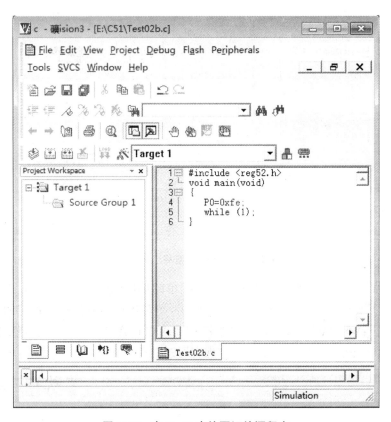

图 9.17 在 Text1 中编写汇编源程序

接着选择"File"→"Save As",如图 9.18 所示,填写文件名并保存在设定的目录中。假设目录设置为"F:\程序\C51",填写的文件名为"Test02b. C"。文件名可任意,但对于 C51 语言程序,后缀必须是". C",然后单击"保存"按钮。

图 9.18　选择目录及填写文件名

单击"Target 1"前面的＋号,展开里面的内容可以看到 Source Group1,如图 9.19 所示。

图 9.19　Target1 展开图

右键单击"Source Group 1",在弹出的菜单中选择"Add Files to Group'Source Group

1'"添加程序选项,如图 9.20 所示。

图 9.20 选择添加程序命令

单击添加程序命令后,弹出添加源程序文件窗口,把文件类型设置为"＊.c"C 语言文件格式,并填上文件名"Test02b.c",如图 9.21 所示。

图 9.21 添加源程序文件窗口

在上图中，单击"Add"按钮将文件加入项目。再单击"Close"按钮，关闭窗口，完成向工程项目里添加源程序的任务，如图 9.22 所示。

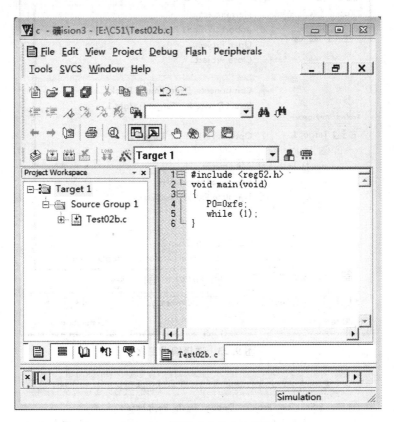

图 9.22　源程序文件加入项目

9.2.3　程序的编译及调试

源文件加入到工程中之后，选择"Project"菜单中的菜单项"Build Target"。编译工程文件生成可执行目标文件.HEX。如图 9.23 所示。注意，"Build Target"实际包含了编译、连接等步骤。

如图 9.24 所示，输出窗口中显示了提示信息："0 个错误，0 个警告"。表示工程文件无误并且可以执行。

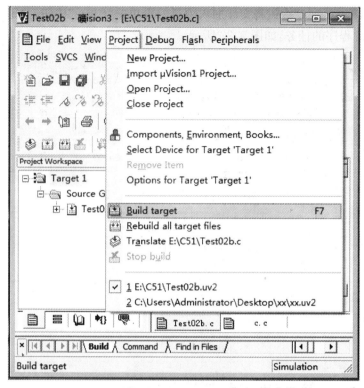

图 9.23　选择编译工程

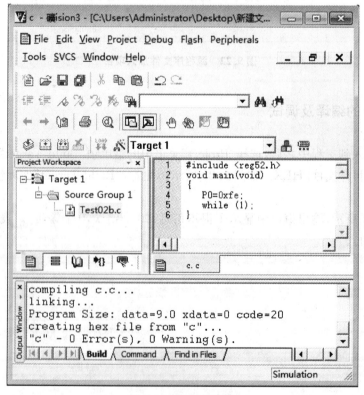

图 9.24　编译输出框

由于默认的执行环境为硬件仿真器,在执行程序前要修改为软件仿真器,在窗口左边"Target 1"上单击鼠标右键,并在弹出的下拉菜单中选择工作环境的命令"Options for Target'Target 1'",如图 9.25 所示。

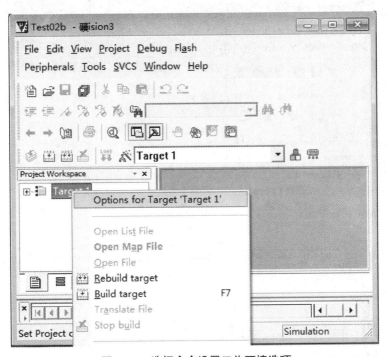

图 9.25　选择命令设置工作环境选项

　　出现对话框如图 9.26 所示,在属性页中单击"Debug"选项卡,选择"Use Simulator"选项,即选择了软件仿真器,其他选项为默认设置。

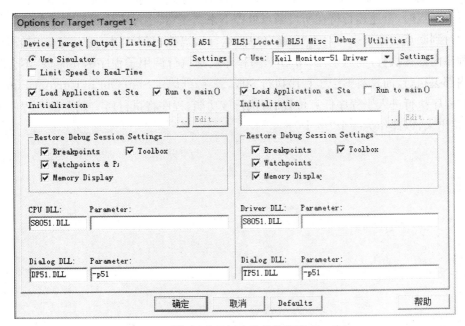

图 9.26　选择调试目标为软件仿真器 Simulator

在"Debug"菜单中选择"Start/Stop Debug Session"菜单项,如图 9.27 所示,开始调试程序。

图 9.27　选择调试运行选项

在"Debug"菜单的菜单项中选择"Run"子菜单可全速运行程序,如图 9.28 所示。注意,当设置有断点时,全速运行将在所设断点处停下来。当然,也可单步执行程序及设置断点使程序运行到断点后停下来。对于"Step"(单步运行),当执行到调用子程序语句时,程序会跳到子程序内部去执行;而对于"Step Over",程序跳到执行调用子程序语句时,将不会跳到子程序内部去执行,而是将整个子程序执行完成,算一单步。"Step Out of Curront Function",则是在程序执行进入子程序任意位置后,执行该功能,程序将执行所有剩余的子程序中的语句,而跳出来,以此作为一个"单步"。

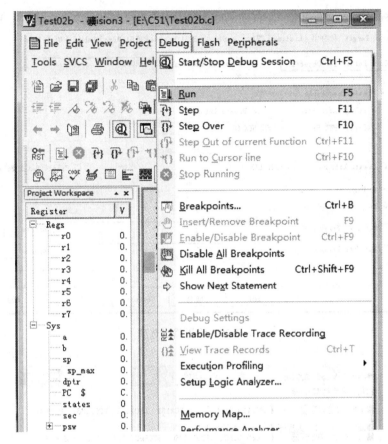

图 9.28　执行程序

9.2.4　目标代码写入单片机

"Target 1"上单击鼠标右键,并在弹出的下拉菜单中选择工作环境的命令"Options for Target 'Target 1'",在工程的属性页选项中有一项为"Output"即输出文件,在"Create HEX File"选项前的复选框中打勾,如图 9.29 所示。再编译该工程,在工程文件夹中看到了 Test02b. hex 文件,把该文件下载到单片机中即可执行。

全面提到,形成的".HEX"文件需要用编程器将其烧录到单片机的程序存储器中。但目前有不少单片机可直接将代码不通过编程器而通过串口等接口直接下载单片机的存储器中。对于编程器,一般都有其自带的烧录软件。对于可直接下载程序的单片机则常用 Magic 等软件。

MagicV1. 66 是一款单片机下载编程烧录软件,可下载 LPC、STC 等系列单片机,使用简便,现已被广泛使用。打开 MagicV1. 66,如图 9.30 界面,在 MCU 设备栏下选中单片机 STC89C52RC。

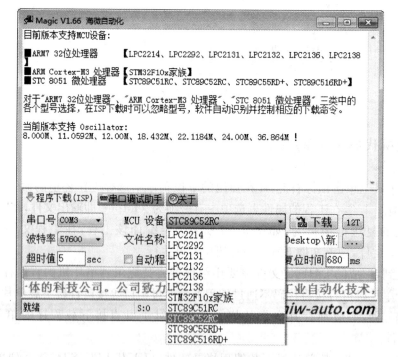

图 9.29　设置输出选项

图 9.30　选择单片机型号

　　根据 9 针数据线连接情况选中 COM 端口,波特率一般保持默认,如果遇到下载问题,可以适当下调一些,按图 9.31 所示选中各项。

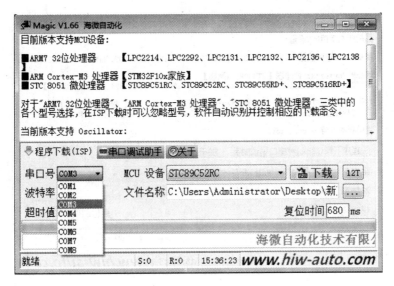

图 9.31　设置参数

先确认硬件连接正确,再按图 9.32 修改文件名称,在对话框内找到要下载的 HEX 文件。

图 9.32　添加目标程序

如图 9.33 点击"下载"。

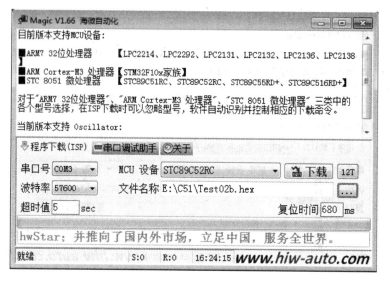

图 9.33　选择"下载"

手动按下电源开关便可把可执行文件 HEX 写入到单片机内，如图 9.34 是正在写入程序截图。

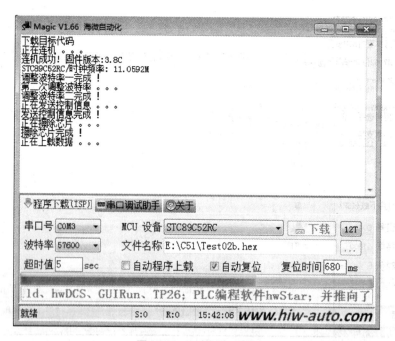

图 9.34　正在写入程序

图 9.35 所示程序写入完毕，目标实验板开始运行程序结果。

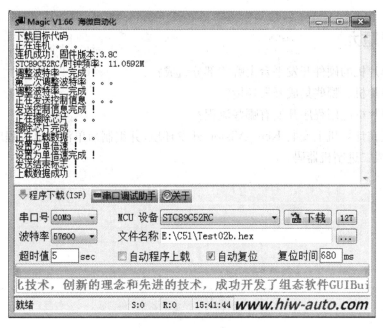

图 9.35　程序结果

Q51　如何防止代码被读出？

　　厂商利用单片机进行产品开发时，都会关心其代码和数据的保密性。考虑到用户在编写和调试代码时所付出的时间和精力，代码的成本是不言而喻的。

　　早期的单片机，代码是交给芯片制造商制成掩膜 ROM。有两种加密的机制，一是彻底破坏读取代码的功能，无论是开发者还是使用者都永远无法读取其中的内容。从安全上来说，这种方式很彻底，但是已经无法检查 ROM 中的代码了。另一种方法是不公开读取方法，厂商仍可以读取代码。这种方式留有检查代码的可能性，但是并不能算是一种真正的"加密"，被破解的可能性是存在的。客观地讲，一方面希望加密很彻底，而另外一方面又希望留有检查代码的可能，这是相互矛盾的要求。

　　自 Flash 技术得到广泛应用以来，各类单片机制造商纷纷采用了多种不同的芯片加密方法，对比掩膜 ROM 芯片来说，Flash ROM 在线可编程特性使得芯片的加密和解密方式变得更加灵活和可靠。在 Flash 型单片机中，芯片的加密和解密工作都是通过对 Flash ROM 的编程来完成的。由于用户程序可以在线地改写 ROM 的内容，可以编写一套加密和解密的小程序，随用户程序下载到芯片中，通过运行该程序，在线修改 Flash ROM 的内容，对芯片进行加密和解密，使整个的加解密过程更为简单灵活。

 习题九

9-1 单片机的硬件开发平台由哪些部分组成?

9-2 单片机有哪些集成开发环境?

9-3 单片机应用程序开发有哪些流程?

9-4 试在计算机上安装 Keil μVision 开发环境,并编制简单汇编语言程序,对其进行调试,最终形成二进制机器码。

第十章
单片机应用系统设计技巧 **

10.1 单片机应用系统的基本组成

单片机的应用系统实际上是一个典型的测量与控制系统。其功能可能只有测量,或只有控制,或兼而有之。从单片机在其应用系统中所处的位置及功能来看,一个单片机应用系统不外乎以下几个部分:前向通道、后向通道、中央控制器、人机交互通道、信息交互通道。前向通道用于获取各种信息;后向通道用于输出控制作用;中央控制器完成整个应用系统数据处理、管理与控制;人机交互通道负责向用户输出各种信息,并接受相应命令;信息交互通道通过与其他设备的信息交换,与其他系统一起协同工作,完成某一任务。对于一个闭环控制系统,前向通道、后向通道和控制器一起构成一个闭环。通过前向通道反馈控制的结果,可以达到精确控制的目的。

1. 前向通道

前向通道是应用系统的数据采集输入通道。传感器处于前向通道的最前端。前向通道输入的信号包括模拟信号和数字信号两大类。广义来讲,开关信号、频率信号都属于数字信号的范畴。

对于模拟信号,先需要进行信号调理(包括放大、滤波等),然后经过模拟开关、采样保持器、A/D 转换器等,最终将 A/D 得到的数字信号输入到计算机中进行数据处理。

对于数字信号,如是开关量,先要转换为标准数字信号,然后通过数字通道输入到单片机中;如果是频率信号,先要进行整形,将其变为矩形波,然后通过 I/O 口输入到单片机中;当然,如果是标准的数字信号,可直接通过计算机的 I/O 口输入单片机中。

为了减少微弱模拟信号在传输过程中所受的干扰,有的传感器具有了前置放大和信号调理电路,有的甚至还有控制器。其输出形式有 4~20 mA 电流、大电压信号(V 级)、频率信号、数字信号等,可采取相应的处理,最后得到数字信号,输入到控制器中。

前向通道的信号一般是比较微小的,属于通常所说的"弱电",其主要考虑的就是抗干扰问题。为此常采用前置放大、光电隔离、滤波、浮地、屏蔽、接地等措施,以减少干扰。

2. 后向通道

后向通道是输出控制信号产生控制作用的通道。与前向通道中的传感器对应,后向通道的末端是直接作用在被控对象上的驱动器、致动器或执行器。驱动器按照驱动方式可大致分为 a) 电动,包括电磁铁、直流电机、交流电机、直流无刷电机、超声电机、激振器、扬声器等;b) 电热,包括电阻丝、正温度系数陶瓷(PTC)等; c) 液压驱动,包括电磁阀、电液伺服阀等各种阀门;d) 智能材料驱动,包括压电元件、电致\磁致伸缩材料、形状记忆合金(SMA,

Shape Memory Array),电流变\磁流变液等。

驱动器一般都是大功率器件,需要足够的功率才能驱动。如一个空调的压缩机,通常需要1kW级的功率驱动,属于"强电"。但是单片机输出的信号仍然是非常微弱的,仍是"弱电",所以,后向通道中通常需要功率电路。功率电路放大电压的同时,也放大电流。功率电路常用的功率电子器件包括晶体管 GTR(Giant TR)、达林顿管、晶闸管 SCR(Si Controlled Rectifier)、GTO、功率 MOS‐FET、IGBT 等。在功率电路中,这些器件工作在两种状态下:线性放大和开关。如推动扬声器工作的功放中的功率元件就工作在线性放大状态。大部分功率电路中,功率元件工作在开关状态,如直流无刷电机的驱动电路、变频调速驱动电路和开关电源电路等。线性放大下的功率元件本身消耗大量功率,效率很低,故一般尽量采用开关方式。

后向通道分为以下几种情况

(1) 有的驱动器只需要一个通断控制信号,如启动和关闭一个交流异步电机,这时单片机可直接输出数字信号,经过放大后驱动一个继电器(机械的和固态的),由继电器控制通断。

(2) 有的驱动器需要大功率模拟信号,这时有两种连接方式:a) 单片机连接到 D/A 转换器,再连接线性功率放大,然后是驱动器(如音响中的扬声器);b) 由单片机的 PWM 直接输出脉宽调制信号,控制功率管的开关时间,最后也是驱动器,如变频调速电机。

(3) 有的驱动器都是集成式的,将功率电路、控制电路和驱动器三者集成在一起。集成有驱动电路的驱动器通常只需要小信号就可以控制其运行。如有的可直接接收数字信号,有的接收频率信号,有的接收脉冲,有的直接接收小模拟信号(如−5 V～5 V 电压)。这时,单片机需要按照驱动器的要求输出相应信号。

后向通道由于需要大的功率,通常有大电流、高电压信号,特别是大电流的开关,会对单片机应用系统产生较大的干扰。因此,在后向通道中存在大功率器件的情况下,一定要采取有效的抗干扰措施,如光耦隔离、继电器隔离、变压器隔离等,进行强、弱电的隔离。

3. 中央控制器

对于一个单片机应用系统,中央控制器就是单片机本身。中央控制器是应用系统的大脑,负责对整个系统的管理与控制,其主要功能是控制前向通道的信号输入、后向通道的信号输出、实现人机对话和与其他应用系统的信息交换。更主要的是通过运行程序,完成对信号的分析处理,完成相应的控制算法(如果有)或控制逻辑。

4. 人机交互通道

单片机应用系统是为人服务的,因此,在自动完成测控任务的同时,也需要将某些信息反馈给用户,同时接受用户指令,以便对系统参数进行设置以及干预测控过程。该通道主要包括键盘、鼠标、触摸板、麦克风、显示器、打印机、扬声器等。

与大型的测控系统相比,单片机应用系统的人机通道通常比较简单、实用。有的只包含简单的几个按键和几个数码管。

5. 信息交互通道

对于多机协同工作的系统,信息交互通道是必要的。信息交互通道负责共享信息和与其他机器一起协同完成测控任务。其组成主要是各种通讯接口。

对于双机通讯的情况,采用通用的 RS-232 比较简单实用。当然其他连接方式也很多,这里不一一列举。

对于多机通讯的情况,所在的系统多属于分布式测控系统。需要多机组成分布式网络,这时要求单片机应用系统具有相应的网络接口,如现场总线(CAN、FF Bus、Lonworks、Profibus 等)、RS-485/422、以太网接口甚至各种无线通讯接口等。

10.2　单片机应用系统硬件设计流程

单片机应用系统硬件设计大体按以下步骤进行

1. 需求分析

在接受单片机应用系统设计任务后,首先应该根据任务书的要求,认真分析委托者对该应用系统的要求。需求分析包含功能分析、性能分析和成本分析等。首先要考虑的是功能和性能,其次才是成本。应用系统的功能是指该系能需要做什么和怎样做。应用系统的性能指标比较多,开发者对设计的系统能否达到所要求的性能的把握往往比实现相应功能要难得多。系统的性能主要包括系统的响应速度、精度、数据容量、功耗、可靠性、抗干扰能力、可扩展能力等等。其中响应速度是比较难把握的,因为开发者较难估计实现某个功能需要多少代码,执行这些代码需要多少时间等。

2. 单片机选型

按照委托者要求的各种需求进行单片机的选择是单片机应用系统设计的重要步骤。现在单片机厂商和型号非常多,令人眼花缭乱。但单片机的选型有一个重要的原则就是,选择片内拥有系统所需资源最多的单片机。这样可让应用系统具有最少的外围器件、最紧凑的结构、最高的可靠性,当然,也可能带来低成本。单片机选型更详细的原则请参照第 3 章。

3. 外围器件选择和电路板设计

为了控制的需要,单片机大都需要外接一些电路。在过去,外接电路大都由并行口扩展。现在,很多单片机具有了多种串行接口,如 SPI、IIC、RS-232 等。除非特别专用的芯片,很多接口大都可以在片内找到。如 CAN、TCP/IP、USB 等,都有相应型号的单片机在片内拥有这些接口。混合电路单片机更是在单片机片内集成了传感器、A/D、D/A、比较器、放大器、调制解调电路等。另外,有很多功能可以通过软件来实现,如滤波、某些接口的模拟等。因此,在选择外围芯片的时候,如果通过软件可以完成,则通常省略掉这些芯片。

在选定单片机和基本外围电路后,就可以进行电路板的设计了。电路板设计软件主要有 Protel、ORCAD EDA、Power PCB 等。先设计电原理图,在此基础上,布置好元器件的位置后,就可以利用自动布线的方式生成印刷电路板图(PCB)了。一些关键的布线可以采用手动的方式,用自动布线方式布不通的线,也可以采用手动方式进行。

在绘制 PCB 板图前,可以先进行电路仿真,电路仿真软件也很多,常用的有 Multisim 和 ORCAD(PSPISE)。也可以就部分芯片搭建验证电路进行先行验证。这些步骤用于确定原理图是否正确。

电路板的设计中最重要的事项是考虑电磁兼容性和散热问题。电磁兼容性通过元器件的布置位置、布线、信号隔离、屏蔽接地、滤波等措施来保证。这方面的书籍很多,牵涉的面也比较广，这里就不深入探讨了。其次也要考虑连接线的承受电流能力，线间的间距等。对于没有电源层的 PCB 板，应该重点考虑电源线的粗细和走向。

电路板的设计还要考虑其安装位置、尺寸以及安装空间等。如果系统中包含几片电路板，还应该考虑其空间连接关系，以便采用最短的走线和方便装配。

4. 制版及初步调试

在交付 PCB 制板图进行制版时，厂商会有很多参数需要选择，如是否要金属化孔、阻焊、阻焊、板材选择、敷铜厚度选择等。对于对成本控制要求比较高的场合，这种参数的选择就尤其重要，因为不同的选择直接对应了制板成本。

制板以后就是焊接元器件了。有条件的情况下，对于参数要求比较严的器件，需要在焊接前进行筛选。元器件要选择正规渠道的元器件，市面上有些电子元器件是从报废电路板上拆卸下来的，应特别注意甄别。

电路板焊接好后，应该进行初步的肉眼检查，主要检查是否有虚焊、漏焊、引脚是否粘连、元器件（如电解电容）极性是否接错、集成电路芯片位置是否倒置等。

然后加电，用万用表测量各电源引脚上是否有电。

此后，就可以进行初步调试了。对于单片机应用系统，应该用仿真器对各元器件进行单独调试，使每个电路元件工作正常。这样，就可进行下一步的程序编制和调试了。

10.3　单片机应用系统软件设计流程

单片机应用系统软件设计大体按以下步骤进行

1. 需求分析

软件设计人员要充分了解委托方的功能需求和性能指标要求，然后列出要开发的系统的各大功能模块，每个大功能模块有哪些小功能模块。如果涉及有人机交互界面，还要初步定义好这些界面。在了解各需求的基础上，形成初步功能分析文档，与委托方再次确认功能需求。

2. 总体设计

软件设计人员需要对软件系统进行系统级的总体设计，包括系统的基本处理流程、系统的组织结构、模块划分、功能分配、接口设计、运行设计、数据结构设计、出错处理设计、人机界面等，为软件的详细设计提供基础。

3. 详细设计

将以上总体设计进一步细化和具体化，包括描述实现具体模块所涉及的主要算法、数据结构、程序的层次结构、调用关系等。应当保证软件的需求完全分配给整个软件。详细设计应当足够详细，使程序员能够根据详细设计报告进行编码。必要时，在这一环也可绘制程序流程图，以便进行源程序编写。当然，也可留给下一个环节。

4. 编写源程序

开发者根据详细设计文件中对数据结构、算法分析和模块实现等方面的设计要求，开始具体的编写程序工作，分别实现各模块的功能，从而实现对目标系统的功能、性能、接口、界面等方面的要求。

详细缜密的设计文件是保证编码正确性和编码效率的关键。对于一个有效的软件设计过程,往往总体设计和详细设计环节所花的时间比具体编写源程序所花的时间要多。

　　编码时不同模块之间的进度协调和协作是非常重要的,有时候一个小模块的问题可能影响了整体的进度。同时编写各模块的程序员之间的沟通与协调以及程序员与详细方案制定者之间的沟通与协调也必不可少。

　　5.调试

　　程序编写好后首先进入的是对各模块的自行独立调试。各模块独立测试完成后,就是软件的联合调试了。一般只要详细设计文件制定足够详细,程序员严格按照设计文件进行编程,并且各模块已经模拟验证后,联合调试就相对容易了。

　　6.测试

　　调试好的程序最终需要交给用户去测试和验证。用户对每个功能进行验证确认,对性能进行测试和评估。测试主要考虑两种情况:一种是正常操作情况下的测试,测试者按照正常操作流程逐一测试各项功能。这种测试也应该考虑极限使用情况。如一个校园一卡通系统进行测试时,就应该考虑可能的最多用户使用情况下系统是否出现卡机甚至系统崩溃;一种是异常情况的测试。这种测试需要考虑系统在用户各种不按正常流程操作的情况下的工作情况,如校园一卡通系统在写卡未完成时拿走校园卡的情况。同时要考虑各种出错情况下的系统容错性,例如,一卡通系统消费时突然断网等。

10.4　单片机应用系统软件设计技巧

10.4.1　汇编语言程序设计技巧

　　单片机虽然控制功能强大,但内部 RAM 资源和程序代码空间都十分有限,因此,要设计一个高效的汇编语言程序,就应该更重视程序的设计技巧。

　　1.学会绘制并充分利用程序流程图

　　有的人认为绘制程序流程图是件费时费力的工作,往往不依靠程序流程图而直接编写程序。这是十分错误的。汇编语言不同于高级语言,其逻辑关系没有"if"、"then"明确,不容易从程序中形成清晰的思路。这时,更需要借助流程图来理清编程的思路。

　　2.采用模块化设计方法

　　将程序划分成若干功能模块。每个大的模块又可以划分成若干小模块,每个模块完成独立的功能。这样做的好处是:a)单个模块功能单一,结构简单,容易编写、修改和调试;b)便于分工。可以将各模块分配给不同的人并行编制完成,大大缩短开发周期;c)程序可读性好,便于功能扩充和版本升级;d)对于通用的功能模块(通常是子程序或函数),可以建立子程序库,方便使用。

　　3.编写程序要层次分明

　　一个优秀的程序员编写的程序格式整齐、层次分明,甚至从源程序中都可轻易看出清晰的逻辑关系和工作流程。如循环的嵌套,各级循环体在语句的编写时采用不同的缩进量,就可明显看出循环的层次来。

4. 尽量详细的注释

对于汇编语言，由于语句表达的功能不是那么直接，常需要足够的注释来帮助理解各语句功能和编程的思路。详细的注释也为自己日后查看程序和其他人读懂程序提供方便。

5. 尽量采用循环结构和子程序

对于程序中经常要用到的程序段，可以编写成子程序。这样的好处是：a) 节省代码空间。如果每个要用到该功能的地方都用相应的程序段代替，则会增加大量的重复语句，生成的代码将大大增加；b) 修改方便。采用子程序结构时，代码的修改只需要在子程序中进行。而采用多重复程序段时，每处都需要修改，严重增加工作量。采用循环结构也是节省代码空间的有效手段。

6. 制定合理的内存空间的分配和管理方案

单片机的内部 RAM 十分有限，51 系列只有 128Btye 的内部 RAM，即使是 52 子系列也只有 256 字节的内部 RAM，因此，对内部 RAM 的分配与管理至关重要。一般将内部 RAM 划分成几个区域，首先是工作寄存器区，这个区域专门留给工作寄存器用；其次是静态和全局变量区。除非是多个程序使用，否则尽量不要将变量定义成全局变量，因为全局变量一经定义，其所占用的 RAM 空间就不能释放。静态变量虽然只在定义它的子程序中可见，但由于下次调用时还要用到该变量的值，所以函数返回时，该空间也不能释放掉；在静态和全局变量区的后面就应该设置可覆盖变量区了。这个区域用于放置在子程序中定义的自动变量，这种变量只在定义它的程序中可见和存在，程序返回时，变量所占用的空间可释放掉，以便其他子程序时在调用使用该空间（覆盖该空间）；处于地址最高端的部分的内部 RAM 则用于堆栈。

虽然在汇编程序语句中没有定义变量类型的语句，但是，对于一个较复杂的汇编语言程序，在设计时最好跟高级语言一样，约定哪些变量作为全局变量，哪些变量作为自动变量。当然，能够有文档记载备忘是最好的。

为此，在设计程序时需要初步估计使用的全局变量的多少；根据子程序的嵌套调用层次和中断情况等，估计堆栈区的最大需求空间以及可覆盖变量可能使用的最大存储空间。然后综合考虑，给出最终分配方案。

一定要注意的是，如果堆栈区域太小，则在子程序多重调用时，由于压栈的数据太多，会产生堆栈溢出，而使程序出现未可预知的结果；堆栈区域设置太大，则会使全局变量区和自动变量区被压缩，出现不够用的情况。

对于具有一定数量的外部 RAM 的应用系统，则可以将部分变量定义在该区域。但是，堆栈区是不能设置在外部数据 RAM 区的。堆栈指针在单片机复位时的值是 07 H，这样，堆栈区占用很多的存储空间。所以，应该在第一次使用堆栈前，将堆栈指针移动到较高位置，如 60 H。

7. 代码的优化

编写汇编语言程序时，应当时刻记得编写高效率的代码。这个高效率指的是目标代码占用最少的存储空间或完成某功能的代码的执行速度最快。

为了节省存储空间，从单条指令来看，通常在在完成相同功能的情况下使用指令字节数较少的指令。例如,在较小范围无条件转移时,采用 SJMP 指令而不是 LJMP 指令;从宏观来看,则要求为某项功能设计好的算法。为了提高程序执行速度,除了设计高效的算法外,从指令层面则要求在完成相同功能的情况下采用少机器周期的指令。例如,某一字节乘 2,可采用移位指令 RL　A,而不是硬生生地采用乘法指令 MOV　B,♯2 然后 MUL AB。

在子程序调用时特别是中断服务程序中,应利用工作寄存器组的切换来减少保护现场语句,从而节省存储空间并提高代码执行速度。

如,中断服务子程序 AAA 中用到工作寄存器 R0～R4,通常会有以下程序段

```
AAA:    PUSH   PSW
        PUSH   R0
        PUSH   R1
        PUSH   R2
        PUSH   R3
        ......
        POP    R3
        POP    R2
        POP    R1
        POP    R0
        POP    PSW
        RETI
```

但是改写成如下程序则简洁得多。该程序中利用工作寄存器组的切换,避免对其进行现场保护和恢复。

```
AAA:    PUSH   PSW
        SETB   RS0            ;假设主程序中使用工作寄存器组 0,本子程序使用组 1
        ......
        POP    PSW
        RETI
```

8. 程序中多处要用到的常数宜采用宏定义的形式给出

在程序调试时,经常需要对一些常数进行修改。如定义数组的大小的常数,循环次数等常数,修改参数时需要对每个相同的常数进行修改。但是如果在程序开始的时候进行了宏定义,并且程序中用到该常数的地方都用宏去替换,则需要修改常数时只需要在宏定义处修改该常数值就可以了。

9. 在子程序中保护现场

对于通用的子程序,除传递参数的寄存器外,子程序中用到的寄存器最好在子程序的开始予以保护,返回时恢复。子程序中用到的寄存器很有可能在主程序中也用到,如果在子程序中对其内容进行了修改,则调用子程序后,在主程序中相同的寄存器的内容就被窜改了,这会造成严重的后果。为了在编写子程序时不用费时费力去考察主程序中用到的寄存器值是否在子程序中被修改,在子程序中对用到的寄存器进行保护,虽然有时不一定是必需的,却是万全之策。这样可有效防止调用子程序时担惊受怕。中断服务程序也是一样。

10. 谨慎使用无条件跳转指令

无条件跳转指令可以让程序跳转到任意位置,给程序设计带来灵活性。但是这种语句破坏了程序结构的层次,使程序可读性变差,要慎用。特别是要严格禁止从循环体外跳转至循环体内。因为每个循环体的前面大都有循环变量的初始化,如果不经过初始化直接跳入到循环体内执行程序,将会引起严重错误。

10. 4. 2 C51 语言程序设计技巧

C51 语言程序设计技巧与汇编语言程序设计大致相同。但是,由于 C51 编译软件已自动进行了内部 RAM 的存储空间分配,有多级代码优化措施,同时为保护现场也会自动生成相应代码,因此,这些方面不必过多去考虑。

10.5 单片机应用系统的可靠性设计方法

10.5.1 硬件设计的可靠性策略

单片机应用系统对可靠性要求很高,应该同时采用硬件和软件的抗干扰措施。从硬件方面来考虑有下面几个方面:

(1) 要首先考虑电源对单片机的影响。很多干扰是从电源引入的,电源做得好,整个电路的抗干扰就解决了一大半。在给单片机电源加稳压器的同时,需要设计好的滤波电路。简单的方法是采用大(如 1 000 μF)、小电容(如 0.1 μF)相结合进行滤波。而带磁珠和电容的 π 形滤波电路有更好的滤波效果。当然,也可在交流电源的输入侧增加电源滤波器成品。

(2) 如果单片机的 I/O 口用来控制电机等噪声器件,应采取隔离措施,如增加光耦隔离或继电器。

(3) 可靠复位并使晶振可靠起振。对于干扰严重的场合,要采用抗强干扰的复位电路或用专用的复位芯片。专用的复位芯片既可保证单片机上电时可靠复位,又可以在工作过程中避免由于干扰产生的复位误动作。对于晶振,布线时要使晶振尽量靠近芯片的输入引脚,有条件时晶振下方的印制板安排整块与地相连的敷铜,并将晶振外壳与其相连。

(4) 电路板元器件按类分区。将强、弱信号、数字、模拟信号分区。特别容易产生干扰的器件与对干扰敏感的器件分隔一定距离,并用地线隔离开。模拟电路和数字电路之间要分开布置。必要时将敏感器件进行屏蔽接地。

(5) 模拟地和数字地分开连接,然后一点接地(注意,高频电路则应该多点就近接地)。对于某些模拟数字混合的器件,如 A/D 和 D/A,其芯片本身就已经单独提供了模拟地和数字地,方便布线时分别单独与外围的模拟和数字地相连,再最后一点接地。

(6) 大功率器件的地线要单独接地,并采用尽量粗的电源线和靠电源尽量近。

(7) 在单片机 I/O 口、电源线、电路板连接线等关键地方使用抗干扰元件如磁珠、磁环、电源滤波器、屏蔽罩,可显著提高电路的抗干扰性能。

（8）合理使用去耦电容和滤波电容。在数字芯片的电源引脚和地线之间应该以尽量短的引线接去耦电容（0.1 μF 或 0.01 μF）。对于重要的数字输入脚，要加滤波电容（当然，应该考虑信号的频率，因为加滤波电容会降低输入电路对信号的响应速度）。

（9）布线时尽量减少回路环的面积，以降低感应噪声。

（10）布线时，电源线和地线要尽量粗。除减小压降外，更重要的是降低耦合噪声。

（11）对于 CMOS 器件，未用的输入引脚最好不要悬空，防止输入电平的不确定性。

（12）各种电路芯片相连时，要注意电平的兼容性。最好全部采用同类型电平的电路，如全部采用 TTL 或全部采用 CMOS 电路。当然尽量采用抗干扰比较强的 CMOS 电路。

（13）采用较低的晶振频率和低速数字电路也有利于减少干扰。

（14）布线时容易产生相互干扰的线，应该隔开一定距离，并且相互垂直。切忌近距离相互平行布线。实在有需要，也应该在两线之间加地线进行隔离。

（15）对于通讯或要求精确定时的场合，应该采用高精度的晶振。标称值中有效位越多的晶振，其定时的精度就越高。如 12.000 0 MHz 晶振比 12.000 MHz 晶振定时要准确。

（16）连接线尽量采用双绞线或带屏蔽的双绞线。

（17）注意散热问题。稳压电源、功率管等大功率器件需要有考虑周到的散热措施。有许多应用系统由于散热不够好，可靠性受到严重影响。

10.5.2 软件设计的可靠性策略

抗干扰的问题当然首先应该从硬件着手，但是单片机应用系统的可靠性不能光靠硬件来保证。软件方面的可靠性设计也应该得到充分重视。而且，软件的抗干扰措施以其设计灵活、节省硬件资源等优势，越来越受到重视。

对于模拟信号被干扰的情况，软件抗干扰的主要措施就是数字滤波，而对数字电路被干扰的情况，则是要保证正确的逻辑以及在程序运行混乱时使程序重入正轨。下面介绍常用的一些软件抗干扰方法。

1. 指令冗余设计

MCS-51 的指令有单字节、双字节和 3 字节指令，指令的第一个字节是操作码，其他的都是操作数。当程序跑飞时，很有可能程序指针 PC 落到一个非操作码上，但是单片机仍然将其作为操作码，这会引起严重的错误。采取的措施是：在关键地方插入一些单字节指令，或将有效单字节指令重写。最常用的做法是，通常是在双字节指令和三字节指令后插入两个字节以上的 NOP。这样即使取指时 PC 未指向指令的首字节，由于空操作指令 NOP 的存在，在执行空操作后，下一条指令就可恢复正常了。对于重要的指令如 RET、RETI、LCALL、LJMP、JC 等，更应该采取以上措施。

2. 拦截技术

一般的单片机应用系统的程序存储器都有一些空余的单元。程序跑飞时 PC 也会指向这一非程序空间，也将引起单片机不能正常工作。这时通常在非程序代码区布置一些指令，当 PC 跳转到该区域时，将会将程序引向至一出错处理程序，这就是拦截技术的基本原理。可以安排如下代码

```
            NOP
            NOP
            ....
            LJMP    ARR_SUB
```

ARR_SUB 是错误处理程序的入口地址。错误处理一般负责采取应急措施,防止系统出现严重问题。例如,一个自动门控制器,当碰到程序跑飞时应该立即停止电机转动,或将自动门开到最大位置,然后停机,同时报警。以上的 LJMP 指令往往安排在程序存储器有效单元的最后,其前面全部由 NOP 指令填充。这样程序跑飞到非代码区的无论什么位置,最终都将执行到 LJMP 指令。

当然,也可以将程序指针引向 0000H 位置,让 LJMP　0000H 替代 LJMP　ARR_SUB,相当于让程序重新执行。但是应该注意,虽然都是从 0000H 开始执行程序,这个与正常复位还是有区别的。正常复位动作将会使许多寄存器恢复到复位的默认值。对于这种情况,程序中应安排语句判断是正常复位使 PC 重回 0000H,还是出错造成的。通常可在主程序的开始通过判断 SP 值或 PSW.5 加以区别。正常复位时 SP=07H,用户标志位 PSW.5 =0。而如果在主程序中改变 SP 的值(如 60H),或者使 PSW.5=1,则采用软件拦截技术的重新开始执行程序时 SP 和 PSW.5 就不是复位值了。据此,可以判断是否正常复位了,从而采取相应措施。

另外,利用片内 RAM 的几个单元也可判断正常复位还是软件重新启动。可以在程序进行初始化时选定几个 RAM 单元作为辨别标志,如两个字节一个为 55H,一个为 AAH。正常上电复位时,内部 RAM 单元的内容是随机的,但是软件重新启动时单元内容维持为 55H 和 AAH。据此可区别。

对于未开放的中断,也有可能在程序混乱时程序进入到中断服务程序入口区域,因此,也可在这里安排指令:

```
            NOP
            NOP
            LJMP    0000H           ;或 RETI
```

3. 软件"看门狗"

解决程序跑飞的最好的方法就是应用看门狗。现在,绝大部分单片机都有硬件看门狗。但是在实际应用中,严重的干扰有时会破坏中断方式控制字,关闭中断,则系统无法定时"喂狗",硬件看门狗电路失效,这时可以辅以软件看门狗。在一些循环体内,可以设置代码,不断检测程序循环运行的时间,若发现程序循环时间超过最大循环运行时间,则认为系统陷入"死循环",将程序转到出错处理程序。

在实际应用中,有人采用一种环形中断监视方式。具体做法是,用定时器 T0 监视定时器 T1,用定时器 T1 监视主程序,主程序监视定时器 T0。采用这种环形结构的软件"看门狗"具有良好的抗干扰性能,大大提高了系统可靠性。这种软件"看门狗"监视原理是:在主程序、T0 中断服务程序、T1 中断服务程序中各设一运行观测变量,假设为 MWatch、T0Watch、T1Watch。主程序每循环一次,MWatch 加 1,同样 T0、T1 中断服务程序执行一次,T0Watch、T1Watch 加 1。在 T0 中断服务程序中通过检测 T1Watch 的变化情况判定

T1 运行是否正常,在 T1 中断服务程序中检测 MWatch 的变化情况判定主程序是否正常运行,在主程序中通过检测 T0Watch 的变化情况判别 T0 是否正常工作。若检测到某观测变量变化不正常,比如应当加 1 而未加 1,则转到出错处理程序作排除故障处理。当然,对主程序最大循环周期、定时器 T0 和 T1 定时周期应予以全盘合理考虑。

4. 数据校验技术

系统运行时有些数据是至关重要的,但由于干扰,经常会使一些数据发生莫名其妙的变化。例如,单片机内部 RAM 中的内容。在通讯时,由于各种干扰,也会出现误码。对于这些情况,可采取数据校验的方法检测并避免错误的反生。校验的对象在内存中就是一串数据,在通讯中就一个数据包。有很多行之有效的方法,如奇偶校验,通过字节中额外增加一个比特位,用来检验错误;如异或校验,把所有数据都和一个指定的初始值(通常是 0)异或一次,最后的结果就是校验值;如校验和(checksum)校验,将所有被校验的数相加,结果作为校验值;如循环冗余校验(CYclic Redundancy Check,CRC),利用除法及余数的原理来进行错误检测。将接收到的码组进行除法运算,如果除尽,则说明传输无误。如果未除尽,则表明传输出现差错。CRC 校验还有自动纠错能力。

5. 多次采样判决技术

对于某些随机的尖峰干扰,在输入数据时可以采用多次采样判别技术,保证输入数据的正确性。例如 MCS - 51 系列单片机的串行接收时采用的就是多次采样判别技术。将每一个位周期分成 16 个脉冲,在中间的三个脉冲周期采样信号 3 次,取 2 次相同的状态作为输入的值。这样可以大大减少尖峰干扰产生的误读。也有人用类似的方法读入按键值。实际上,在中断中也可采用这种方法判断是尖峰干扰产生的中断还是正常的中断。例如,在外部中断的中断服务程序中多次采样中断输入引脚状态,确定是否是正常的中断。

6. 延时避开预知干扰技术

在工业控制系统中,很多大功率设备的开关都会产生浪涌、尖峰等干扰。这时可以在程序中产生一定时间的延时以避开这种干扰。在接通大功率器件时,可使 CPU 暂时工作,待干扰过去后再恢复。这种方案往往比较奏效。按键采用延时技术,则是为了防止按键抖动(按键按下和释放时出现多个脉冲)。方法是,在检测到按键状态发生变化时,延时 10 ms 左右,再进行一次检测,进行确定。

7. 定时刷新输出口

对于单片机的输出电路,有可能在强干扰下改变管脚的输出状态。这时可以采用定时刷新输出数据,以显著缩短干扰信号作用的时间。当输出端口被干扰产生错误输出时,由于有定期刷新,将会使干扰信号未产生作用时就恢复了正常值。如交通信号灯以及计时器,当保持较短的间隔刷新显示数据时,偶尔的干扰产生的数据显示错误能够得到及时纠正,肉眼根本无法觉察。

8. 软件滤波

软件滤波用于模拟信号的抗干扰,以提高输入数据的准确度。模拟输入的干扰大都是高频干扰,因此采用的滤波器通常是低通滤波器。软件滤波对提高测试的准确度作用很大。有各种类型的滤波器,有的有相应模拟滤波器作为原形,有的则没有(亦即模拟滤波器无法实现该功能)如 FIR(有限脉冲的响应)滤波器,这里就不展开讨论了。

9. 数据范围判别

在程序设计时,可以仔细研究哪些状态正常情况下是不可能出现的,或者不会超过某一极限值的。这样,可以在程序中设置判别程序,定期判断某些值是否出现了非正常值,从而进行非正常应急处理。例如,一个自动门控制系统程序中有一条程序主线进行正常的速度控制,有一根辅线进行自动门的速度监测(如利用定时/计数器进行定时检测)。将自动门运行设置成几种状态,如停止状态、低速运行状态、高速运行状态。如在停止状态下检测到自动门速度不为0,或者在低速运行状态下超过了设定的极限速度,则认为程序出现错误,进入应急处理程序。

当然,还有很多有效的方法,不一而足。但是有一点可以肯定的是,一个优秀、善于思考和分析的程序员总是在编写程序时考虑各种抗干扰措施,以保证系统的可靠性。这也许就是大师和菜鸟的区别吧。

Q52　什么是 ISP 和 IAP?

ISP:In System Programming 即"在系统编程",是指单片机在系统中不拔下的情况下将程序代码下载至程序存储器中。这需要在设计目标板的时候就将接口设计在上面,所以叫"在系统编程",即不用脱离系统;

IAP:In Application Programming 即在应用编程,是指应用系统在加电运行的过程中可将更新的程序代码下载到单片机中运行,即所谓在线升级。比如一款支持 IAP 的单片机,内分 3 个程序区,1 作引导程序区,2 作运行程序区,3 作下载区。芯片通过串口接收到下载命令,进入引导区运行引导程序,在引导程序下将需要更新的代码内容下载到下载区,下载完毕并校验通过后再将下载区内容复制到 2 区,运行复位程序,则 IAP 完成。

10.6　MCS-51单片机应用系统设计与调试实例

本节以温度测试系统为实例,说明如何进行 51 单片机应用系统设计与调试。

10.6.1　方案设计

随着时代的进步和发展,传感器技术已经普及到我们生活、工作、科研等各个领域,已经成为一种比较成熟的技术。本节主要介绍一个基于 AT89C51 的测温系统,详细描述了利用数字温度传感器 DS18B20 和 LCD1602 开发测温系统的过程,对传感器在单片机下的硬件连接,软件编程以及各模块系统流程进行了较详尽的分析。

10.6.2　主要器件介绍

1. AT89C51

AT89C51 单片机为 40 引脚双列直插式封装,如图 10.1 所示。

对于单片机的选择,可以考虑使用 8031 与 8051 系列。由于 8031 没有内部 ROM,因而

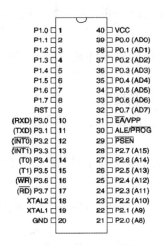

图 10.1 AT89C51 引脚及实物图

此处不适用。AT89C51 是美国 ATMEL 公司生产的低功耗、高性能 CMOS 8 位单片机,片内含 4 KB 的可编程的 Flash 只读程序存储器,兼容标准 8051 指令系统及引脚。它的 Flash 程序存储器既可在系统编程(ISP),也可用传统方法进行编程,可灵活应用于各种控制领域,对于简单的测温系统已经足够。单片机 AT89C51 具有低电压供电等特点,四个端口只需要两个口就能满足电路系统的设计需要,很适合便携手持式产品的设计使用,系统可用两节干电池供电。

2. LCD1602

在日常生活中,我们对液晶显示器并不陌生,如在计算器、万用表、电子表及很多家用电子产品中都可以看到,显示的主要是数字、专用符号和图形。LCD1602 是指显示的内容为 16×2,即可以显示两行,每行 16 个字符的液晶模块(显示字符和数字)。

3. DS18B20

DS18B20 是美国 DALLAS 半导体公司继 DS1820 之后最新推出的一种改进型智能温度传感器。与传统的热敏电阻相比,它能够直接读出被测温度,并且可根据实际要求通过简单的编程实现 9～12 位的数值读数方式。并且从 DS18B20 读出的信息或写入 DS18B20 的信息仅需要一根线(单线接口)读写,温度测量的电能来源于数据总线,总线本身也可以向所挂接的 DS18B20 供电,而无需额外电源。因而使用 DS18B20 可使系统结构更趋简单,可靠性更高。它在测温精度、转换时间、传输距离、分辨率等方面较 DS1820 有了很大的改进,给用户带来了更方便的使用效果。

DS18B20 引脚定义:

(1) DQ 为数字信号输入/输出端;

(2) GND 为电源地;

(3) VDD 为外接供电电源输入端(在寄生电源接线方式时接地)。

DS18B20 的主要特性:

(1) 适应电压范围宽,电压范围:3.0～5.5 V,在寄生电源方式下可由数据线供电。

(2) 独特的单线接口方式,DS18B20 在与微处理器连接时仅需要一条口线即可实现微处理器与 DS18B20 的双向通讯。

（3）DS18B20 支持多点组网功能，多个 DS18B20 可以并联在唯一的三线上，实现组网多点测温。

（4）DS18B20 在使用中不需要任何外围元件，全部传感元件及转换电路集成在形如一只三极管的集成电路内。

（5）温度范围 $-55℃\sim+125℃$，在 $-10\sim+85℃$ 时精度为 $\pm0.5℃$。

（6）可编程的分辨率为 $9\sim12$ 位，对应的可分辨温度分别为 $0.5℃$、$0.25℃$、$0.125℃$ 和 $0.0625℃$，可实现高精度测温。

（7）在 9 位分辨率时最多在 93.75 ms 内把温度转换为数字量，12 位分辨率时最多在 750 ms 内把温度值转换为数字量。

（8）测量结果直接数字输出，以串行口传送给单片机，同时可传送 CRC 校验码，具有极强的抗干扰纠错能力。

（9）负压特性：电源极性接反时，芯片不会因发热而烧毁，但不能正常工作。

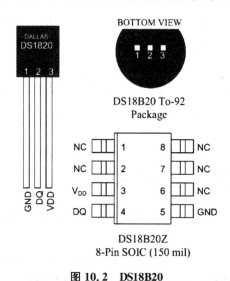

图 10.2　DS18B20

10.6.3　硬件电路原理图设计

Proteus 软件是英国 Lab Center Electronics 公司出版的 EDA（电子设计自动化，Electronic Design Automation）工具软件。它不仅具有其他 EDA 工具软件的仿真功能，还能仿真单片机及外围器件。它是目前比较好的仿真单片机及外围器件的工具。虽然目前国内推广刚起步，但已受到单片机爱好者、从事单片机教学的教师、致力于单片机开发应用的科技工作者的青睐。

Proteus 不仅为我们提供了 MCS-51 的嵌入式处理器模型，提供了大量的交互外设模型，包括 LCD 显示通用键盘、开关、按钮、LED 等，同时也提供了 Keil 等开发工具的联合调试功能。

这里简要介绍下 Proteus 进行电路设计的步骤：

（1）新建设计文档。在进入原理图设计前，先要构思好原理图，必须知道所设计的项目需要哪些电路来完成,用何种模板;然后在 Proteus ISIS 的图形编辑环境中新建一张空白的电路图纸。

(2)设置编辑环境。根据实际电路的复杂程度设置图纸的大小等等,在原理图设计的整个过程中,图纸的大小可以不断地调整,设置合适的大小的图纸能为原理图设计提供便利。

(3)原理图布线。根据实际电路需要,利用 Proteus ISIS 编辑环境提供的各种工具、命令进行布线,将工作平面上的位置进行调整和修改,使得原理图美观、易懂。

(4)建立网络表。在完成上述步骤之后,即可看到一张完整的电路图,但要完成印刷电路板的设计,还要生成一个网络表文件。网络表文件是印刷电路与电路原理图之间的纽带。

(5)电气规则检查。当完成原理图布线后,利用 Proteus ISIS 编辑环境所提供的电气规则检查命令对设计进行检查,并根据系统提示的错误检查报告修改原理图。

(6)调整。如果原理图已通过电气规则检查,那么原理图的设计就完成了。但对于一般电路设计而言,尤其是较大的项目,通常要对电路进行多次修改才能通过电气规则的检查。

(7)保存并输出报表。Proteus ISIS 提供了多种报表输出格式,同时可以对设计好的原理图和报表进行存盘和输出打印。

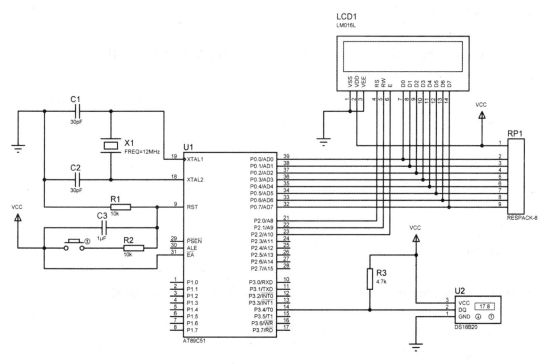

图 10.3　AT89C51 测温原理图

10.6.4　软件设计

所设计的测温系统的 C51 语言程序如下:

```
#include<reg51.h>
```

```c
#define uchar unsigned char
#define uint unsigned int
sbit DQ=P3^4;                          //DS18B20 数字信号端
sbit lcd_rs=P2^0;                      //LCD1602 数据、指令选择端
sbit lcd_rw=P2^1;                      //LCD1602 读、写选择端
sbit lcd_en=P2^2;                      //LCD1602 使能端
uchar code str1[]={"Temperature:"};
uchar data disdata[5];                 //用于存放温度
uint value;                            //温度值
uchar flag;                            //正负标志
/ *********************** LCD1602 程序 ************************* /
void delay1ms(uint ms)                 // 11.0592 MHz 晶振,大约延时 1 ms
{
    uint i,j;
    for(i=0;i<ms;i++)
        for(j=0;j<110;j++);
}
void write_com(uchar com)              //写指令函数,指令在 com 中
{
    lcd_rs=0;
    lcd_rw=0;
    lcd_en=0;
    P0=com;
    delay1ms(1);
    lcd_en=1;
    delay1ms(1);
    lcd_en=0;
}
void write_dat(uchar dat)              //写数据函数,数据在 dat 中
{
    lcd_rs=1;
    lcd_rw=0;
    lcd_en=0;
    P0=dat;
    delay1ms(1);
    lcd_en=1;
    delay1ms(1);
    lcd_en=0;
```

```
}
void lcd_init()                            //初始化设置函数
{
    write_com(0x38);                       //设置 16×2 显示,5×7 点阵,8 位数据接口
    write_com(0x08);                       //关闭显示
    write_com(0x01);                       //显示清零
    write_com(0x06);                       //输入方式设置
    write_com(0x0c);                       //打开显示
}
void display(uchar * p)                     //字符串显示函数,字符串指针为 P
{
    while( * p! ='\0')                     //判断是否到 3 字符串末尾
    {
        write_dat( * p);
        p++;
    }
}
void init_play()                           //初始化 LCD1602
{
    lcd_init();
    write_com(0x80);
    display(str1);                         //显示"Temperature:"
}
void delay_18B20(unsigned int i)           //延时 1 微秒
{
    while(i——);
}
void ds1820rst()                           //DS18b20 复位函数
{
    unsigned char x=0;
    DQ = 1;                                //DQ 复位
    delay_18B20(4);                        //延时
    DQ = 0;                                //DQ 拉低
    delay_18B20(100);                      //精确延时大于 480 μs
    DQ = 1;                                //拉高
    delay_18B20(40);
}
uchar ds1820rd()                           //读数据
```

```
{
    unsigned char i=0;
    unsigned char dat = 0;
    for (i=8;i>0;i--)
    {
        DQ = 0;                        //给脉冲信号
        dat>>=1;
        DQ = 1;                        //给脉冲信号
        if(DQ)
        dat|=0x80;
        delay_18B20(10);
    }
    return(dat);
}
void ds1820wr(uchar wdata)            //写数据
{
    unsigned char i=0;
    for (i=8; i>0; i--)
    {
        DQ = 0;
        DQ = wdata&0x01;
        delay_18B20(10);
        DQ = 1;
        wdata>>=1;
    }
}
read_temp()                           //读取温度值并转换
{
    uchar a,b;
    ds1820rst();
    ds1820wr(0xcc);                   //跳过读序列号
    ds1820wr(0x44);                   //启动温度转换
    ds1820rst();
    ds1820wr(0xcc);                   //跳过读序列号
    ds1820wr(0xbe);                   //读取温度
    a=ds1820rd();
    b=ds1820rd();
    value=b;
```

```
        value<<=8;
        value=value|a;
        if(value<0x0fff)
            flag=0;
        else
        {
            value=~value+1;
            flag=1;
        }
        value=value*(0.625);            //温度值扩大10倍,精确到1位小数
        return(value);
}
/******************************************************************/
void ds1820disp()                       //温度值显示
{
    uchar flagdat;
    disdata[0]=value/1000+0x30;         //百位数
    disdata[1]=value%1000/100+0x30;     //十位数
    disdata[2]=value%100/10+0x30;       //个位数
    disdata[3]=value%10+0x30;           //小数位
    if(flag==0)
        flagdat=0x20;                   //正温度不显示符号
    else
        flagdat=0x2d;                   //负温度显示负号:-
    if(disdata[0]==0x30)
    {
        disdata[0]=0x20;                //如果百位为0,不显示
        if(disdata[1]==0x30)
        {
            disdata[1]=0x20;            //如果百位为0,十位为0也不显示
        }
    }
    write_com(0xc0);
    write_dat(flagdat);                 //显示符号位
    write_com(0xc1);
    write_dat(disdata[0]);              //显示百位
    write_com(0xc2);
    write_dat(disdata[1]);              //显示十位
```

```
        write_com(0xc3);
        write_dat(disdata[2]);               //显示个位
        write_com(0xc4);
        write_dat(0x2e);                     //显示小数点
        write_com(0xc5);
        write_dat(disdata[3]);               //显示小数位
        write_com(0xc6);
        write_dat(0xdf);                     //显示℃中的"°"
        write_com(0xc7);
        write_dat('C');                      //显示℃中的"C"
}
/ *********************** 主程序 *********************** /
void main()
{
        init_play();                         //初始化显示
        while(1)
        {
                read_temp();                 //读取温度
                ds1820disp();                //显示温度
        }
}
```

10.6.5 系统调试

在 Proteus 平台进行仿真时,利用手动调整 DS18B20 的温度值,即用鼠标单击 DS18B20 图标上的"↑"或"↓"来改变温度,同时 LCD 会显示相应的温度数值,如图 10.4 所示。 DS18B20 测量范围是－55℃～＋128℃。

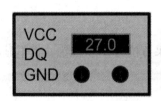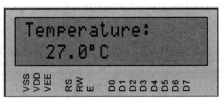

图 10.4 温度设定与 LCD 显示

在完成 Proteus 平台仿真的基础上,需要将程序烧录到单片机平台上,进行实物测试。 图 10.5 为实测结果。

图 10.5　实物测试结果

　　该系统可以方便地实现温度采集和显示,它使用起来相当方便,具有精度高、量程宽、灵敏度高、体积小、功耗低等优点,适合于我们日常生活和工、农业生产中的温度测量,也可以当作温度处理模块嵌入其他系统中,作为其他主系统的扩展。

 习题十

　　10-1　一般单片机应用系统由哪几个部分组成? 各有什么功能?

　　10-2　简述单片机应用系统开发的一般过程。

　　10-3　试简单列举单片机软件设计中有哪些增加可靠性的措施。

ASCII 码表

高3位 低4位	000	001	010	011	100	101	110	111
0000	NUL	DLE	SP	0	@	P	、	p
0001	SOH	DC1	!	1	A	Q	a	q
0010	STX	DC2	"	2	B	R	b	r
0011	ETX	DC3	#	3	C	S	c	s
0100	EOT	DC4	$	4	D	T	d	t
0101	ENQ	NAK	%	5	E	U	e	u
0110	ACK	SYN	&	6	F	V	r	v
0111	BEL	ETB	'	7	G	W	g	w
1000	BS	CAN	(	8	H	X	h	x
1001	HT	EM	)	9	I	Y	i	y
1010	LF	SUB	*	:	J	Z	j	z
1011	VT	ESC	+	;	K	[	k	{
1100	FF	FS	,	<	L	\	l	|
1101	CR	GS	—	=	M	]	m	}
1110	SO	RS	.	>	N	Ω	n	~
1111	SI	US	/	?	O	—	o	DEL

MCS – 51 单片机各寄存器复位状态表

寄存器名	初始内容	寄存器名	初始内容
A	00H	TCON	00H
PC（注）	0000H	TL0	00H
B	00H	TH0	00H
PSW	00H	TL1	00H
SP	07H	TH1	00H
DPTR	0000H	SCON	00H
P0～P3	FFH	SBUF	XXXXXXXXB
IP	XX000000B	PCON	0XXX0000B
IE	0X000000B	TMOD	00H

注:PC 不是 SFR

MCS－51 单片机指令表

1. 数据传送类指令

序号	指令格式	指令功能	字节	周期	代码(十六进制)
1	MOV　A，Rn	A←Rn	1	1	E8～EF
2	MOV　A，direct	A←(direct)	2	1	E5 direct
3	MOV　A，@Ri	A←(Ri)	1	1	E6～E7
4	MOV　A，♯data	A←data	2	1	74 data
5	MOV　Rn，A	Rn←A	1	1	F8～FF
6	MOV　Rn，direct	Rn←(direct)	2	2	A8～AF direct
7	MOV　Rn，♯data	Rn←data	2	1	78～7F data
8	MOV　direct，A	(direct)←A	2	1	F5 direct
9	MOV　direct，Rn	(direct)←Rn	2	2	88～8F direct
10	MOV　direct2，direct1	(direct2)←(direct1)	3	2	85 direct1 direct2
11	MOV　direct，@Ri	(direct)←(Ri)	2	2	86～87 direct
12	MOV　direct，♯data	(direct)←data	3	2	75 direct data
13	MOV　@Ri，A	(Ri)←A	1	1	F6～F7
14	MOV　@Ri，direct	(Ri)←(direct)	2	2	A6～A7 direct
15	MOV　@Ri，♯data	(Ri)←data	2	1	76～77 data
16	MOVC　A，@A+DPTR	A←(A+DPTR)，程序空间	1	2	93
17	MOVC　A，@A+PC	A←(A+当前 PC)，程序空间	1	2	83
18	MOVX　A，@Ri	A←(P2×100H+Ri)，片外数据空间	1	2	E2～E3
19	MOVX　A，@DPTR	A←(DPTR)，片外数据空间	1	2	E0
20	MOV　DPTR，♯data16	DPTR←data16	1	2	90 data16(注1)
21	MOVX　@Ri，A	(P2×100H+Ri)←A，片外数据空间	1	2	F2～F3
22	MOVX　@DPTR，A	(DPTR)←A，片外数据空间	1	2	F0
23	PUSH　direct	SP←SP+1，(SP)←(direct)	2	2	C0 direct
24	POP　direct	(direct)←(SP)，SP←SP−1	2	2	D0 direct
25	XCH　A，Rn	Rn⇌A	1	1	C8～CF

（续表）

序号	指令格式	指令功能	字节	周期	代码(十六进制)
26	XCH　A，direct	direct $\Longleftrightarrow$ A	2	1	C5 direct
27	XCH　A，@Ri	Ri $\Longleftrightarrow$ A	1	1	C6～C7
28	XCHD A，@Ri	Ri 间接地址单元内容与 A 内容低 4 位交换,高 4 位不变	1	1	D6～D7

2. 算术运算类指令

序号	指令格式	指令功能	字节	周期	代码(十六进制)
1	INC　A	A←A+1	1	1	04
2	INC　Rn	Rn←Rn+1	1	1	08～0F
3	INC　direct	(direct)←(direct)+1	2	1	05 direct
4	INC　@Ri	(Ri)←(Ri)+1	1	1	06～07
5	INC　DPTR	DPTR←DPTR+1	1	2	A3
6	DEC　A	A←A−1	1	1	14
7	DEC　Rn	(Ri)←(Ri)−1	1	1	18～1F
8	DEC　direct	(direct)←(direct)−1	2	1	15 direct
9	DEC　@Ri	(Ri)←(Ri)−1	1	1	16～17
10	MUL AB	B(高 8 位)、A(低 8 位)←A×B	1	4	A4
11	DIV AB	B(余数)、A(商)←A÷B	1	4	84
12	DA　A	A←A 十进制调整	1	1	D4
13	ADD　A，Rn	CY、A←A+Rn	1	1	28～2F
14	ADD　A，direct	CY、A←A+(direct)	2	1	25 direct
15	ADD　A，@Ri	CY、A←A+(Ri)	1	1	26～27
16	ADD　A，#data	CY、A←A+data	2	1	24 data
17	ADDC　A，Rn	CY、A←A+Rn +CY	1	1	38～3F
18	ADDC　A，direct	CY、A←A+(direct) +CY	2	1	35 direct
19	ADDC　A，@Ri	CY、A←A+(Ri) +CY	1	1	36～37
20	ADDC　A，#data	CY、A←A+data+CY	2	1	34 data
21	SUBB A，Rn	CY、A←A−Rn−CY	1	1	98～9F
22	SUBB A，direct	CY、A←A−(direct)−CY	2	1	95 direct
23	SUBB A，@Ri	CY、A←A−(Ri) −CY	1	1	96～97
24	SUBB A，#data	CY、A←A−data−CY	2	1	94 data

3. 逻辑运算类指令

序号	指令格式	指令功能	字节	周期	代码（十六进制）
1	ANL A, Rn	A←A∧Rn	1	1	58~5F
2	ANL A, direct	A←A∧(direct)	2	1	55 direct
3	ANL A, @Ri	A←A∧(Ri)	1	1	56~57
4	ANL A, ♯data	A←A∧data	2	1	54 data
5	ANL direct, A	(direct)←(direct)∧A	2	1	52 direct
6	ANL direct, ♯data	(direct)←(direct)∧data	3	2	53 direct data
7	ORL A, Rn	A←A∨Rn	1	2	48~4F
8	ORL A, direct	A←A∨(direct)	2	1	45 direct
9	ORL A, @Ri	A←A∨(Ri)	1	1	46~47
10	ORL A, ♯data	A←A∨data	2	1	44 data
11	ORL direct, A	(direct)←(direct)∨A	2	1	42 direct
12	ORL direct, ♯data	(direct)←(direct)∨data	3	2	43 direct data
13	XRL A, Rn	A←A⊕Rn	1	2	68~6F
14	XRL A, direct	A←A⊕(direct)	2	1	65 direct
15	XRL A, @Ri	A←A⊕(Ri)	1	1	66~67
16	XRL A, ♯data	A←A⊕data	2	1	64 data
17	XRL direct, A	(direct)←(direct)⊕A	2	1	62 direct
18	XRL direct, ♯data	(direct)←(direct)⊕data	3	2	63 direct data
19	CLR A	A←0	1	2	E4
20	CPL A	A←A求反	1	1	F4
21	RL A	A循环左移	1	1	23
22	RLC A	A带进位循环左移	1	1	33
23	RR A	A循环右移	1	1	03
24	RRC A	A带进位循环右移	1	1	13
25	SWAP A	A高、低4位交换	1	1	C4

4. 控制转移类指令

序号	指令格式	指令功能	字节	周期	代码（十六进制）
1	JMP　@A＋DPTR	程序跳转到地址 DPTR＋A 处，A 为无符号数	1	2	73
2	JZ　rel	A 为 0 则转移到当前 PC＋补码表示的偏移量 rel 处，否则顺序执行	2	2	60 rel
3	JNZ　rel	A 为 1 则转移到当前 PC＋补码表示的偏移量 rel 处，否则顺序执行	2	2	70 rel
4	CJNE　A，direct，rel	A 与（direct）比较，不相等转移到当前 PC＋补码表示的偏移量 rel 处，否则顺序执行	3	2	B5 direct rel
5	CJNE　A，♯data，rel	A 与 data 比较，不相等转移到当前 PC＋补码表示的偏移量 rel 处，否则顺序执行	3	2	B4 data rel
6	CJNE　Rn，♯data，rel	Rn 与 data 比较，不相等转移到当前 PC＋补码表示的偏移量 rel 处，否则顺序执行	3	2	B8～BF data rel
7	CJNE　@Ri，♯data，rel	（Ri）与 data 比较，不相等转移到当前 PC＋rel 处，否则顺序执行	3	2	B6～B7 data rel
8	DJNZ　Rn，rel	Rn 减 1，不为 0 则转移到当前 PC＋补码表示的偏移量 rel 处，否则顺序执行	2	2	D8～DF rel
9	DJNZ　direct，rel	（direct）减 1，不为 0 则转移到当前 PC＋补码表示的偏移量 rel 处，否则顺序执行	3	2	D5 direct rel
10	NOP	空操作	1	1	00
11	ACALL　addr11	Addr11 与当前 PC 高 5 位形成 16 位地址，调用该地址处的子程序	2	2	注 2
12	LCALL　addr16	调用 Addr16 处的子程序	3	2	12 addr16（注 1）
13	RET	从子程序返回	1	2	22
14	RETI	从中断服务程序返回	1	2	32
15	AJMP　addr11	Addr11 与当前 PC 高 5 位形成 16 位地址，无条件转移到该处	2	2	注 3
16	LJMP　addr16	无条件转移到 addr16 地址处	3	2	02 addr16（注 1）
17	SJMP　rel	无条件转移到该处当前 PC＋补码表示的偏移量 rel 处	2	2	80 rel

注 1：高 8 位在前，低 8 位在后
注 2：a10 a9 a8 1 0 0 0 1，a7～a0　（a10～a0 分别代表 addr11 的 11 个位）
注 3：a10 a9 a8 0 0 0 0 1，a7～a0　（a10～a0 分别代表 addr11 的 11 个位）

5. 位操作指令

序号	指令格式	指令功能	字节	周期	代码(十六进制)
1	CLR C	CY←0，位操作	1	1	C3
2	CLR bit	(bit)←0，位操作，bit 为位地址	2	1	C2 bit
3	SETB C	CY←1，位操作	1	1	D3
4	SETB bit	(bit)←1，位操作，bit 为位地址	2	1	D2 bit
5	CPL C	取反进位位	1	1	B3
6	CPL bit	取反(bit)位	2	1	B2 bit
7	ANL C, bit	CY←CY∧(bit)	2	2	82 bit
8	ANL C, /bit	(bit)←(bit)取反，CY←CY∧(bit)	2	2	B0 bit
9	ORL C, bit	CY←CY∨(bit)	2	2	72 bit
10	ORL C, /bit	(bit)←(bit)取反，CY←CY∨(bit)	2	2	A0 bit
11	MOV C, bit	CY←(bit)	2	1	A2 bit
12	MOV bit, C	(bit)←CY	2	2	92 bit
13	JC rel	CY 为 1 则转移到当前 PC＋补码表示的偏移量 rel 处，否则顺序执行	2	2	40 rel
14	JNC rel	CY 为 0 则转移到当前 PC＋补码表示的偏移量 rel 处，否则顺序执行	2	2	50 rel
15	JB bit, rel	(bit)为 1 则转移到当前 PC＋补码表示的偏移量 rel 处，否则顺序执行	3	2	20 bit rel
16	JNB bit, rel	(bit)为 0 则转移到当前 PC＋补码表示的偏移量 rel 处，否则顺序执行	3	2	30 bit rel
17	JBC bit, rel	(bit)为 1 则转移到当前 PC＋补码表示的偏移量 rel 处，并清除(bit)，否则顺序执行	3	2	10 bit rel

MCS – 51 汇编语言伪指令表

指令	指令功能
ORG	指明此后程序代码所在的首地址
DB	给此后程序存储单元定义若干字节常数
DW	给此后程序存储单元定义若干字常数(2 字节)
EQU	给一个表达式或一个字符串赋予符号,以便此后引用
BIT	给一个可位寻址的位单元赋予符号,以便此后引用
END	指出源程序到此为止,后面的语句不再被汇编
$	指出本条指令的首地址

MCS－51 单片机特殊功能寄存器详细表

寄存器名	SFR 符号	地址	位地址、位名称及意义							
			D7	D6	D5	D4	D3	D2	D1	D0
P0 端口	P0	80H	87H	86H	85H	84H	83H	82H	81H	80H
堆栈指针	SP	81H								
数据指针	DPL	82H								
	DPH	83H								
电源控制	PCON	87H	SMOD	—	—	—	GF1	GF0	PD	IDL
			波特率加倍	—	—	—	通用标志		掉电方式	待机方式
定时器控制	TCON	88H	8FH	8EH	8DH	8CH	8BH	8AH	89	88
			TF1	TR1	TF0	TR0	IE1	IT1	IE0	IT0
			T1 溢出中断请求标志	T1 运行控制	T0 溢出中断请求标志	T0 运行控制	外部中断 0 请求标志	外部中断1触发方式选择控制	外部中断 0 请求标志	外部中断0触发方式选择控制
定时器模式	TMOD	89H	GATE	C/～T	M1	M0	GATE	C/～T	M1	M0
			T1 门控位	T1 定时/计数方式选择	T1 工作模式选择位		T0 门控位	T0 定时/计数方式选择	T0 工作模式选择位	
定时器/计数器	TL0	8AH	定时/计数器 T0 的低 8 位							
	TL1	8BH	定时/计数器 T1 的低 8 位							
	TH0	8CH	定时/计数器 T0 的高 8 位							
	TH1	8DH	定时/计数器 T1 的高 8 位							
P1 口	P1	90H	97H	96H	95H	94H	93H	92H	91H	90H
串行口控制	SCON	98H	9FH	9EH	9DH	9CH	9BH	9AH	99H	98H
			SM0	SM1	SM2	REN	TB8	RB8	TI	RI
			串行口工作方式选择位		多机通信控制位	允许串行接收位	发送的第 9 位	接收的第 9 位	发送中断标志	接收中断标志
串行数据缓冲	SBUF	99H								

（续表）

寄存器名	SFR 符号	地址	位地址、位名称及意义							
			D7	D6	D5	D4	D3	D2	D1	D0
P2 口	P2	A0H	A7H	A6H	A5H	A4H	A3H	A2H	A1H	A0H
中断允许	IE	A8H	AFH	—	ADH	ACH	ABH	AAH	A9H	A8H
			EA	—	ET2	ES	ET1	EX1	ET0	EX0
			中断允许总控制位	—	T2溢出中断允许位	串行口中断允许位	T1溢出中断允许位	外部中断1中断允许位	T0溢出中断允许位	外部中断0中断允许位
中断优先权	IP	B8H	—	—	BDH	BCH	BBH	BAH	B9H	B8H
			—	—	PT2	PS	PT1	PX1	PT0	PX0
			—	—	T2中断优先级设置位	串行口中断优先级设置位	T1中断优先级设置位	外部中断1中断优先级设置位	T0中断优先级设置位	外部中断0中断优先级设置位
定时器2控制	T2CON	C8H	CFH	CEH	CDH	CCH	CBH	CAH	C9H	C8H
			TF2	EXF2	RCLK	TCLK	EXEN2	TR2	C/～T2	CP/RL2
			T2溢出中断请求标志	T2外部标记	接收时钟允许	发送时钟允许	T2外部事件允许	T2运行控制	T2定时或计数方式选择位	捕捉/重装选择
定时器2模式	T2MOD	C9H							T2OE	DCEN
									T2输出使能位	递减计数使能位
定时器/计数器2	RLDL	CAH	定时/计数器 T2 的自动重装低 8 位							
	RLDH	CBH	定时/计数器 T2 的自动重装高 8 位							
	TL2	CCH	定时/计数器 T2 的低 8 位							
	TH2	CDH	定时/计数器 T2 的高 8 位							
程序状态字	PSW	D0H	D7H	D6H	D5H	D4H	D3H	D2H	D1H	D0H
			C	AC	F0	RS1	RS0	OV	—	P
			进位标志	辅助借/进位标志	用户标志位	工作寄存器组选择位		溢出标志位	—	奇偶校验位
累加器	A	E0H	E7H	E6H	E5H	E4H	E3H	E2H	E1H	E0H
B 寄存器	B	F0H	F7H	F6H	F5H	F4H	F3H	F2H	F1H	F0H

常用基本逻辑门电路图形符号表

序号	名称	GB/T 4728.12—1996 国标图形符号	国外流行图形符号	曾用图形符号
1	与门			
2	或门			
3	非门			
4	与非门			
5	或非门			
6	异或门			
7	缓冲器			
8	三态使能输出的非门			

《单片机原理及应用分层教程》读者信息反馈表

尊敬的读者：

感谢您购买和使用南京大学出版社的图书，我们希望通过这张小小的反馈卡来获得您更多的建议和意见，以改进我们的工作，加强双方的沟通和联系。我们期待着能为更多的读者提供更多的好书。

请您填妥下表后，寄回或传真给我们，对您的支持我们不胜感激！

1. 您是从何种途径得知本书的：
　　□ 书店　　□ 网上　　□ 报纸杂志　　□ 朋友推荐

2. 您为什么购买本书：
　　□ 工作需要　　□ 学习参考　　□ 对本书主题感兴趣　　□ 随便翻翻

3. 您对本书内容的评价是：
　　□ 很好　　□ 好　　□ 一般　　□ 差　　□ 很差

4. 您在阅读本书的过程中有没有发现明显的专业及编校错误，如果有，它们是：

　　_____

　　_____

　　_____

　　_____

5. 您对哪些专业的图书信息比较感兴趣：_____

　　_____

6. 如果方便，请提供您的个人信息，以便于我们和您联系（您的个人资料我们将严格保密）：

　　您供职的单位：　　　　　　　　您教授或学习的课程：

　　您的通信地址：　　　　　　　　您的电子邮箱：

请联系我们：

电话：025 - 83596997

传真：025 - 83686347

通讯地址：南京市汉口路22号　210093

南京大学出版社高校教材中心